教育部高职高专印刷与包装专业教学指导委员会双元制示范教材

包装工艺

吴艳芬　叶海精　编著

陈章才　主审

中国轻工业出版社

图书在版编目（CIP）数据

包装工艺 / 吴艳芬，叶海精编著. —北京：中国轻工业出版社，2021.8

教育部高职高专印刷与包装专业教学指导委员会双元制示范教材

ISBN 978-7-5019-7048-3

Ⅰ. 包… Ⅱ. ①吴… ②叶… Ⅲ. 包装材料—生产工艺—高等学校：技术学校—教材 Ⅳ. TB484

中国版本图书馆CIP数据核字（2009）第109205号

责任编辑：杜宇芳

策划编辑：赵红玉　林　媛　　责任终审：滕炎福　　封面设计：灵思舞意·刘微

版式设计：王超男　　责任校对：杨　琳　　责任监印：张　可

出版发行：中国轻工业出版社（北京东长安街6号，邮编：100740）

印　　刷：三河市万龙印装有限公司

经　　销：各地新华书店

版　　次：2021年8月第1版第6次印刷

开　　本：787×1092　1/16　印张：15

字　　数：371千字

书　　号：ISBN 978-7-5019-7048-3　　定价：59.80元

邮购电话：010-65241695

发行电话：010-85119835　传真：85113293

网　　址：http://www.chlip.com.cn

Email：club@chlip.com.cn

如发现图书残缺请与我社邮购联系调换

210823J2C106ZBW

全国高职高专印刷与包装类专业教学指导委员会
规划统编教材编审委员会名单

教育部高职高专印刷与包装专业教学指导委员会
双元制示范教材

《包装印刷设备》	余成发主编
《现代胶印机的使用与调节》	周玉松主编
《包装工艺》	吴艳芬主编
《印刷材料》	艾海荣主编
《印前图文信息处理》	诸应照主编
《印刷工艺》	陈章才主编
《印刷包装专业实训指导书》	周玉松主编

安徽省高等学校“十一五”省级规划教材

《书刊装订工艺与表面整饰》	吴　鹏主编
《印刷概论》	胡维友主编
《印刷色彩》	许朝晖主编

序

20世纪80年代初，随着中德两国政府教科书印刷援助合作项目落户安徽，先进的印刷设备与普遍落后的员工技术素质之间的矛盾便日益凸显出来。对此，中德业界的有识之士们很快意识到，单纯地依靠技术援助和设备引进根本不可能快速提高中国的印刷技术水平和印品质量，而全面提升中国印刷从业人员的技术素质和规范化理念才是达成项目合作目的的关键。在这种共识上，“合肥中德印刷培训中心”（德文简称CDAD）便在中德双方的通力合作下于1995年年底诞生了。该项目合作的开宗明义便是“引进德国‘双元制’职业教育模式，培养中国印刷包装行业生产一线急需的应用型技能人才”。“双元制”职业人才培养模式在德国的职业教育所取得的巨大成功是举世闻名的，借鉴“双元制”人才培养模式探索中国印刷职业教育道路便从一开始即成为CDAD人的主攻课题。

“双元制”强调把人才培养的着眼点始终放在应用技能的养成和提升上，寻求理论知识与应用技能操作的最佳结合点，并根据工种、岗位的特征合理设计基础理论传授和应用操作技能指导的最佳配比，将一线岗位对人才能力结构的要求扎实贯彻到人才培养的全过程，从而实现以就业为导向、技能为核心的职业教育定位。

十余年来，在CDAD项目的支持下，已有十多所德国印刷职业院校的教师和企业专家来我院指导教学工作、培训教师，学院也先后派遣四十多位专业教师到德国相关院校和企业进行专业进修。经过不断的学习和摸索，我们在借鉴德国“双元制”教育经验，探索适合中国国情的“双元制”印刷职业教育过程中得出几条非常重要的结论：一是学校的专业设置永远处于动态演进的过程中，必须始终以企业的实际需求为导向；二是传统的课程体系必须进行改革，遵循专业基础知识必需、够用，着力操作技能培养的原则；三是紧扣职业教育特点，坚持“双纲”（即理论教学和实训教学）教学，不可片面追求理论教学的知识系统性和完整性，而应强调基础理论的应用性，将模块化的技能操作训练贯穿全部专业教学的始终。

为此，我们组成由德国相关中高级职业院校的专家教授和中德著名印刷企业和设备制造商的工程技术专家、一线教师参与的教学指导委员会，设计编制课程教学计划、教学大纲。在此基础上，认真分析吸收国内现行教材的优点，借鉴德国印刷行业以及职业院校的专业教材，组织教师编写了主要课程的讲义，几经试用，反复修订、推敲打磨，逐渐形成了基本能反映“双元制”教学特点的印刷专业系列教材。这便是现在所呈现的这套教材。试用本教材的学生的专项技术能力和综合能力有了很大提升，并得到企业用人单位对毕业生职业素质的认可。本套教材是适应印刷包装行业对一线应用型人才培养需要而编写的，力求突破传统教材中以学科体系的模式，尝试以新的结构体系、新的表现形式、新的教学方案来体现当今印刷企业对技术人才的要求，并且融入近几年我院在理论和实践教学中的一些教学研究和教学改革成果，实践以就业为导向，以技能为核心的高职教育定位。编写过程中，我们力图使这套教材体现以下特点：

1. 在教材内容上以企业对岗位能力的需求为出发点，体现高职教育以就业为导向；同时，结合职业技能等级证书的考核标准，融入了相应工种的技能等级水平的相关要求。

2. 在教材设计上主要按照“生产任务驱动”和“案例教学”等教学模式安排教材的结构和内容。每本书都配有相关多媒体课件、资料扩展等立体化的教材，以便于老师的备课教学及学生的学习。

3. 教材表现形式上增加示意图和实物图，以增加教学的直观性，选用的案例也尽量体现当前企业技术要求的实际，并留有技术更新和工艺提升的空间，便于学生理解和进一步提高。

新课题就意味着挑战。在我们的艰辛探索中尽管得到了德国乌帕塔尔大学、斯图加特媒体学院以及莱比锡经济技术文化大学专家教授的悉心指导，但毕竟中德两国国情不同，我们的队伍也相对年轻，因而这套教材难免存在缺点和疏漏，试用中恳请专家、同行能不吝赐教。

安徽新闻出版职业技术学院　院长

程德和

出 版 说 明

“双元制”职业人才培养模式是德国经济起飞和持续繁荣的“秘密武器”，借鉴“双元制”人才培养模式，探索中国印刷职业教育道路也是本届印刷与包装类专业教指委关注的课题。

“双元制”强调把人才培养的着眼点始终放在应用技能的养成和提升上，寻求理论知识与应用技能操作的最佳结合点，并根据工种、岗位的特征合理设计基础理论传授和应用操作技能指导的最佳配比，将一线岗位对人才能力结构的要求扎实贯彻到人才培养的全过程，从而实现以就业为导向、技能为核心的职业教育定位。

“合肥中德印刷培训中心”于1995年年底诞生，落户安徽新闻出版职业技术学院。该项目合作的开宗明义便是“引进德国‘双元制’职业教育模式，培养中国印刷包装行业生产一线急需的应用型技能人才。”为此，他们组成由德国相关中高级职业院校的专家教授和中德著名印刷企业和设备制造商的工程技术专家、一线教师参与的教学指导委员会，借鉴德国印刷行业以及职业院校的专业教材，组织教师编写了主要课程的讲义，这套讲义经过他们几经试用和反复修改，逐渐成为本土化的适合中国国情的“双元制”示范教材，这就是我们教指委首批呈现给大家的这7本教材。它们是：《包装印刷设备》《现代胶印机的使用与调节》《包装工艺》《印刷材料》《印前图文信息处理》《印刷工艺》《印刷包装专业实训指导书》。

这套教材的特点是：

1. 以就业为导向，以培养印刷包装高级技术型人才为目标，以技术能力为主线，注重理论联系实际，注重实用。同时，结合职业技能等级证书的考核标准，涵盖相应工种的技能等级水平的相关要求，以体现职业教育双证融通的特点。

2. 在教材设计上主要按照“生产任务驱动”和“案例教学”等教学模式安排教材的结构和内容，明确每一教学单元的培养目标和知识点、技能点。

3. 教材根据学习内容编写技能训练和考核项目，及时帮助学生强化所学知识和技能，在题目的设计上，注重实用性，每章都安排一定量需学生独立完成的题目，尽量不设计背诵记忆类题目，有助于学生解决实际问题能力的培养。

4. 教材表现形式上增加示意图和实物图，以增加教学的直观性，降低学习难度，选用的案例也尽量体现当前企业技术要求的实际，并留有技术更新和工艺提升的空间，便于学生理解和进一步提高。

5. 尽量使教材立体化，每本教材都配有相关课件、资料扩展等多媒体，助学助教。

这套教材是由理论专家和实践专家合作的结晶，首批推出的7本教材克服了传统教材的不足，有利于促进高职高专印刷与包装类专业的教学改革、师资建设和专业发展，为我国印刷包装产业高技能人才培养作出贡献。同时，由于教材编写是一项复杂的系统工程，难度较大，也希望行业内专家学者不吝赐教，以便再版修订。

全国高职高专印刷与包装类专业教学指导委员会

2008年1月

前　言

近年来，随着国内消费需求以及出口商品贸易的快速增长，我国的包装工业取得了长足的发展。客户对性价比的无限要求以及企业对低成本高利润的不懈努力，促使包装工艺正朝着联机化、自动化、多样化的趋势不断发展。

安徽新闻出版职业技术学院自2003年开设包装技术与设计专业以来，专业发展迅速，企业对学生需求旺盛，我们在多年的摸索中逐渐探索出一条适合中国国情的专业发展道路。根据包装企业对该专业学生的岗位需求，我们将该专业的就业方向定位为：在包装生产企业、激光刀模公司从事包装设备的操作与维护、盒型设计、包装材料及包装品检测等工作。在进行专业设置时，我们大胆突破国内包装专业教学的固有模式，大量借鉴德国职业院校包装专业的教学计划和教学模式。《包装工艺》作为包装技术与设计专业的核心专业课程，围绕着这一培养目标来制定教学大纲和设计教学内容，强调将人才培养的重点放在应用技能的提升上，不可片面追求理论教学的系统性和完整性。

包装工艺是综合应用包装设计、包装材料、包装机械等要素并最终将包装材料转化为包装容器的工艺技术。本书采用项目驱动法，以纸包装及软包装的加工工艺流程为线索，全书共分六章，第一章绪论，第二章包装材料的准备，第三章包装印刷，第四章表面整饰，第五章模切与其他裁切方式，第六章包装容器成型。其中第二章、第三章以及第五章模切实训指导书由叶海精老师编写，其他章节由吴艳芬老师编写，全书统稿由吴艳芬老师完成，本书由陈章才老师主审。此书在编写过程中以企业对岗位人才的能力需求为出发点，每一章都融入了大量技能实训和习题，图文并茂，生动实用。不仅可作为职业院校包装技术与设计专业学生的教材使用，也可用于包装企业技术人员的自学参考书。

在本书的编写过程中，华新（佛山）彩色印刷有限公司吴永强副总经理以及德国HTWK大学Eugen Herzau教授给予了大力支持和帮助，张鹏、何庆亮、张福兴、丁从庆等为本书的编写也做了大量工作，在此一并表示感谢和敬意。

由于编者水平有限，难免有疏漏之处，恳请广大读者批评指正。

编者

2009年2月 于合肥

教 学 建 议

在教学中要积极改进教学方法，以学生为主体，根据实际情况，采用合适于学生的教学方法教学，激发学生的主动性、积极性。课程教学应采取模型、实物、照片、多媒体等现代化教学手段，以增强学生的感性认识。理论联系实际，提高学生学习效果。

序号	教学内容		建议学时		总学时
			讲授	实训	
1	绪论		2		2
2	包装材料的准备	纸和纸板包装材料	1	2	9
3		瓦楞纸板的生产	2		
4		塑料薄膜的生产	2		
5		黏合剂	2		
6	包装印刷	胶印印刷工艺	2	6	13
7		柔性版印刷工艺	2		
8		凹版印刷工艺	2		
9		丝网印刷工艺	1		
10	表面整饰	上光	4	6	18
11		烫印	4		
12		凹凸压印	1		
13		裱纸工艺	1		
14		复合工艺	2		
15	模切与其他裁切方式	裁切原理	1	12	29
16		刀模的制作	4		
17		模切设备	2		
18		模切工艺	4		
19		清废	2		
20		分离与收料	1		
21		模切质量与故障分析	1		
22		卷筒纸裁切	1		
23		开槽	1		
24	包装容器成型	糊盒设备及工艺	4	10	19
25		糊盒机的上胶方式	2		
26		糊盒质量与故障分析	1		
27		纸箱的接合	1		
28		制袋封合	1		
29	总计		54	36	90

本课程实践性较强，鉴于平时学习过程的重要性，且有一系列的能力训练项目贯穿始终，所以，考核以平时课堂学习、实训为主，期末考试为辅的形式，平时成绩占20%，实训成绩占40%，期末考试占40%。具体比例如下。

项目编号	内容	分数	项目编号	内容	分数
1	出勤、课堂表现	10分	3	实训	40分
2	作业、课堂提问	10分	4	期末考试	40分

目录

第一章 绪论

一、包装工艺的研究对象

国家标准GB/T 4122.1—1996中关于包装术语给出了明确的定义。包装是为在流通过程中保护产品，方便贮运，促进销售，按一定技术方法而采用的容器、材料和辅助物等的总体名称；也指为了达到上述目的而采用容器、材料和辅助物的过程中施加一定技术方法等的操作活动。

包装是一门系统学科，是由许多相互直接或间接关联的子系统，纵横交织形成的极其复杂、极其广泛、多层次多级别的特大网状开放系统。包装工程是建立在设计、材料、机械等学科基础上的一门应用学科，如图1-1。包装工艺是综合应用包装设计、包装材料、包装机械等要素并最终将包装材料转化为包装容器的工艺技术。

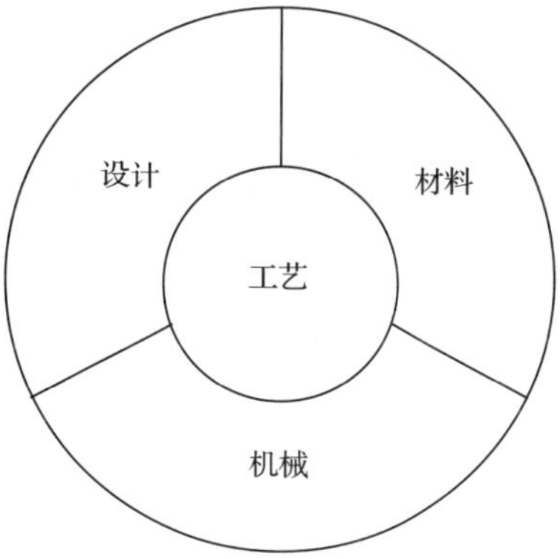

图 1-1　包装工程系统

二、包装工艺流程

包装工艺流程可写成图1-2：

图 1-2　包装工艺流程

包装材料的准备包括纸板的开切备料、瓦楞纸板生产、塑料薄膜的生产、黏合剂的选择等。

包装印刷主要采用胶印、柔印和凹印。其中纸盒以胶印方式为主，瓦楞纸箱以柔印方式为主，软包装及不干胶以凹印方式为主。

包装品的表面整饰工艺是包装容器立体成型之前为改善材料的性能或增强包装品外观效果进行的工艺，包括上光、烫印（压凹凸）、复合、裱合等。

模切及其他裁切方式如开槽、分切、横切等是将包装材料裁切成规定大小和形状的重要工艺。

包装容器成型主要包括糊盒、制袋工艺。

包装工艺包括纸盒加工工艺、纸箱加工工艺、软包装加工工艺。

纸盒加工工艺主要包括上光、烫印（压凹凸）、模切、糊盒等工艺过程。大批量纸盒加工一般是指折叠纸盒的加工，尤其是糊盒机是专门为糊制折叠纸盒而设计的。小批量粘贴纸盒的糊盒一般仍用手工糊制。

纸箱加工工艺主要包括开槽（或模切）、糊箱等工艺过程。纸箱根据其包装结构的不同，对工艺过程的要求也有所不同，例如我们最常用的箱坯可以采用印刷开槽机直接生产出来，效率高，质量也好。但对于托盘等纸箱则不能用开槽机，而要像纸盒加工一样，进行模切加工。

软包装加工工艺主要包括复合、分切、制袋等工艺过程。软包装是指由纸或复合材料制成的至少一端开口的具有挠性的容器。复合对于软包装是非常重要的加工工序，因为为满足不同的使用需求，例如遮光性、挺度、保香性等性能要求，软包装多采用复合材料进行加工。

1. 折叠纸盒加工工艺

纸盒是一种非常重要的销售包装，如图1–3，主要起着美化商品、促进销售、提高商品附加值和方便携带的作用，同时也具有保护商品的功能。纸盒常用白卡纸、灰白卡，直接印刷图案加以装饰，经成型加工成盒。

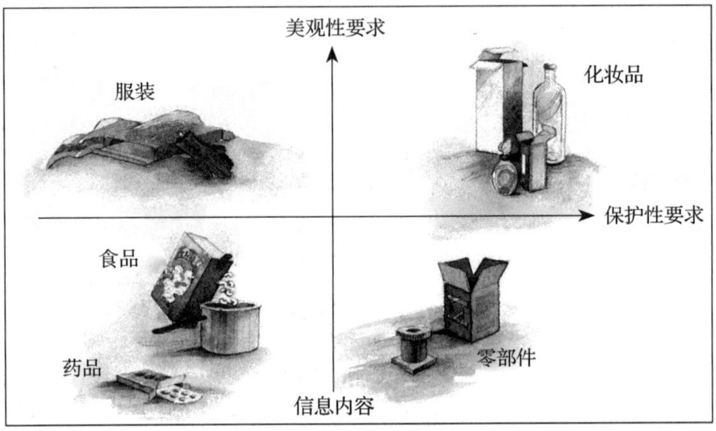

图 1–3　折叠纸盒产品类别

纸盒按其结构可分为折叠纸盒和固定纸盒两大类。折叠纸盒与固定纸盒相比，最大区别在于折叠纸盒装运商品之前，一般可以折叠成平板状进行堆码和运输储存，使用时通过折叠组合的方式成型。固定纸盒要经钉合或糊制后成型，不能折叠。折叠纸盒是应用最广、结构变化最多的一种商品销售包装容器，广泛应用于食品、药品、电子产品以及化妆品等包装领域。

折叠纸盒的生产方式以机器为主，因而速度快，产量高，质量好，工艺也比较先进，适合大批量生产。折叠纸盒的加工工艺流程为：

印刷→上光→烫印（压凹凸）→模切→糊盒→打包。

2. 瓦楞纸箱箱坯加工工艺

瓦楞纸箱是使用瓦楞纸板制成的纸包装容器，是目前使用量最大的运输包装容器。最常使用的瓦楞纸箱箱型结构是FEFCO 0201，即箱盖和箱底均为内摇盖、外摇盖结构。

瓦楞纸箱加工工艺流程为：

瓦楞纸板生产→印刷→开槽→糊箱/钉箱→打包。

3. 复合材料软包装加工工艺

软包装，即在充填或取出内装物后，容器形状可发生变化的包装。该容器一般用纸、纤维制品、塑料薄膜或复合包装材料等制成。

复合材料软包装加工工艺流程为：

凹印→复合→分切→制袋→装袋→封合。

三、包装工艺的发展趋势

包装工艺因加工材料种类繁多，包装结构千变万化，因而涉及的加工设备种类繁多，有瓦楞纸生产线、印刷设备、表面整饰设备、裁切设备、立体成型设备等。欧美发达国家的包装加工设备多数为联动生产线，即加工一类产品只需一条联动生产线，如BOBST六色柔印模切糊箱联动生产线、EMBA柔印开槽糊箱联动生产线、BOBST全自动烫印模切清废机、ACOM凹印复合模切清废联动生产线等。这类联动生产线在我国市场占有率仍然很低，我国目前的包装加工企业拥有的设备一般都以单机为主，操作简单，生产效率低下，技术相对落后。但随着国民经济的快速发展，包装企业也越来越重视设备更新、技术改造。包装工艺的发展趋势将是自动化、联机化、多样化和绿色包装。

1. 联机化、自动化

现有的包装工艺工序太多、太繁琐。要使加工工艺流程通畅，一定要消除各工序之间的隔阂。而要缩短循环周期，工序间的融合是必须的。重视印后加工部分的技术改造和自动化技术的应用，可以充分体现产能效益的提高。首先，印后加工自动化技术的应用，能够减少成本。目前大多数设备都有了自动调整代替手工调整的功能。操作者只要调整控制台上的几个按钮，就能控制模切、糊盒的参数。虽然旧设备也能实现这些功能，但新设备更容易调整，质量和精确度更高。特别是控制台中数控技术的应用，节省了不少调整时间。这些技术在海德堡、MBO等品牌的设备中都有所体现。

CIP3是印前、印刷、印后的一体化协作，意为印前、印刷、印后之间的统一。它由海德堡发起，现已有33家制造商和一家印刷商支持这个协议。这个协议把印前、印刷、印后的各个部分联结起来，缩短了作业准备时间，提高了自动化作业程度。目前Polar的CompuCut、Stahlfolder的CompuFold和MBO的Navigator都支持这一协议。

CIP4包含了CIP3的所有特性，并再加上ADOBE的标准文件格式JDF（Job Definition Format）。目前所使用的电子文件只包含印刷信息，而CIP4中还包含整个工作流程和在不同平台上的特性说明。这样做可以控制工艺变量、提高质量。

目前更多的设备商正在开发一些符合人机工程学原理的加工设备，它能使员工不需要进行过多培训，就能熟练操作，提高生产率，大大缩短工作时间。

2. 多样化

设备供应商努力提供给包装企业更多有效的工艺及设备。这几年来，很多包装企业在设备上增加了工序，如UV上光、覆膜、折叠/上胶等，轮转烫金和压凹印也开辟了新市场，这都增强了包装企业的竞争力。

轮转烫金主要有两种方式：窄幅卷筒纸轮转烫金和单张纸轮转烫金。窄幅卷筒纸轮转烫金的市场十分广阔，大批量的商标及卡通印刷在窄幅印刷中可融入装饰工艺，如烫金和压凸印，这几乎不需增加成本。窄幅卷筒纸轮转烫金给单张纸印刷带来了一定的威胁（如酒的商标印刷）。单张纸轮转烫金不像窄幅卷筒纸轮转烫金一样在线完成印刷与烫金，但它仍然比印刷快。这对大批量生产卡通画片、贺卡、书壳及其他类似产品很有利。

3. 绿色包装

进入21世纪以后，包装工业正在经历一场变革，包装的发展重点从过去的高档包装、过度包装转移到绿色包装、减量包装，以环保为重要参考指标，尤其是包装材料以选用绿色材料为发展趋势。绿色包装是指在保证包装功能的条件下采用的包装容器要节约资源；包装废弃物的质量和体积均应减少，并且能够回收、处理或综合利用；或经降解后能自然消灭；或下次掩埋时少占耕地，不污染水源和土地；或者能自动分解；如果焚烧，则要求不产生毒气二次污染；或者产生新的能源时，燃烧值最高等。为此，制订国际包装标准与法规，推行绿色包装。作为包装工艺设计人员，一定要有环境保护意识，了解国内外有关法规与标准，设计生产绿色包装。

总之，在当前竞争日益激烈、技术日趋成熟之际，市场和规模扩大是必然的结果，但企业在引进和改造过程中要注意循序渐进，以促进企业的跨越式发展。

第二章 包装材料的准备

第一节 纸和纸板包装材料

如图2-1，纸盒、纸袋等纸包装所采用的包装材料以纸和纸板为主。常用的包装用纸原则上应具有较高挺度、良好加工适性和某些必备性能。目前用来生产纸盒的纸板有许多品种，性能和价格相差较大，因此要根据包装商品的要求选择合适的纸板。

纸盒用纸板按层数可分为两大类：单层纸板和多层纸板。如图2-2，单层纸板是指纸板外表面经过了涂布，其他纤维均由一台抄纸机抄制而得。多层纸板是指除纸板表层经过涂布以外，其他纤维材料由多台抄纸机抄制然后经过压合而成。

图 2-1　包装循环体系

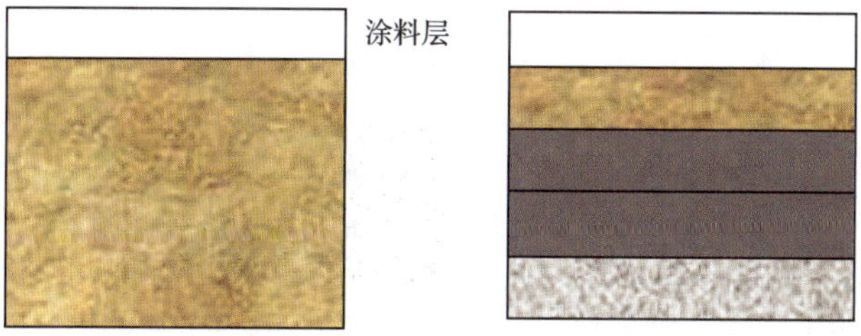

图 2-2　单层纸板和多层纸板横截面

按纤维原料的种类可分为白卡纸、黄纸板、灰白卡、复合纸板等。

1. 白卡纸

大多数纸盒都是用白卡纸来制造的，因为白卡纸表面平整，洁白光滑，挺度好，印刷时不起毛，伸缩变形小，适合多色套印，同时又具有良好的耐折性和加工适性，以保证纸盒轧制时压线平直、边缘线整齐、纸面不破损，获得质量优良的纸盒。

白卡纸分为单面白卡纸和双面白卡纸。如图2-3，单面白卡纸正面呈白色，反面为灰色或纸浆本色，生产时一般用漂白木浆、苇浆挂面，芯、底层用草浆、废纸浆或半化学浆制造，这种纸板挺度及其他机械强度一般不很高，适合制作包装商品体积不大的纸盒。双面白卡纸大多采用高质量的漂白木浆挂面，中间层采用半化学浆或本色浆，强度性能高，加工适性好，一般用于食品、药品、日化用品包装。

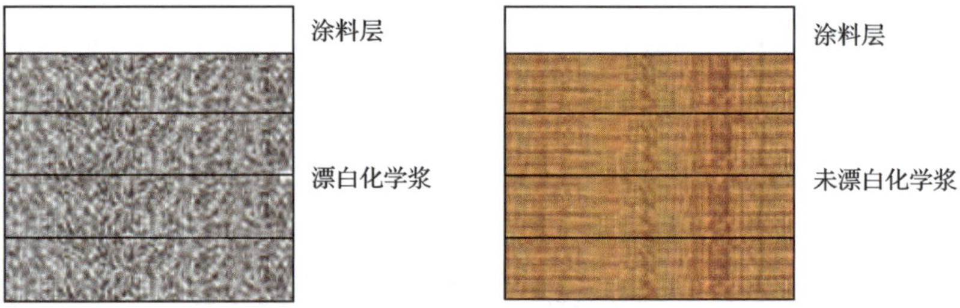

图 2–3　白卡纸横截面

为了改善白纸板的表面性能，用于包装的白卡纸大多经过涂布和压光处理，以提高纸板的平滑度、白度和光泽度，印刷色彩还原性，从而获得良好的装饰效果。

2. 黄纸板

黄纸板又叫草纸板，生产原料是100%的石灰法稻草、麦草本色浆，不施胶，不加填，不漂白，也不加色料，适度打浆后在多圆网多烘缸造纸机上抄造成形，经普通压光，使纸面平整、防止纸板分层。由于黄纸板一般定量、厚度较大，外观粗糙，色泽较深，水分变化时易发生翘曲，导致商品包装后盒型外观发生变化，故黄纸板主要用于小五金制品包装；同时利用其挺度大、抗压性能好的特点，可制作成固定型纸盒，并在盒面粘贴上一层印刷精美的标签纸或装饰材料，目前广泛用于工艺品、服装、鞋帽等商品包装。

3. 灰白卡

灰白卡也是折叠纸盒常用的一种纸板，如图2–4，表层采用漂白化学浆，表层经过涂布压光处理，里层为漂白或未漂白的化学浆，中间层为磨木浆、废纸浆或混合而成。

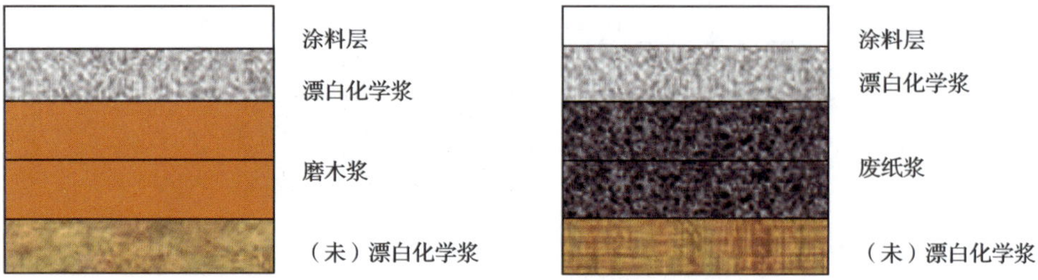

图 2–4　灰白卡横截面

4. 复合纸板

将纸板与铝箔（或真空镀铝）、塑料薄膜等复合后制成的复合纸板在高档商品、液态商品包装中，以其轻巧、装潢装饰效果好而占有越来越大的比例。如纸板与铝箔复合或经真空镀铝后，对铝箔或镀铝膜表面进行涂漆处理，即可获得如金、银光泽的表面，制成的包装盒用于高档香烟、化妆品、药品等包装，给人以高档金属包装的质感与华贵，提高商品的附加值与竞争力。纸和铝箔、塑料薄膜复合后，利用铝箔的阻隔性能、塑料薄膜的防水性与热封性能、纸板的挺度与良好的装潢印刷适性，制成牛奶、无汽饮料、果汁等液体包装盒，外观美丽，保质效果好，便于超市货架展示、销售。表2–1是液体食品复合软包装材料的主要技术指标。

表 2-1　　液体食品复合软包装材料的主要技术指标

指标	印刷方式		
	A	B	C
套印精度/mm	≤0.5	≤1	≤1
塑料膜与铝箔的黏结力/N	≥4.41	≥3.43	≥1.47
塑料膜与纸的黏结强度/%	≥90	≥70	≥50
塑料膜镀层的定量偏差/g · m^{-2}	±3	±4	±6
包装盒宽度偏差/mm	±0.8	±0.8	±1
压痕线与印刷图案套准偏差/mm	±0.5	±1	--
分切位置偏差/mm	±1	±1	--

另外，可用来生产纸盒的还有铸涂纸板、茶纸板、厚纸板（厚度0.5 ~ 3.0mm）、灰纸板和瓦楞纸板等，可根据不同的商品包装和制盒要求灵活选择使用。

第二节 瓦楞纸板的生产

一、瓦楞纸板及其选用

瓦楞纸是由瓦楞原纸加工而成，先将瓦楞原纸压成瓦楞状，再用黏合剂将两面粘上纸板，使纸板中间呈空心结构，瓦楞的波纹宛如一个个连接的小小拱型门，相互并列成一排，相互支持，形成三角结构体强而有力，从平面上能承受一定质量的压力，富有弹性，缓冲力强，能起到防震和保护商品的作用。

我国瓦楞纸板年产量从1995年的74亿米^{2}增长到1999年的114亿米^2，增长了53%，年均增幅为11.3%，大大高于世界平均增长率。我国瓦楞纸板产量占世界总产量的比例，从1995年的6.7%上升到2000年的9.8%。2002年我国产量增至148亿米^2，超过日本而成为仅次于美国的世界第二大瓦楞纸板生产国，2008年我国瓦楞纸板产量增至150亿米^2。

1. 瓦楞纸板的种类及其表示方法

（1）瓦楞楞型　瓦楞纸板标准常用楞型有A、C、B、E、F、G几种。另外，还有超大瓦楞K型，楞高6.6 ~ 7.0mm，楞数75 ~ 85个/m，还有超微瓦楞W、H型等。

图2-5中，瓦楞宽度（t）表示两个波谷之间的距离；瓦楞高度（h）表示波峰到波谷的距离；常用楞型的基本参数见表2-2。

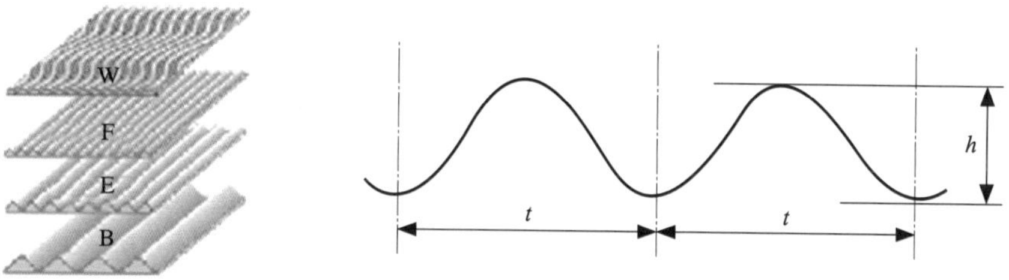

图 2-5　瓦楞楞型

表 2-2 瓦楞楞型基本参数

楞型	高度h/mm	宽度t/mm	楞数/（个/m）
A	5.0	8.6	115
C	4.0	8	125
B	3.0	6.5	154
E	1.5	3.5	286
F	0.75	2.4	417
G	0.55	1.8	555

瓦楞楞型对瓦楞纸板的性能有很重要的影响。A型瓦楞楞型最高，在定长内楞数最少，瓦楞最大，具有良好的防震缓冲性能和垂直耐压强度。B型瓦楞楞型低，在定长内楞数多，楞峰较尖，平面抗压能力强，有良好的装潢印刷性能。C型瓦楞的楞高和定长内的楞数，具有与A型相近的防震缓冲性能，也具有与B型相近的平面抗压能力。而E型瓦楞和F瓦楞在常用瓦楞纸板里楞高最低，定长内瓦楞数最多，属于最细最薄的瓦楞楞型,因而表面平整，具有刚性，装潢印刷性能好，质量高，现已广泛应用于商品的销售包装。G型瓦楞则是新出现的最细最薄的瓦楞楞型,应用得不如E型瓦楞和F型瓦楞广泛。

（2）瓦楞纸板的层数　瓦楞纸板按层数分有单面瓦楞纸板、双面瓦楞纸板、双面双瓦楞纸板和双面三瓦楞纸板（见图2-6）。单面瓦楞纸板亦称两层纸板，是由一层面纸和一层瓦楞芯纸粘合而成，多用于内包装或包装衬板。双面瓦楞纸板亦称单瓦楞纸板，是由一层瓦楞芯纸和上、下面纸粘合而成，在纸箱中应用最多。双面双瓦楞纸板亦称双瓦楞纸板，是由面纸、里纸、芯纸及两层瓦楞纸板，共五层粘合而成，多用于大型、较重商品的包装。双面三层瓦楞纸板亦称三瓦楞纸板，由面纸、里纸、两层芯纸及三层瓦楞芯纸共七层粘合而成，一般应用于重型商品的包装。

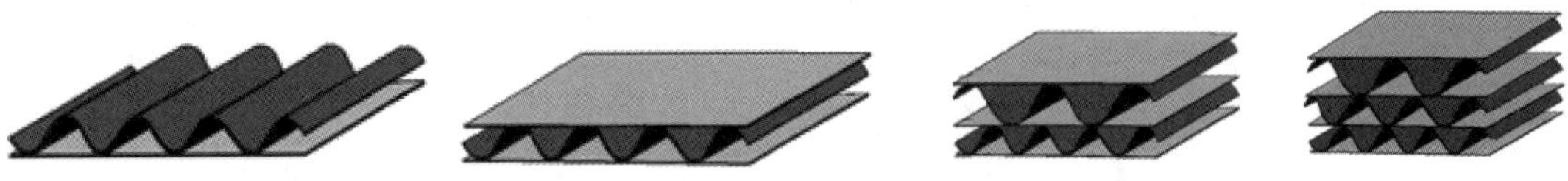

（a）　（b）　（c）　（d）

图 2-6　瓦楞纸板的层数

（a）单面瓦楞纸板　（b）双面瓦楞纸板　（c）双面双瓦楞纸板　（d）双面三瓦楞纸板

（3）瓦楞纸板的表示方法

① 方法一。面纸等级-面纸定量·瓦楞芯纸等级-瓦楞芯纸定量·里纸等级-里纸定量、瓦楞楞型。

如：B-300·C-125·B-300A，表示瓦楞纸板所用面纸、里纸等级为B级，定量为300g/m^2；瓦楞芯纸等级为C级，定量为125g/m^2；瓦楞楞型为A型。日本习惯采用此种表示方法。

② 方法二。面纸定量/里纸定量–瓦楞芯纸定量/瓦楞层数、瓦楞楞型。

如：293/240–151/1C，表示瓦楞纸板所用面纸定量为293g/m^2；里纸定量为240g/m^2；瓦楞芯纸定量为151g/m^2；瓦楞为1层C楞型。澳大利亚习惯采用此种表示方法。

③ 方法三。纸板代号–纸板类号 · 同类纸板序号。这是我国国家标准表示方法。国家标准按照强度的不同将单瓦楞纸板和双瓦楞纸板各分为五种，根据材料、用途的不同，每种又分为三类。

如：S–2 · 1，S代表单瓦楞，整体代号表示纸板为2类1号瓦楞纸板；D–1 · 2，D代表双瓦楞，整体代号表示纸板为1类2号瓦楞纸板。

2. 瓦楞纸板的应用

对基材瓦楞纸板的选用，要根据内装物质量、箱体尺寸、使用次数、堆码负荷及可能的冲击负荷等因素，综合考虑确定纸板层数和种类。

根据瓦楞纸箱的强度要求选用瓦楞纸板的方法有多种，这里仅介绍用环压强度计算选定瓦楞纸板的例子。

瓦楞纸板原纸的环压指数与环压强度的关系可用下式表示：

$$R\mathrm{m}=rW \qquad （式2–1）$$

式中 Rm —— 原纸环压强度，N/cm

r —— 环压指数，N/（m/g）

W —— 原纸定量，g/m^2

根据凯里卡特公式，可以通过瓦楞纸箱的抗压强度求出瓦楞纸板原纸的综合环压强度，即

$$P\mathrm{x}=P/F \qquad （式2–2）$$

式中 Px —— 瓦楞纸板原纸综合环压强度，N/cm

P —— 瓦楞纸箱抗压强度，N

F —— 凯里卡特简易常数

有了原纸的环压强度，就可按式2–1进一步确定纸板原纸及其配比，从而选定符合要求的瓦楞纸板。

二、瓦楞纸板生产线

瓦楞纸板由瓦楞纸板生产线生产，瓦楞纸生产线主要由单面机、复合机、压线与裁切机组成。

（一）单面机

单面机如图2–7所示，主要作用是借助瓦楞辊的作用将瓦楞原纸压制成瓦楞，并与一层箱纸板黏结在一起，形成单楞单面瓦楞纸板。

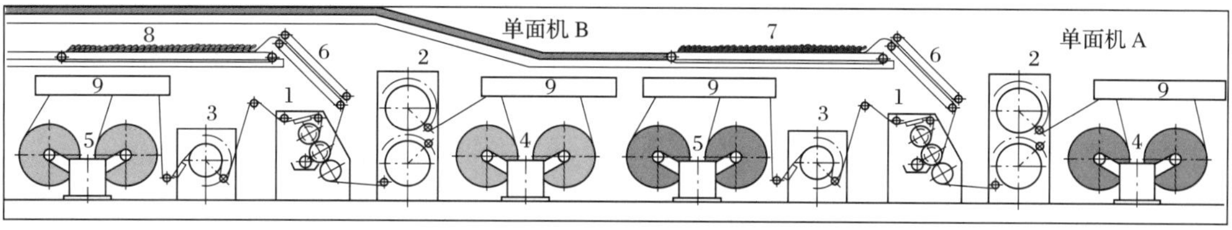

图2–7 瓦楞纸生产线单面机

1—压楞涂胶机构 2—预热辊 3—预调辊 4—里纸放卷机构 5—芯纸放卷机构
6—输送桥架传纸装置 7—A组输送桥架 8—B组输送桥架 9—不停机换纸机构

1. 原纸架

用于承装卷筒纸并以均匀张力释放原纸。原纸架（图2–7中4），采用不停机自动换纸，有有轴式和无轴式两种，大、中型瓦楞纸板机都配有无轴式原纸架。

在高速运转过程中，一卷材料在不长的时间内即能用完，因此，更换料卷的频率较频繁，如停机进行更换则影响生产效率，同时增加材料浪费和废品率。为提高印刷效率，通常采用不停机自动换卷装置进行卷材的更换，自动换卷过程如图2–7所示。

当正在放卷的卷材直径小到规定限度时，回卷支架开始回转，直到新卷的位置与承印物保持合适的距离后，回卷支架停止。新卷加速到表面线速度与承印物速度相同时完成粘接，粘接完毕，同时切断旧的承印物，这个过程能做到不停机自动接纸。为保证在旧卷材小到规定的直径进行粘接，回转支架开始回转的时间由操作者或控制回转支架的电机来控制。在旧卷材前进方向适当位置安装光源和光电器件，当新卷转至遮住光线时，控制电机断电，回卷支架停止。新卷进行粘接前，首先在拼接位置画线，用双面胶带粘贴。

卷材的安装通常是居中，如果印版图案偏向一侧，必须调整卷材的横向位置，开卷机构对卷材横向位置的调整是一次性完成的，这种调整一般是手动完成。

放卷机构工作时卷筒纸以一定的速度释放，此时纸卷轴的制动力矩M为：

$$M = Q \cdot D/2 \qquad \text{（式2–3）}$$

$$Q = 2M / D$$

式中　Q——纸幅总张力，N

D——卷筒纸直径，m

为了保持总张力Q不变，D减小，M也应减小。

制动器装在卡紧锥头上，它的作用就是根据纸卷直径的大小来调节制动力矩，达到控制纸幅张力的目的。

制动器有电磁式、气动式、液压式。

2. 预热辊

预热辊是中空的金属从动辊，结构类似于造纸机上的烘缸。工作时通过专门装置向辊内通入高压蒸汽加热辊面，依靠原纸及纸板运行时产生的摩擦力使其转动。有时为了提高传热效率，预热缸固定不动，原纸从其表面滑过。

预热的目的是使原纸进入瓦楞辊之前具有一定的温度，以利于瓦楞操作，加快黏结速度。

3. 预调辊

预调是向瓦楞原纸提供适量高温水分。一方面，雾状高温蒸汽可消除卷纸过程和其他操作时在纸内生产的内应力，使皱纹熨平；另一方面，使原纸含水量均匀并适度便于瓦楞成型。

纸幅过湿：水分会影响纤维吸收黏合剂，造成纸板脱胶开裂。

纸幅过干：纤维大量吸收黏合剂中水分，黏合剂无法很好地渗透而停留在纸页表面，黏合部分小而浅，黏结不良。

含水量不匀：某层水分高，另一层水分低，最后获得的瓦楞纸板就会出现翘曲。

4. 瓦楞辊

瓦楞成型机构如图2–8所示，主要由上、下瓦楞辊组成，上瓦楞辊为主动辊。瓦楞辊如图2–9所示，根据要生产的瓦楞楞型的不同，瓦楞辊表面的楞型不同。瓦楞辊的配合压力是指上下瓦楞辊之间啮合的压力。当把配合压力上升到30N/cm时，瓦楞高度、平压强度上升到最佳值；超过这一压力时，楞高、边压强度上升平缓，平压强度显著下降，如图2–10所示。

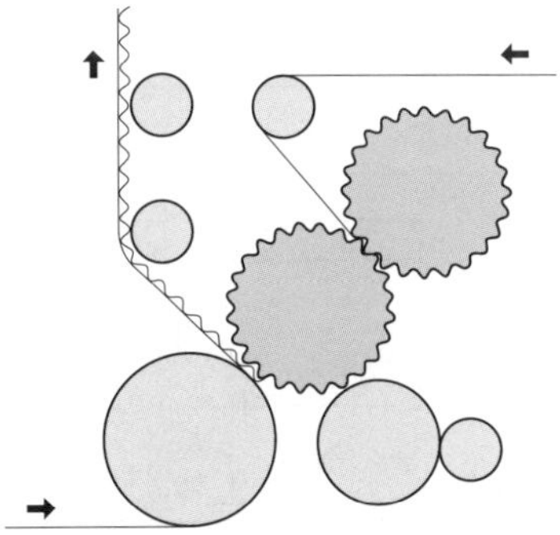

图 2–8　瓦楞成型机构

图 2–9　瓦楞辊

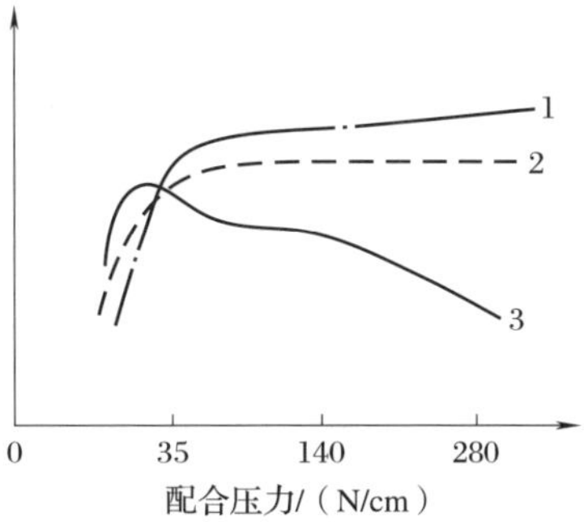

图 2–10　配合压力与瓦楞质量的关系
1—瓦楞高度　2—边压强度　3—平压强度

如图2–11，平行度指上下瓦楞辊轴线的平行程度。平行度不好，生产出来的瓦楞纸板厚薄不匀，性能较差。

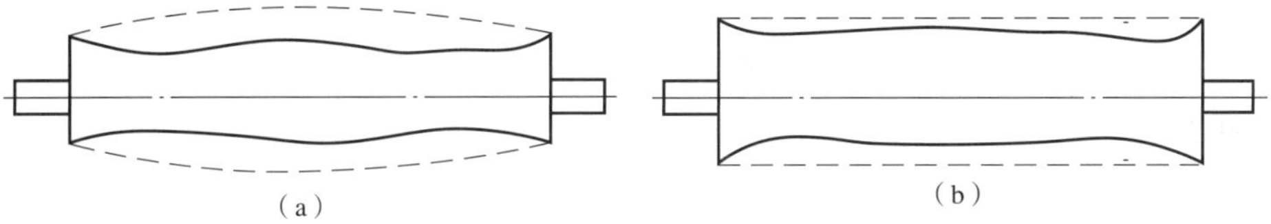

图 2–11　瓦楞辊的中高及磨损示意图
（a）上瓦楞辊　（b）下瓦楞辊

5. 涂胶装置

涂胶装置（如图2–7中1）由黏合剂槽、涂胶辊、计量辊等组成，作用是在压制好的瓦楞峰顶面涂上一层均匀的胶膜。胶膜厚度由计量辊与涂胶辊的间隙控制。涂胶辊与计量辊之间的间隙量，一般调整为0.2～0.3mm。涂胶辊与下瓦楞辊之间的距离，A瓦楞一般为0.7～0.8mm，B瓦楞一般为0.5mm。

下瓦楞辊与涂胶辊辊面圆周线速度不能相同。因为如果瓦楞峰面上的涂层接触成线型，当涂胶辊表面有杂质时，则会导致与该处相对应的瓦楞纸一直上胶不良，并且胶料仅附在瓦楞峰顶的一侧，所以涂胶辊与瓦楞辊的线速度比一般控制在90：100的范围内。

6. 输送桥架

如图2–7中7所示，在桥式通道上，传送瓦楞纸板的输送带速度较单面机车速度慢得多，使得瓦楞纸板在桥架上自然堆积成波浪形。

输送桥架可以起到贮存缓冲作用，即不会因换纸、短时排除故障而影响另一系统的正常工作。另外，在桥架上瓦楞纸板的水分进一步得到挥发，增加黏结强度，有利于提高瓦楞纸板的质量。

（二）复合机

复合机是瓦楞纸生产线的第二个主要的组成部分，如图2–12所示。复合机的主要作用是借助涂胶机等的作用将单面瓦楞纸板复合成三层（或五层等）瓦楞纸板。

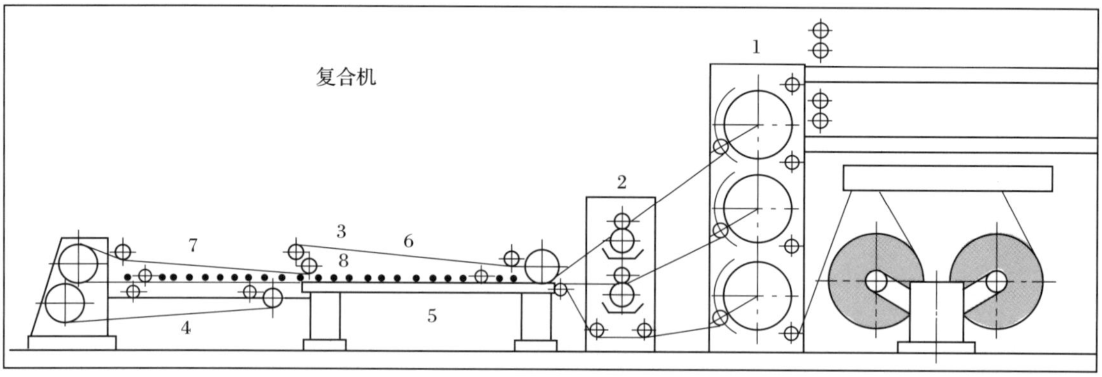

图 2–12　复合机

1—蒸汽加热器　2—涂胶机　3—上传送带　4—下传送带　5—加热板
6—干燥部分　7—冷却部分　8—加压辊

1. 涂胶机

涂胶机（图2–12中2）是在单面纸板的楞顶面上涂胶。它的结构与单面机的涂胶装置相同，不同之处是增加了一个浮动辊。浮动辊能使瓦楞纸板以适度的力贴压在涂胶辊上，均匀上胶，并且在外界条件改变时（如运行过程中纸幅张力变化、瓦楞高低波动等），浮动辊能向上浮动，不致压塌瓦楞。

2. 蒸汽加热器

在生产五层（或七层）瓦楞纸板时，底层的面纸直接与平板加热板接触，加热板的热量要传递到上层芯纸，必须依次穿过面纸、下瓦楞芯纸、夹层才能实现，传热时间长，黏合剂糊化速度慢，影响生产速度，若控制不当，还会直接影响夹层与上瓦楞芯的黏结强度。

蒸汽加热器采用高压蒸汽、低压蒸汽和空气混合进行加热（温度一般为130 ~ 140℃）。

蒸汽加热器的优点是减少纸板的翘曲与脱胶现象，减少用胶量和提高黏结强度，有利于提高瓦楞纸板的强度。

3. 干燥部分

干燥部分实际上由加热段和冷却段两部分组成。加热段是将贴面后的瓦楞纸板通过加热板加热，糊化黏合剂并蒸发水分；冷却段是将完全干燥后的瓦楞纸板在两输送带的夹持下，降低温度使纸板定型，减少纸板的翘曲变形。

加热板，又称热烘箱。根据车速和瓦楞纸板幅宽，加热板数在12 ~ 21。一般将加热板分为三组：

第一组：保证黏合，供热温度要高，保持蒸汽压力为1.0 ~ 1.2MPa；

第二、三组：用于干燥纸板，供热温度较第一组低，一般第二组蒸汽压力为0.7MPa，第三组蒸汽压力为0.4 ~ 0.5MPa。

传送带有上、下两条：

上传送带连通干燥段与冷却段；

下传送带仅在冷却段传送纸板。

在加热段上传送带压着纸板贴在加热板表面，使之有效地吸收热量，加快干燥；

冷却段上下传送带夹持瓦楞纸板无滑移地送向裁切部分，并且传送带还有吸收纸板蒸发出的水分并向外散发的作用。

为了在排除故障等临时停车时使瓦楞纸板脱离热板，防止过分干燥，上输送带能在自身张力下离开热板，工作时依靠压辊将其压紧贴向热板，增加对瓦楞纸板的贴合压力。

早期压辊直径为75～100mm，现采用小直径压辊（60mm）。

（三）压线与裁切机

如图2-13箱坯结构图所示，FEFCO 0201纸箱箱坯在进入开槽机之前，要按照箱坯成品尺寸进行压线（箱坯中的横压线）与裁切（纵切与横切）。压线与裁切可在瓦楞纸生产线的压线与裁切机（如图2-14）中进行。

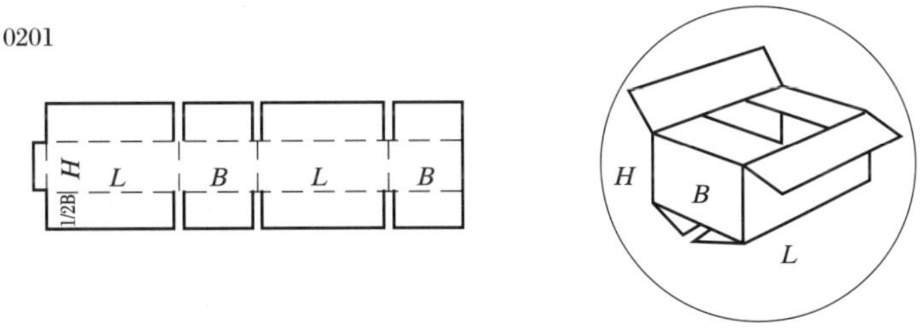

图2-13 FEFCO 0201 纸箱箱坯结构图

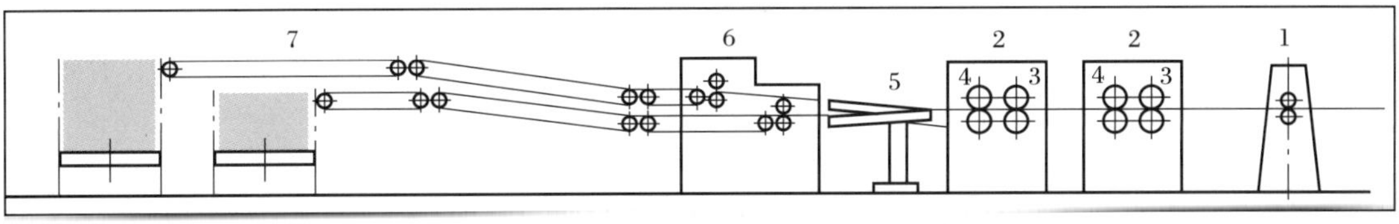

图 2-14 压线与分切机

1—双辊刀切断机 2—分切压线机 3—压线轮 4—分切刀
5—控制装置 6—横切机 7—收纸台

1. 分切压线机

分切压线机由一组压线机构和一组分切机构组成。为了适应规格变化和连续式生产的要求，往往同台分纸压线机上装有两组或三组分切压线装置，其中一组工作时，根据下批纸箱的规格，在另一组上调整分切刀和压线轮距，做到不停机转换规格。

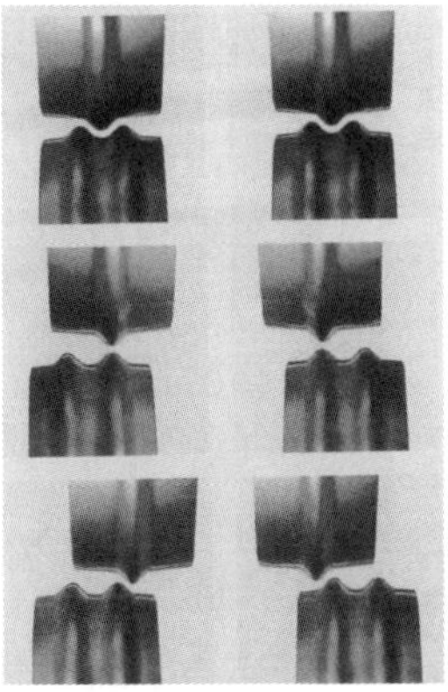

图 2-15 压线轮

压线机构的主要部件是压线轮，如图2-15。常见压线轮有三点式、五点式、单点式、单V型，如图2-16。前两种适合横向压线、后两种适合纵向压线。三点式用于单瓦楞纸板、五点式用于双瓦楞纸板的压线。压线的宽度与瓦楞纸板厚度有对应的关系，一般为5～16mm。

分切刀的上刀和下刀配合将纸板分切开。分切刀可沿轴向移动，两组切边，中间刀裁切。切下的纸边由吸管抽走。

上下的重合度为（1/2d+1）mm，其中d为纸板厚度，刀刃速度较瓦楞纸板运行速度快10%～20%，以保证切口光滑平整。

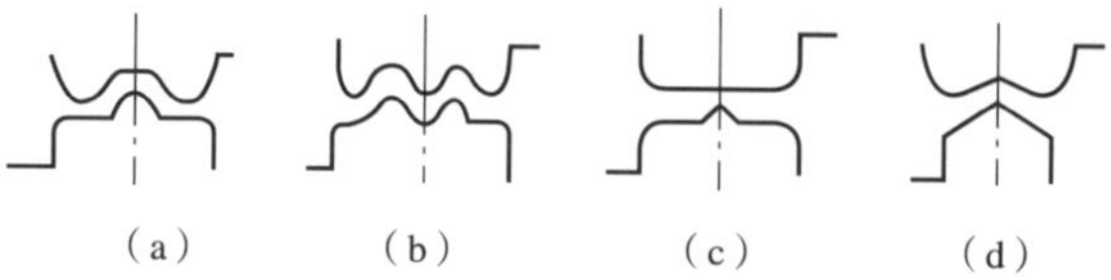

图 2-16　压线轮的形状

（a）三点式　（b）五点式　（c）单点式　（d）单V型

现在采用单一的薄刀来分切瓦楞纸板（如图2-17），以避免边缘压扁、皱褶和分层等纸病。

薄刀片嵌在底部开槽的托板中，分切时托板支撑瓦楞纸板，薄刀片以相对于瓦楞纸板3～5倍的速度运转，快速将纸板分切开。薄刀片硬度为HRC62，直径260mm，厚度1mm。

图 2-17　分切刀

许多压线轮轴与分切刀轴直径相同，因此可互相替换。

2. 双辊刀切断机

双辊刀切断机用于横切，上下辊切刀安装在上下刀辊轴上时并不是平行的，而是呈螺旋形或倾斜直线安装。在裁切过程中，上下刀刃并不是同时接触的，而是一个剪切的过程，沿幅宽一端剪向另一端，目的是降低瞬间剪切功率。

瓦楞纸包装性能测试实训指导书

（一）实训目的

1. 了解瓦楞纸板的性能
2. 掌握瓦楞纸板性能测试设备的使用方法
3. 了解厚度、耐破度
4. 掌握边压强度、平压强度、粘合强度、戳穿强度的测试原理及测试方法
5. 掌握纸箱抗压强度的测试原理及应用

（二）实训内容

1. 实验设备认识
2. 厚度测试
3. 边压强度测试
4. 平压强度测试
5. 粘合强度测试
6. 耐破度测试

7. 戳穿强度测试

8. 纸箱抗压强度测试

（三）实训步骤

1. 瓦楞纸板厚度的测量

（1）实验仪器、工具、材料

① ZUS-20瓦楞纸板厚度测定仪（图2-18）。

② 百分表。

③ 裁刀、抹布。

④ 各种类型瓦楞纸板。

（2）仪器的功能　本仪器适用于瓦楞纸板厚度的测量，厚度指瓦楞纸板试样在规定的压力下，在厚度仪两平行平面之间测量的距离。

主要技术参数：

① 测量范围：0～20mm。

② 示值准确度：±0.03mm。

③ 测量面间平行度：≤0.035mm。

④ 接触面积：（10±0.2）cm^2。

⑤ 接触压力：（20±0.5）kPa。

⑥ 仪器净重：约23kg。

（3）实验准备及操作步骤

① 仪器的安装。仪器置于水平的台面上，仪器度盘的中心与操作者的眼睛应保持在同一水平面上。

② 试样。试样的采取及试样处理按照GB/T 450.3—2002规定进行，在保持相对湿度（50±2）%，温度（23±1）℃标准温湿度的房间内测试。

③ 实验操作步骤。

a. 擦净测量感面上的油垢和污物。

b. 安装百分表，当百分表压缩到小指针“1”，大指针“0”时，拧紧螺钉，不可过紧或过松，过紧表量杆运动不灵活，过松则指示不准。

c. 顺时针转动手柄，抬起测量头，把瓦楞纸板试样放入两测量面之间。

d. 均匀缓慢下降测量头，无冲击地使测量面与试样接触，手离开仪器。

e. 读取百分表上的数值，此即为试样厚度值。

f. 抬起测量头，取出试样或移动试样，准备测量下一部位的厚度。

g. 结果处理：将各测得值取算术平均值（注意：小指针读数应减去1，因为小指针的零点为“1”）。

图2-18　ZUS-20瓦楞纸板厚度测定仪

2. 瓦楞纸板（边压、平压、粘合强度）强度的测定

（1）实验仪器、工具、材料

① ZYD–3型电子式压缩试验仪（图2–19）。

② 直流电源、边压取样器。

③ 粘合强度剥离器。

④ 各类型的瓦楞纸板。

（2）仪器的功能　本仪器用于纸和纸板环压强度、瓦楞芯平压强度、单面单层瓦楞纸板平压强度、瓦楞纸板边缘耐压强度的测定。

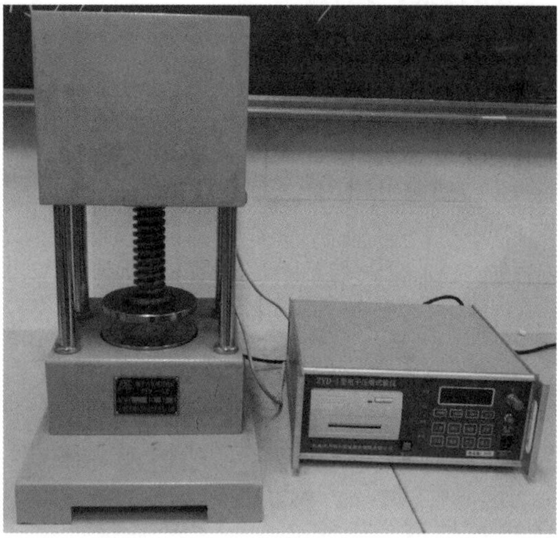
图 2–19　ZYD–3型电子式压缩试验仪

主要技术参数：

① 测量范围：0～500N，0～1500N，0～3000N。

② 示值精度：±1%。

③ 数字显示：4位直读。

④ 打印结果：4位有效数字。

⑤ 分辨率：3000N和1500N档为1N，500N档为0.5N。

⑥ 压缩速度：（12.5±2.5）mm/min。

⑦ 压板尺寸：ϕ120。

⑧ 仪器净重：44kg。

（3）实验步骤

① 边压强度。此实验取样通过边压强度取样器（图2–20）。

取一个200mm×150mm的瓦楞纸板放在取样器底座上，左手按住试样，右手推动手柄，将瓦楞纸板的毛边切除，分别切出瓦楞方向的垂直边及平行边。拉回手柄至待切位置，将垂直瓦楞边紧靠固定定位块，另一边紧靠可调定位块，同样左手按住试样，右手推动手柄，即可切出试样长度尺寸。按上述方法切出试样宽度为25mm。

图 2–20　边压强度取样器

取以上80mm×25mm的试样进行边压强度测试，也可测试纵压强度和横压强度。

操作步骤：

a. 开启电源开关，显示器立刻显示出本仪器规格—3000，大约5～6s后，显示自动消失。

b. 将仪器预热15min，按一下500N挡，调节“零”钮，使显示值为零。

c. 按动标定键，若标定值与规定值不相符，调“校”钮，使值与规定值相同，这样就完成了使用前的准备工作。

d. 将功能挡切换到“边压”上，并根据试验最大力值，选择合理的量程。

e. 将试样放入试样座，并将其放在下压板中间，并调零。

f. 按动“下降”键，仪器开始工作。

g. 试样压溃后自动返回，同时打印机打印出本次测试值（如果接通打印机）。

h. 放入下一个试样，按“下降”键开始测试。

i. 我们设定每组试样为10个。当做完10个试样后，仪器会自动打印出10个试样的试验报告。如果试验不是10个试样为一组，按打印键也可打印出试验报告。

j. 可用边压取样器裁取相反方向的瓦楞纸板，再测纵压强度，方法如上。

② 平压强度。操作步骤：

a. 用上例描述的边压取样器裁取80mm × 25mm的瓦楞纸板试样；

b. 功能挡仍在“边压”上；

c. 将试样放到测量板上，选择合适的量程，清零后按“下降”，同上实验；

d. 试样压溃后自动返回，记录下本次实验值。放入下一个试样，继续测试，结果取平均值。

③ 粘合强度测试。操作步骤：

a. 用边压取样器裁取80mm × 25mm瓦楞纸板试样。

b. 采用粘结强度剥离器（图2–21），选用合适直径针型件，调松固定螺钉把针型件放入剥离器压板中间。

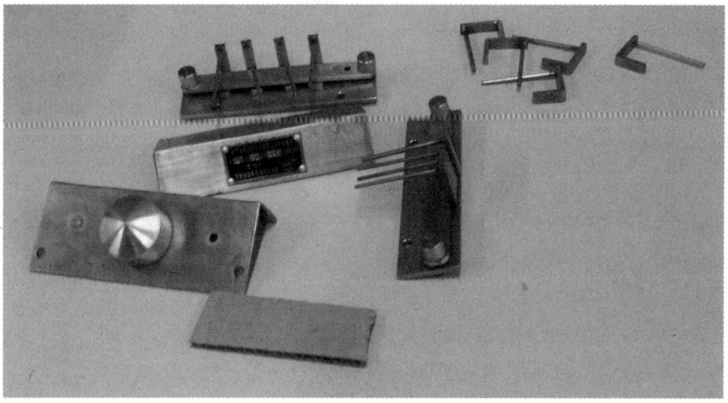

图 2–21 粘结强度剥离器

c. 把针型件的针插入纸样楞孔内。

d. 拧紧固定螺钉固定针型件。

e. 翻转后再把上剥离架装好，如图2–22所示。

f. 然后将装有试样的剥离器装入压缩仪上，如图2–23。调节电子压缩仪的功能挡，同时调节复位挡和背面的，使红灯指示到“粘合”，设量程，清零，最后下降施压，直到楞峰和楞面分离为止，记录下最大压力，读数精确至1N。

图 2-22　装好的粘结强度剥离器

图 2-23　粘结强度测试

3. 瓦楞纸箱抗压强度的测量

（1）试验仪器和材料

① ZXYD-201型电子式整箱压缩试验机（图2-24）。

② 各种规格的瓦楞纸箱。

（2）ZXYD-201型电子式整箱压缩机的功能、结构及工作原理　本试验机是包装容器、特别是瓦楞纸箱抗压强度性能检测的基本试验设备正常工作条件：在室温（20±10）℃的范围内；整机置放在平整稳固的基础上，采用可调垫铁支撑，以便于调节主机工作台的水平；在无震动、无腐蚀性介质的环境中；电源电压的波动范围不超过额定电压的±10%；必须可靠接好零线。

图 2-24　ZXYD-201型电子式整箱压缩试验机

主要技术参数：

① 测量范围：0～20kN（最小读数1N）；② 测力精度：±2%；③ 位移量测量精度：±0.1mm；④ 上下压板平行度：<2mm；⑤ 上下压板平面度：<1mm；⑥ 加压速度调节范围：0.1～100mm/min；⑦ 加压速度精度：±2%；⑧ 上压板工作间距：1200mm；⑨ 上压板尺寸：1000mm×1000mm；⑩ 外形尺寸（长×宽×高）：1410mm×1000mm×2100mm；⑪重量：约1500kg。

（3）操作步骤

① 工作前通电预热，观察测控仪显示是否正常。

② 速度设定。

③ 将试样置于下压板中心部分。

④ 设置一较大的速度，则上压板以设置的速度匀速下降，在刚接触试样表面时按停止，然后将位移和力值清零，此时再设定一较小速度，让上压板缓慢下降。

⑤ 按下降键，上压板按设定的速度均匀下降，对试样加压，力值连续增加。

⑥ 力值在2～3s内不再增加时，按停止键读数。

⑦按打印键，打出力值和位移值。

⑧按“返回”和“重测”键，上压板返回到初始位置，自动停机。

⑨准备做下一次试验。

4. 纸板耐破度的测定

（1）实验仪器、工具和材料

①ZDNP—6型电子式纸板耐破度测定仪（图2-25）。

②裁刀。

③不同类型的瓦楞纸板。

（2）仪器的功能及主要参数 功能：主要用于对纸板耐破度的测试。

主要技术参数：①测量范围：0～6000kPa；②分辨力：1kPa；③示值准确度：±0.5%F.S；④加压速度：（170±15）ml/min；⑤试样夹持力：大于760kPa；⑥胶膜鼓力：凸起10mm时，压力为170～220kPa，凸起18mm时，压力为250～350kPa；⑦液压系统密封性：在测量上限值，1min压降＜10%$p$max；⑧试样夹环尺寸：上下夹环孔径ϕ（31.5±0.05）mm；⑨电动机规格：交流电机120W-1450rpm；⑩仪器外型尺寸（长×宽×高）：520mm×400mm×560mm。⑪仪器净重：约52kg。

图 2-25 ZDNP—6型电子式纸板耐破度测定仪

（3）操作步骤

①把电源线一头插到背板插座中，另一端插到220V交流电源上。检查电源是否相符，插座一定要有保护接地端。

②接通电源开关，此时显示器显示出本机耐破度最大值，5～6s后恢复到零状态。

③装上试样，按“自动”键，转动手轮夹紧式样，加压力，式样破裂后活塞返回初始位置，如图2-26，全过程自动顺序进行，显示窗显示耐破值及实验次数。

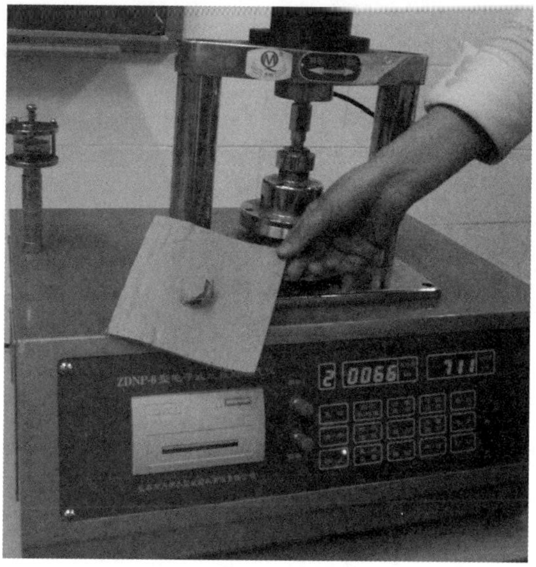

图 2-26 试样破裂

④如需要，可按“打印”后提取耐破平均值、耐破指数、变异系数。

注意：锁紧帽是压紧胶膜用的，使用前必须可靠拧紧，在做一、二组式样后由于胶膜产生永久变形，还必须再拧一下，锁紧帽，是始终保持胶膜是可靠锁紧的，否则会往外渗油，仪器不能正常使用。

5. 纸板戳穿强度的测定

（1）实验仪器、工具、材料

① ZCB-48型纸板戳穿强度测定仪（图2-27）。

② 裁刀。

③ 各种类型的纸板。

图 2-27　ZCB-48型纸板戳穿强度测定仪

（2）仪器功能和基本参数　功能：纸板的戳穿强度是指用一定形状的角锥穿过纸板所做的功，即包括开始穿刺及使纸板撕裂弯折成孔所需的功，以焦耳（J）表示。本仪器可适用于各种类型纸板，如箱纸板、瓦楞纸板的戳穿强度测定。

基本参数有：① 测量范围：0～48J；② 刻度盘的分度值：A度盘0～6J，最小分度值为0.05J；B度盘0～12J，最小分度值0.1J；C盘分度值0～24J，最小分度值0.2J；D度盘0～48J，最小分度值0.2J；③ 试样规格：175mm×175mm；④ 外形尺寸（宽×深×高）：900mm×400mm×800mm；⑤ 仪器净重：约152kg。

（3）仪器的调整

① 调整仪器水平。调整调平螺钉，使机座上的水准泡居中。

② 零点调整。选择不同测量挡时都应调整零点。

③ 摆轴摩擦力的校准。在只加重砣A时，释放摆体自由摆动到停止，摆动次数不应少于100次。

④ 指针摩擦力校对。去除压纸板，将指针拨到标尺零点，使摆在无式样条件下摆动一次，推动指针偏离标尺零点刻线，偏离应不超过3mm。

⑤ 压纸板夹紧力的要求。施于夹纸板间的力最低限度为250N，最大不超过1000N。

（4）操作步骤

① 按国家有关规定将试样切成175mm×175mm，并在规定的条件下进行处理。

② 首先把杠杆向上抬起使上下压纸板张开，将试样放在上下压纸板之间，通过下压纸板上的两个限位销使试样前端定位（注意试样的左右位置不应放偏）。

③ 放下杠杆试样被压紧。根据样品选用合适能量的重砣装于摆体后端的孔内（A砣不取下），并通过螺钉使其夹紧在摆体的两侧，将指针拨到最大值处，把防摩擦环套在三角形戳穿头的后面，将释放手柄推向前方，此时摆体被释放戳破试样。

④ 指针指示出戳穿试样所消耗的功。

⑤ 记录下结果，用手将摆体拉起复位，抬起杠杆取出试样，一次实验结束。

第三节　塑料薄膜的生产

在塑料包装制品的加工中，通常是先将固态的塑料树脂通过适当的方法变成熔体，接着将这种熔体用一定的方法使其成型，制造成为所需要的塑料包装制品。

一、塑料挤出机的功能

塑料挤出机的功能是采用加热、加压和剪切等方式，将固态的塑料原料或混合有色母料等助剂、共混树脂或回料的物料变成均匀一致的熔体，并以足够大的压力将熔体送到机头，机头上有形成制品截面的口模，以形成具有固定截面的连续制品。

二、塑料挤出机的结构

塑料挤出机（如图2-28所示）的主体是一个带有螺杆（如图2-29）和内螺纹的机筒结构，原料在一端的料斗进入机筒，然后由旋转的螺杆传送到机筒的另一端。通过在机筒外部的加热器加热以及在塑料和螺杆由于摩擦而产生摩擦热的作用下，使塑料变软和熔化。不同塑料及不同工艺，对塑料挤出机的设计要求常常是不同的，有些还涉及排气口、自动上料装置、螺杆上的混合装置、熔体冷却及加热装置、螺杆的数目、螺槽的深浅变化等，例如双螺杆挤出机与单螺杆挤出机相比，就能使熔体得到更加充分的混合。

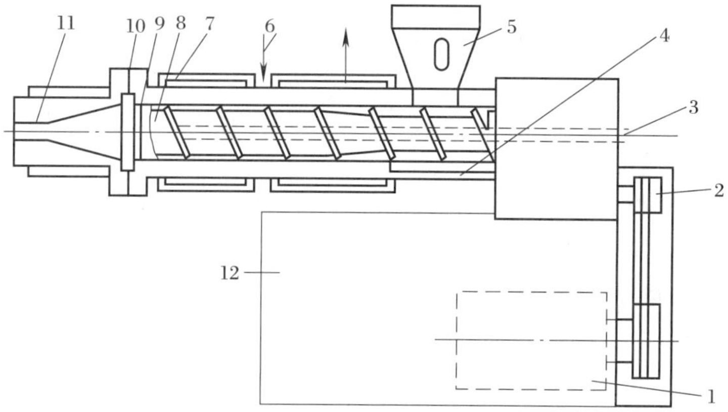

图 2-28 塑料挤出机的示意图

1—电动机 2—减速装置 3—冷却水入口 4—冷却水夹套 5—料斗 6—温度计 7—加热器 8—螺杆 9—滤网 10—粗滤器 11—机头和口模 12—机座

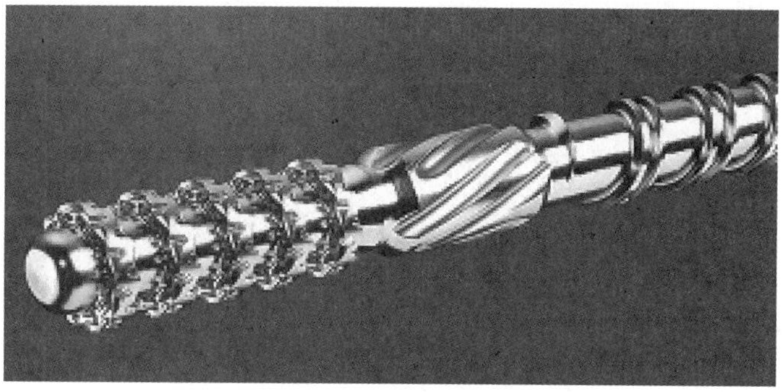

图 2-29 螺杆

用来生产塑料包装制品的典型的塑料挤出机，它的直径通常是5～20cm，长径比（L/D）为（20～25）:1。

如图2-30，塑料挤出机至少由三段组成：

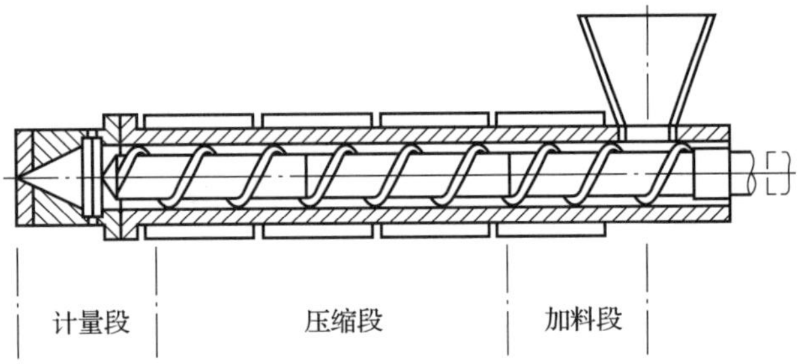

图 2-30　塑料挤出机分三段

第一段，靠近加料斗，称为加料段，它的功能是让物料以一个相对平稳的速率进入挤出机。一般情况下，为避免在加料段的塑料过早熔化造成堵塞，这部分将保持相对低的温度。

第二部分为压缩段，物料在这段形成熔体并且压力增加。由加料段到压缩段的过渡既可以是突变的（对于结晶性物料），也可以是渐变的（对于无定形物料）。

最后一个部分是计量段，紧靠着挤出机出口，它的主要功能是使从塑料挤出机挤出的物料变为均匀一致的熔体。在这部分为确保组成成分和温度的均匀性，物料应有足够的停留时间。

在机筒的尾部，塑料熔体通过机头离开挤出机，这个机头的口模设计成所要生产的制品截面的形状，挤出的熔体通过这里后，可以形成最终产品的形状，也可以形成需要进一步加工材料的初始形状。

挤出机在机筒和机头之间都带有滤网，滤网的功能是将杂质阻挡在滤网上。滤网能自动更换，这对加工含杂质较多的树脂如回收料时，特别重要。

三、平挤薄膜和片材

为制造平挤薄膜或片材，在挤出机上，塑料熔体流过的机头口模的开口形状是一条狭缝，称为狭缝机头，熔体通过狭缝（图2-31、图2-32）形成一个长方形的截面的连续体，其截面的宽度远大于厚度。

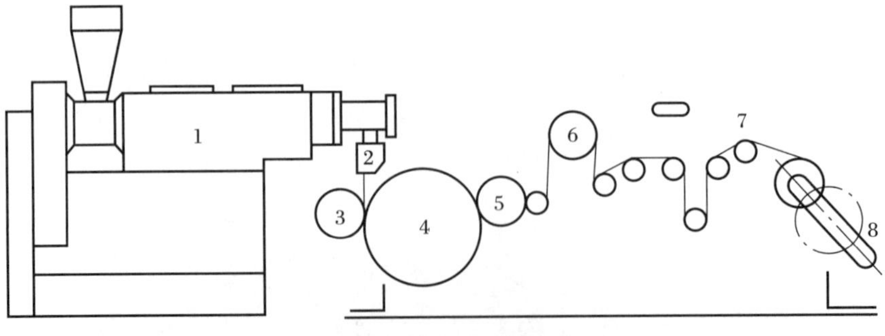

图 2-31　骤冷辊法平挤薄膜

1—挤出机　2—T形口模　3—压紧辊　4，5—冷却辊　6—处理辊
7—切边和电晕处理　8—收卷装置

如图2-33，平挤薄膜和片材是将熔体挤到骤冷的镀铬辊上制成的。从狭缝口离开的熔体向下或呈一定角度流延到冷却辊上，沿切线方向接触辊子。辊子的表面非常光滑，使得

制成的薄膜表面的光洁度也非常好。通常，在薄膜冷却到可以裁剪和卷绕以前，薄膜要通过一组呈S形分布的辊子，并至少要经过两个骤冷辊，第一个冷却辊的工作温度值至少是40℃，用空气吹嘴进行冷却，这种方法生产的薄膜有较好的透明性和较高的韧度，并且产量高，薄膜的尺寸主要取决于挤出速率和牵引速度。

在这种加工方法中，薄膜由于冷却而收缩，所以制成的薄膜或片材的尺寸比口模的尺寸小，并且边缘部分会变厚，变厚的这部分必须裁掉。同样，在薄膜卷取时，由于薄膜厚度的不均匀性，导致厚度变化进一步增大，产生暴筋。平挤薄膜厚度正常偏差为±3%，在卷膜中产生暴筋会给后面的操作造成困难。有两种方法可以减少暴筋，一般传统的方法是在卷取过程中摆动薄膜使之产生随机的厚度变化，这种方法最大的缺点就是减少了薄膜的宽度，并且增加了废料的数量，但是这些废料可以作为回料重新加以利用。更先进的方法是利用传感器，实时地检测薄膜的厚度，通过计算机控制，自动调整所需的口模间隙。

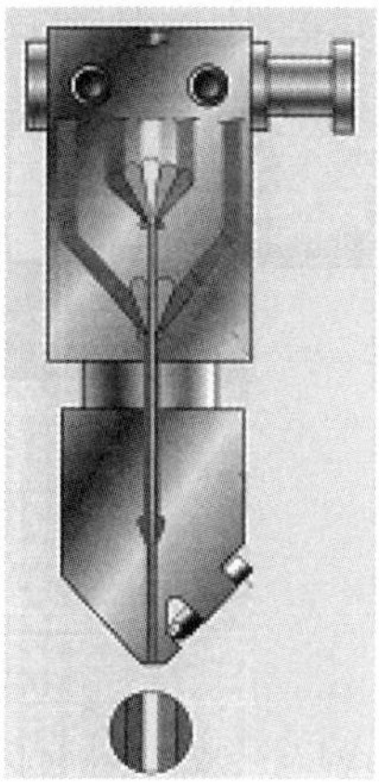

图 2-32　狭缝口模

图 2-33　平挤设备

如图2-34，平挤薄膜可以通过“取向”或在一定条件下拉伸薄膜，使得一些分子在拉伸方向重新排列，当外力去除后这种排列仍将保持。取向能增加结晶度，改善阻隔性能，强化拉伸方向的强度，弱化未拉伸方向的强度。

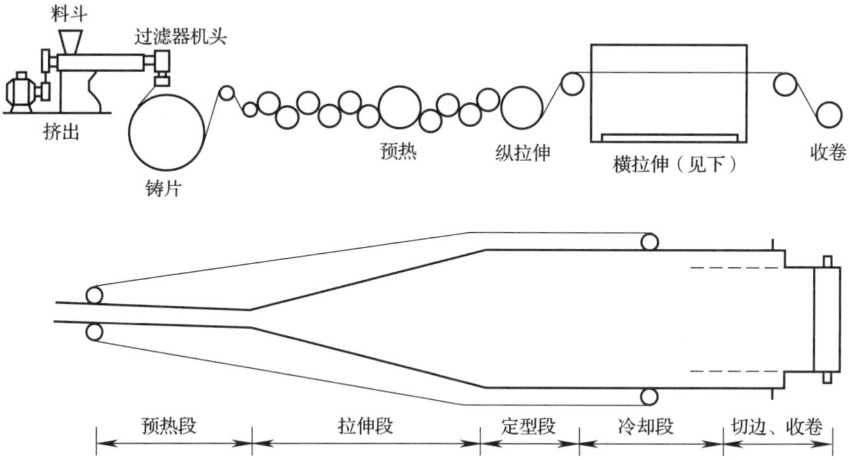

图 2-34　两步法双向拉伸薄膜生产流程图

如果平挤薄膜在沿挤出方向（纵向）没有被明显地拉伸，则相对无取向性，这时在纵向和横向上均有相对平衡的力学性能。如果牵引速度明显地大于挤出速率，则此时薄膜纵向拉伸，且是单向取向。拉伸发生在最初接触的骤冷辊上，经常是在第一个骤冷辊之后，并且通常还包括薄膜在拉伸前再加热。如果薄膜也在横向做拉伸，则这时薄膜的拉伸双向取向的。双向取向既可以用一个步骤完成，也可用两个连续的步骤。如果在两个方向的取向是相等的，最终得到的薄膜在性能上是各向同性的；如果在一个方向的取向大于另一个方向的取向，则薄膜在性能上是各向异性的。为了获得有效的取向，结晶聚合物必须在低于熔化温度下进行拉伸，但拉伸时应有足够的热量，使得分子可以运动。取向的温度越高，材料更倾向于流动，而实际产生的取向更少。拉伸以后，薄膜将被冷却以提高其热稳定性，如果在理想状态，在拉伸的分子松弛以前通过冷却会得到取向的特性。

聚酯（PET）薄膜主要是采用两步法进行拉伸取向，薄膜纵向拉伸到原来长度的3～4倍，接着再横向拉伸到原来宽度的3～4倍，取向PP薄膜（BOPP）也是用这种方法制成的。

四、挤出吹塑薄膜

如图2–35，挤出吹塑薄膜是用塑料挤出机将熔融的塑料通过环形口模再将其吹胀而制成，因此挤出的中空塑料管膜也被称作“膜泡”（图2–36）。吹入的空气压力使得中空管膜膨胀形成所需要的尺寸。管膜可以水平挤出或向下挤出，但更多的是垂直向上挤出。冷却是通过一个直接安装在口模出口附近的冷却风环向薄膜吹冷空气来完成，有的同时具有内外冷却方式，此时管膜被迅速地冷却（即骤冷）。

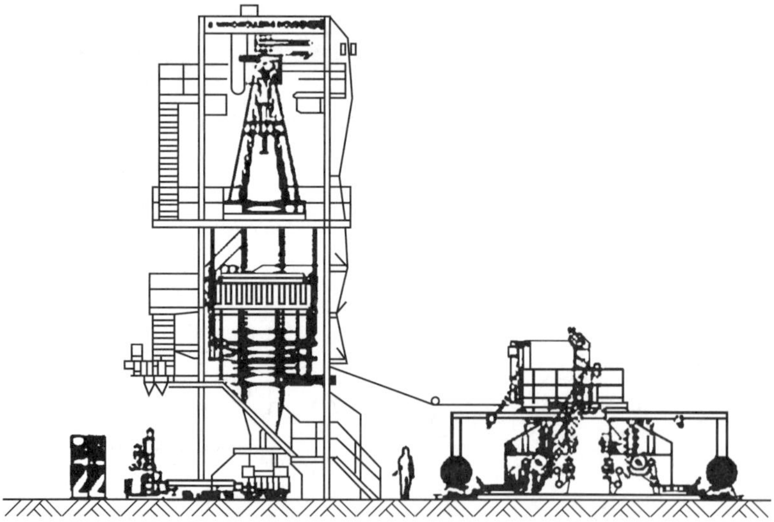

图 2–35　吹塑设备

薄膜的尺寸取决于塑料挤出机及口模的大小和吹膜时的空气压力，通过“吹胀比”即吹胀薄膜的直径和口膜直径的比值来衡量薄膜从口模出来后尺寸的变化。

薄膜通过顶部的通道为各种导向装置（图2–37），包括空气环和导向辊子。当薄膜被充分地冷却以后，膜泡被夹板和辊子（夹辊）夹住、卷起、剪裁或不剪裁、折边或作其他处理。因此这种工艺既可以用来生产泡管也可以生产平膜，采用挤出吹塑生产薄膜，因为不存在与平挤薄膜类似的边缘效应，所以几乎没有废料产生。吹膜生产线与平挤膜生产线相比产量更高，更经济。因此，吹膜以产量高而著称，据估计大约有90%的聚乙烯薄膜用这种方法生产。

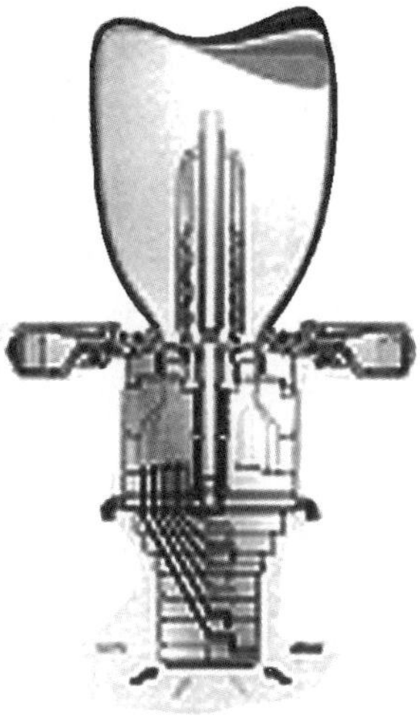

图 2-36　膜泡

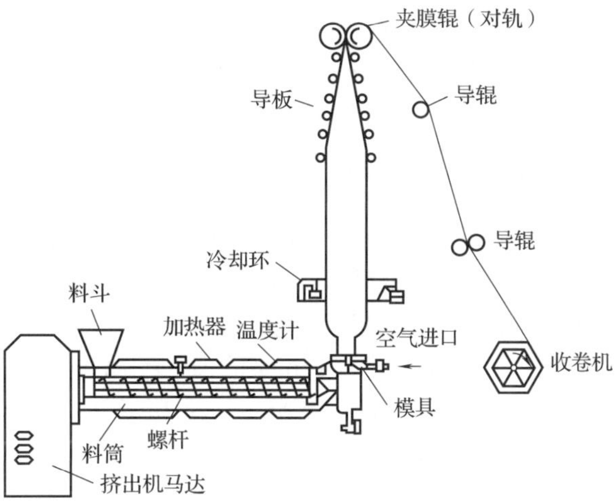

图 2-37　吹塑薄膜的生产

就薄膜的透明度和均匀性来看，吹膜不如平挤薄膜，主要是吹膜工艺的冷却速度慢造成的。因为慢速冷却造成很大程度的结晶和大晶体的形成，导致薄膜透明度降低；冷却不均匀会导致薄膜厚度的不均匀，即使有一点点的偏心或口模开口处的一点儿缺陷，将会导致膜卷外形的显著不均匀，这时可以将口模内外模套制成相互逆向旋转形式的旋转式机头，在挤出时使口模旋转，从而使厚度的变化随机化，便生产出厚度均匀的膜卷。当然也可以不使用旋转口模，而在卷取时旋转管膜。

在吹膜中，可以在口模和夹辊间拉伸薄膜而形成沿机器方向纵向拉伸取向，同时也在膜泡扩张时横向拉伸薄膜获得取向（图2-38）。因此，薄膜是双向拉伸取向的，通过双向拉伸产生取向的平衡。

拉伸聚乙烯薄膜通常是向下挤出，挤出的管膜被冷却，然后在吹胀前再被加热到低于熔融温度。如果薄膜热稳定达到预期效果，夹膜可以通过一系列被加热的辊子，或在“二次吹胀”工艺中再次被吹胀。在任何一种情况下，薄膜被加热接着被冷却，当冷却完成后薄膜再次得到由于收缩而产生的应力。

图 2-38　管膜法

第四节 黏合剂

两个同类或不同类的固体，由介于两者表面之间的另外一种物质的作用而牢固接合起来的现象叫粘合，介于两固体表面之间的物质叫黏合剂。

黏合剂是最重要的包装辅助材料，它在包装工业中占有非常重要的地位。各种纸容器的封口，复合薄膜的制造，瓦楞纸板的制造，瓦楞纸箱和纸盒的制造、封合，各种包装容器标签的粘贴，各种胶带的制造都离不开黏合剂。

一、黏合剂的分类

包装用黏合剂品种繁多，用途不同，组成各异，分类方法很多，常用的分类方法如下。

1. 按主要黏合剂物质分类

可以分为有机黏合剂和无机黏合剂两类。

有机黏合剂又分为天然有机黏合剂和合成有机黏合剂。前者有葡萄糖衍生物（淀粉、糊精等）、氨基酸衍生物（干酪素、骨胶等）、天然树脂（松香、树胶等）和天然橡胶等。合成有机黏合剂有热塑性树脂（聚醋酸乙烯、聚乙烯醇、聚乙烯醇缩醛类、聚丙烯类、聚酰胺类、聚乙烯等）、热固性树脂（脲醛树脂、酚醛树脂、聚氨酯、环氧树脂等）、橡胶（氯丁橡胶、丁腈橡胶以及酚醛-氯丁橡胶等）等。

无机黏合剂在包装行业使用的比较少，主要用硅酸盐类如硅酸钠黏合剂。

2. 按固化方式分类

挥发固化型如淀粉、动植物胶、热塑性树脂等；热熔型如乙烯-醋酸乙烯共聚物、聚丙烯酸酯、蜡类等；反应固化型如环氧树脂、聚氨酯等。

3. 按黏合剂的外观状态分类

可以分为水溶液型、溶液型、有机溶液型、乳液型、固态型以及膏糊状、淤浆状等。

4. 按黏合剂的使用方法分类

（1）水活化型　使用时要加一定量的水使其活化才具备粘合能力，如聚乙烯醇黏合剂等。

（2）溶剂活化型　使用时加溶剂使黏合剂活化形成牢固的粘合，如涂布酚醛黏合剂等。

（3）压敏型　在粘合时必须加一点压力才能形成牢固的粘合，如橡胶类、丙烯酸酯压敏黏合剂类。

（4）热熔型　使用时加热使熔化，涂布在被粘物表面，冷却后即固化粘合牢固，如EVA热熔黏合剂等。

二、粘合原理

1. 产生粘合的基本条件

（1）黏合剂必须有良好的流动性　黏合剂必须能够比较容易地、均匀地分布在整个被粘物的表面，把表面凹凸部分填平，在被粘物表面形成均匀的黏合剂薄层。

改善黏合剂流动性的具体方法有加入溶剂或稀释剂；加热调整涂布时的温度；加压使流动性稍差的黏合剂在涂布粘合时强迫其流动而被粘合表面有良好的结合。

（2）黏合剂必须能充分浸润被粘物表面　黏合剂对被粘物表面有一定程度的浸润是

完成粘合的必要条件之一。充分的浸润为黏合剂分子与被粘物表面分子间相互吸引、达到粘合创造了条件。

在黏合剂组成中加入少量浸润剂，或者事前处理粘合表面，都可增加黏合剂对被粘物体的浸润程度。相反，被杂质污染的表面影响黏合剂的浸润，难以粘合。通常，表面张力小的物质能够很好地润湿表面张力大的物质，反之则不行。例如，油能很好地铺展在水或冰的表面，而水却不能铺展在油或带油物体的表面。

金属及无机物的表面张力远大于黏合剂的表面张力，如果金属及无机物的表面是干净的，则很容易被黏合剂润湿从而形成良好的粘合条件。也正因为如此，它们也容易被表面张力小的物质如油等污染。因此，对这些材料在粘接前须经过表面处理以提高表面张力，氟塑料的表面张力最小，故属难粘材料。因此，在黏合剂中可加入适量的表面活性剂以降低其表面张力，提高润湿能力。

（3）黏合剂与被粘物之间必须有足够的作用力　黏合剂与被粘物之间必须有较大的结合力才能形成牢固的粘合，这种结合力可以是机械力（黏合剂渗入被粘物中，形成“胶钉”形式的力），也可以是分子间力（分子间的范德华力及极性分子间的定向引力）和化学力（由离子键、共价键、氢键等化学键形成的力）等。

2. 粘合理论

（1）机械连接　这一概念认为黏合剂与粘接表面不平处的连接是粘接的基础。另一个证实机械连结对粘接强度作出很大贡献的实例是某些塑料和金属的化学键。机械连结包括两种作用的相互联系，一是机械连锁，二是取决于聚合物表面化学的相互作用。

机械连结机理对总粘接强度贡献的基本解释在于被粘物和黏合剂两者间存在一个区域，此区域两种物质都存在。这一区域的产生取决于一种物质进入较粗糙的另一种物质的互相空透，穿透的深度受到粗糙度大小和穿透完善程度的影响。

（2）吸附作用　吸附理论认为，粘合作用是由黏合剂和被粘物分子或原子在界面层互相吸附产生的。任何理想固体材料都有内聚机械强度，它取决于其中所含基本粒子之间的各种吸引力，因此如果这些力产生在两物质间界面处，首先两物质必须最为接近和直接接触。

吸附理论认为粘接的产生在于黏合剂和被粘合物在界面层上相互吸附。吸附力的产生有分子间相互作用——次价力和原子间相互作用——化学键。由于化学键的形成必须满足一定的量子化条件，一般情况下，单位面积上化学键数目要比分子间作用数目少得多，因此粘合强度主要来自分子间作用力。

（3）粘接力的静电力　静电粘合理论的出发点认为，两接触界面间的作用由静电作用产生，静电则由界面间的双电子层形成。有人认为，薄的真空镀层金属膜对聚合物材料的粘接是按照静电作用的原理。观察在聚合物表面的金属及碱金属薄膜，若使其放电，那么粘接强度几乎下降为零，这否认了金属和聚合物绝缘体间形成化学键的假设，而证明粘合的静电由来的推断正确。

（4）粘接的扩散机理　Voyutskii提出扩散现象，即两种聚合物在高于它们的T_g以上温度紧密接触时，长链大分子的链段将互相扩散，使粘合界面消失，形成一个过渡区，从而产生牢固的接头。在界面上链段互相扩散必须满足两个条件：热力学条件是黏合剂与被粘物之间的相容性；动力学问题是高分子链段以显著的速度运动。这种扩散的结果，在黏合剂和被粘物之间形成牢固的粘合。

综上所述，各种理论都有各自的实验依据，并能在某些场合下较满意地解释粘合现象，但它们又都有一定的局限性。总的说来，目前没有一个完整的粘合理论，这是由粘合现象本身的复杂性及实验条件的局限性等原因造成的。

无论哪种有关粘接机理的解释都不能适合所有的情况，没有一种解释是万能的，不可能有一种关于粘接的普遍的解释，在某种特定条件下，某种机理起主要作用；各种粘接机理相结合，可加深对粘接现象的理解，一个粘接接头从各种起源的结合达到它的最大强度。吸附作用包括扩散力，酸–碱、电子给予体–电子接受体相互作用力和化学键，所有这些都可以描绘为静电作用，机械渗透依靠外形、流动和扩散，就两种聚合物而言，依靠链接的相互扩散。

3. 影响粘合强度的因素

在黏合剂的实际应用中，很多因素会直接影响粘合强度。

（1）构成黏合剂的高分子化合物分子量及结构的影响

① 分子量的影响。一般来说，高分子化合物的聚合度较小时，黏附性能较好，但内聚力较小，所以粘接强度不会很高。当聚合物的相对分子质量较大时，内聚力较大，但黏附性一般较差。所以对某一种类的聚合物，只有聚合度在一定范围内，才能既具有较好的黏附性，又具有较大的内聚强度。

② 极性的影响。含有极性基团的黏合剂对极性高分子材料的粘合性较大，而对非极性高分子材料的粘合性较小。一般地，符合相似相溶的经验规则，但也有例外的情况。

③ 位阻的影响。一般来说，黏合剂高分子聚合物若含苯基或支链节较多，空间位阻增大，也会影响分子扩散，使粘合能力降低。

（2）粘合面内应力的影响　粘合面内应力对粘合强度有较大的影响。由于黏合剂的相变化及温度、组成，时间等的变化引起黏合剂层尺寸的变化而产生内应力。内应力的大小与黏合剂及被粘物的延伸率、热膨胀系数、黏合剂层厚度及表面状态等有关。

（3）被粘物性质对粘合强度的影响　被粘物的化学组成、物理性质及表面情况等对粘合强度都有较大影响。一般来说，粘接极性材料要选用极性黏合剂，粘合非极性材料要选用非极性粘合剂。以上这些是一般规律，不同材质的材料有不同的性质，在各自的粘合中要区别对待。

例如热固性塑料不能用热焊或溶剂粘接，只能用黏合剂粘接。热塑性塑料除了可用黏合剂粘合外，还可用热焊及选用适当溶剂粘接。但聚乙烯、聚丙烯、聚四氟乙烯等非极性塑料，又不能用普通塑料黏合剂粘接，常常要在粘合前用电火花处理其表面。此外有增塑性塑料也比较难粘接，这是由于增塑剂从被粘物向黏合剂层扩散而使粘合强度下降。

多孔性纤维素材料，如纸张和木料的粘合，用胶量较表面光滑的材料要大得多，另外纤维素材料用黏合剂的pH值不能太低，否则纤维素在酸作用下长时间后会发生分解，也影响粘合强度。

（4）粘接工艺对粘合强度的影响　粘合时的温度、压力、加压时间、施胶方法、搭接宽度、胶层厚度、涂胶以后晾置时间、固化温度等对粘合强度均有影响。黏合剂层并非越厚越牢，在超过一定范围后，随黏合剂层厚度增加，抗拉强度和剪切强度随之减小，剥离强度随之增加。

4. 粘合工艺

（1）黏合剂的选用　黏合剂选择的合理与否是影响粘接强度的关键因素。在选用黏合剂时一般要考虑以下因素：

① 被粘材料。各种黏合剂对不同材料的粘结力是不同的。

② 受力条件。受力构件的粘接应选用强度高、韧性好的结构胶。若用于工艺定位而受力不大时，则选用通用型黏合剂。

③ 工作温度。一般有机黏合剂只能在-60～80℃下工作。以双酚A环氧树脂为基料的黏合剂工作温度在-50～180℃之间；无机黏合剂可在500℃以下工作。

④ 其他。如成本、工作环境等。

（2）粘接接头的设计　粘接接头实际工作状态和受力是相当复杂的，但它可归纳成以下四种基本类型：拉伸、剪切、撕裂和剥离，如图2-39。

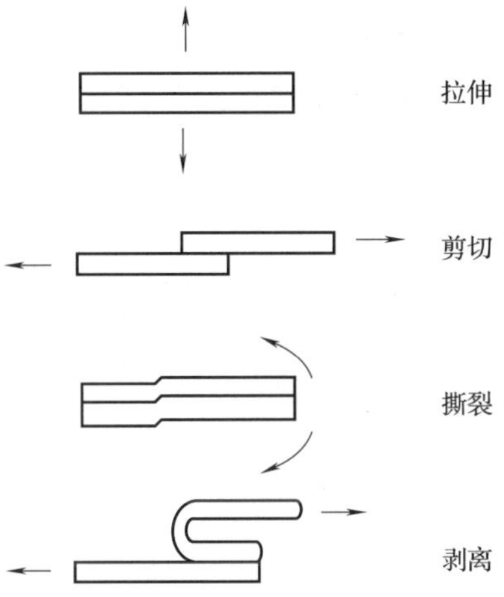

图 2-39　粘合接头所受外力的类型

在设计粘接接头时应注意以下几点：

① 一般黏合剂承受拉伸和剪切的能力要比承受剥离和撕裂作用的能力大，因此设计粘接接头时应尽量使胶层承受剪切力（例如板材粘接常采用搭接接头），避免受剥离或撕裂的应力作用。

② 在可能而合理的情况下增大粘合面积以提高接头承载能力。

③ 在承受强大作用力的情况下，可采用复合连接的形式，例如胶-铆、胶螺钉等形式。

④ 接头便于加工，外形美观。

（3）表面处理

① 电晕处理。如果采用极性黏合剂粘合聚烯烃塑料，一般应该在粘合前对材料进行表面处理，处理的方法主要有电晕处理、火焰处理等。

电晕处理的工艺路线大体上有三种形式。

第一种形式是在薄膜的生产线上进行，即通常所说的热膜处理，这是最早的一种处理形式。由于在高聚物分子还没有完成结晶的情况下就进行处理，因此，处理效果好，但一般只适用于当即进行再加工（如涂布或复合）的薄膜处理。处理装置在薄膜冷却定型段之后、卷取装置之前。

第二种形式是在薄膜的再加工线上进行，即通常所说的冷膜处理，这种形式的处理质量还与薄膜的状态有关。若薄膜生产后存放时间长，析出的添加剂大量附在薄膜表面，处理质量就会变差，选用这种形式还应注意电火花是否会对所使用的溶剂产生着火的可能，其处理装置在复合装置之前。

第三种形式是上述两种形式的组合，即先在薄膜的生产线上进行处理，然后在薄膜的再加工线上进行第二次处理。它适用于第一次处理质量差，或第一次处理后存放时间太长，处理效果已消退的薄膜。

薄膜的处理程度将直接影响后加工的质量，必须严格控制。若处理程度不够，薄膜的润湿性没有明显改善，会出现油墨的附着性差，复合薄膜剥离力小等问题。反之，若处理程度过度，会出现薄膜表面老化，黏附性下降，光泽变差；表面分子过多交联，热封性变差；薄膜容易粘连（特别是夏季高温天），出现分切等加工困难，使用时难以揭开等问题。总之，处理程度控制原则为，在满足后加工要求的前提下，尽可能降低处理程度，避免不必要的过度处理。

由于薄膜种类、后加工形式、后加工时间等不同，处理程度要求也不同，常用润湿张力这一指标来检验电晕处理的程度，表2–3为几种薄膜印刷和复合时所需的临界表面张力值。立刻后加工的可取小值，反之则应取大值。

表2–3　几种薄膜印刷复合所需平均临界表面张力　单位：mN/m

薄膜名称	LDPE	HDPE	PP	PET	PVC
处理前	31	31	29	43	39
处理后印刷用	40	42	42	44	39
处理后复合用	46	46	46	46	46

② 其他处理方法。被黏合材料的表面性质对粘接强度影响很大，通常在粘接前都要对接头表面进行脱脂、去污、机械处理、化学处理等以提高粘接强度。

消除表面油污的方法通常是用汽油、煤油、丙酮、甲苯、三氯乙烯、氯仿等有机溶剂擦拭被粘表面。大量生产时亦可用碱液脱脂。

机械处理是使表面具有均匀平整的表面，以增大有效粘接面积。表面过于粗糙会因最高点的接触使胶层断裂，以及容易因表面粗糙而阻碍气体排出气泡，降低粘接强度。

化学处理可以改变表面的性质，形成能和黏合剂分子作用的活性表面。例如，铝合金经硫酸–铬酸–重铬酸钠化学处理剂处理后，表面形成许多很小而又致密的氧化腐蚀坑，大大增加了表面积。同时，这一层氧化膜具有高极性，能与极性黏合剂成坚强的次价键，提高了粘附力。

（4）胶层厚度　大多数黏合剂在到达一定厚度后，粘接强度随胶层厚度的增加而降低，但胶层太薄也会因缺胶而降低强度。一般无机黏合剂胶层厚度为0.1 ~ 0.2mm，有机黏合剂胶层厚度为0.05 ~ 0.15mm。

（5）固化温度、压力与时间　温度、压力、时间是固化过程的三个重要工艺参数，而温度又是其中最重要的条件。温度高，则固化速度快；但温度过高、固化速度过快，会影响润湿，使接头产生很大内应力，强度反而降低，并增加了对胶层的热老化作用。

固化时施加压力的目的是增加黏合剂对被粘材料表面的润湿和对表面微孔、缝隙的渗透，有利于排除胶层中残留的气体和低分子挥发物，控制胶层厚度，起工艺定位作用。固化压力不足将引起胶层疏松，有气泡、厚度过大和不均匀，但压力过高可能造成严重缺胶，使粘接强度降低。

三、主要包装材料的粘合

1. 纸材的粘合

粘合纸材时，不需要前处理，可以直接粘合。因为纸材为纤维结构有利于水分的渗透，所以纸材的粘合常采用水分散型的黏合剂。粘贴纸基标签常采用压敏型黏合剂，黏合剂涂层纸材可用压敏胶或热熔黏合剂等。纸材黏合用黏合剂可参考表2–4。

表2–4　　纸包装用黏合剂用途分类表

用　途		黏合剂
纸袋	一般纸	聚醋酸乳液、骨胶、淀粉胶
	厚纸、耐水加工纸	聚醋酸乳液、苯乙烯–醋酸乙烯共聚乳液、热熔胶
制袋封口	冷封合	橡胶胶乳
	热封合	乙烯系溶剂黏合剂、乙烯系乳液黏合剂、丙烯酸酯、聚酰胺
瓦楞纸箱	箱体、接头、箱底	聚醋酸乙烯乳液
纸盒	盒底、黏贴襟片	聚醋酸乙烯乳液、淀粉胶
黏贴标签	纸张	醋酸乙烯共聚乳液、淀粉胶、再湿性黏合剂、热熔胶、压敏胶
纸杯	含浸渍石蜡	乙烯–醋酸乙烯共聚乳液
瓦楞纸板		淀粉胶、聚醋酸乙烯乳液、聚乙烯醇
复合产品		聚醋酸乙烯乳液、丙烯酸酯、聚醋酸乙烯共聚乳液

2. 塑料的粘合

（1）热熔粘接　热熔粘接适用于热塑性塑料，通过加热使塑料的被粘合部分软化熔融，将处于黏流态的塑料紧密贴合并加压使其粘合牢固，待冷却后即固化形成牢固粘合。很多塑料袋、板、管等的热封合或热焊接等都属此类。塑料包装袋的脉冲热合、高频电热法等也属此类。

（2）溶剂粘接　这种粘接方法是以塑料的溶解性为基础的，因此也只适用于热塑性塑料。它以单一溶剂或混合溶剂为粘合材料、用于粘合的溶剂必须对被粘物表面有充分的活性，能使被粘物表面产生一定程度的、均匀的溶胀、软化和溶解，然后将两个被粘物表面粘合，稍加压力，待溶剂挥发后，即形成粘合。

（3）黏合剂粘合　前面两种粘合方法仅适用于热塑料性塑料，但黏合剂粘合对热塑料性塑料和热固料性塑料都适用，而且粘合强度也较高，是最普遍的一种方法。

在塑料的粘合中，值得指出的是聚乙烯、聚丙烯等聚烃类塑料的粘合。这类塑料极性小，化学稳定性强，结晶度高，属于难粘塑料，一般应选用非极性或者极性较低的聚合物作粘合物质。

如果采用极性较低的聚合物作粘合聚烯烃塑料，一般应在粘合前进行表面处理，如电晕处理、火焰处理、化学处理、溶剂处理等。对于塑料薄膜的粘合，常采用电晕处理方法。电晕处理适用于连续化生产，处理后可使薄膜表面极性增加并在表面形成微细的痕纹，使表面粘合性能改进，一般处理后的表面应尽快粘合，时间长了会使处理产生的活性下降，影响粘合强度。

3. 材料复合用黏合剂

复合材料以其功能全面，在包装工业中的地位越来越重要。薄膜复合的方法很多，其中大多数的方法都使用黏合剂。

习题

一、填空题

1. 瓦楞纸生产线主要由______、______、______组成。

2. 装箱工艺有______、______、______、______ 等方式。

3. 黏合剂按使用方法分类可分为______、______、______、______。

4. 瓦楞纸生产线中的干燥部分由______和______两部分组成。

二、选择题

1. 关于输送桥架说法正确的是 （ ）

A. 瓦楞纸板在桥架上自然堆积成波浪形。

B. 可以起到贮存缓冲作用，即不会因换纸，短时排除故障而影响另一系统的正常工作。

C. 在桥架上瓦楞纸板的水分进一步得到挥发，增加粘接强度，有利于提高瓦楞纸板的质量。

D. 在桥式通道上，传送瓦楞纸板的输送带速度较单面机车速慢得多。

2. 关于裱纸说法正确的是 （ ）

A. 裱纸也称覆面、贴面，主要用于彩面瓦楞纸箱的加工。

B. 裱纸可以通过手工刷胶的方法完成，也可以通过专门的裱纸机完成。

C. 贴合质量是指成品纸板的抗冲击度与粘合度。这两个指标都与黏合剂有直接关系。

D. 面纸与底纸边缘相对距离的最大范围值（即贴合精度）一般应在 ± 2mm。

3. 下列说法错误的是 （ ）

A. FEFCO 0201 纸箱箱坯在进入开槽机之前，要按照箱坯成品尺寸进行压线（箱坯中的横压线）与裁切（纵切与横切）。

B. 分切压线机压线的宽度与瓦楞纸板厚度有对应的关系，一般为15 ~ 20mm。

C. 常见压线轮的形状中，三点式、五点式适合横向压线，三点式用于单瓦楞纸板。

D. 双辊刀切断机用于横切，在裁切过程中，上下刀刃并不是同时接触的，而是一个剪切的过程。

三、判断题

1. 利用预热辊进行预热的目的：使原纸进入瓦楞辊之前具有一定的温度，以利于瓦楞操作，加快粘结速度。 （ ）

2. 利用瓦楞辊进行压制瓦楞事，需要调整瓦楞辊之间的配合压力和平行度。 （ ）

3. 涂胶辊与瓦楞辊的线速度比一般控制在95:100的范围内。 （ ）

4. 上传送带连通干燥段与冷却段；下传送带仅在冷却段传送纸板。 （ ）

5. 瓦楞纸箱粘合一般采用聚醋酸乙烯乳液。 （ ）

四、问答题

1. 单面机的主要作用是什么？

2. 包装用纸板有哪些种类？

3. 采用蒸汽加热器有什么优点？

4. 塑料挤出机的功能是什么？

5. 请简述黏合剂的粘合原理。

第三章 包装印刷

印刷是指使用印版或其他方式将原稿上的图文转移到承印物上的工艺技术。包装印刷是指以各种包装材料为主要产品的印刷。印刷与其他复制方法不同的是，必须包括五大要素：原稿、印版、承印物、油墨和印刷机械。

原稿是被印刷复制的对象，传统的原稿为各种（类）载体上的图文信息，如图3–1所示。

印版是用于传递油墨至承印物上印刷图文载体，如图3–2所示。

图 3–1　原稿示意图

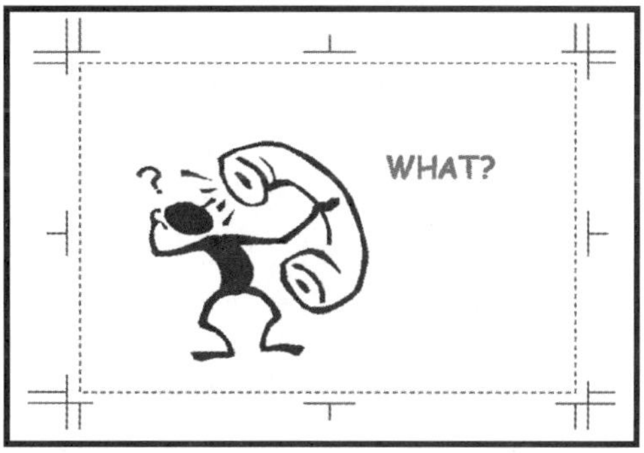

图 3–2　印版示意图

承印物是指接受油墨或其他粘附色料后能形成所需印刷品的各种材料，如图3–3所示。

油墨是在印刷过程中被转移到纸张或其他承印物上形成耐久的有色图像的物质，如图3–4所示。

图 3–3　承印物示意图

图 3–4　油墨示意图

印刷机械是指用于生产印刷品的机器、设备的总称，如图3–5所示。

图 3–5　印刷机械示意图

现今随着印刷的发展，印刷的内涵也产生了变化，例如：原稿的范畴发生了很大的改变，从以前单一的纸质原稿，转变为电子化原稿，可以是一副画稿，也可以是一个光盘；油墨的转移方式也从压力作用转变为无压转印，如喷墨印刷等；大批量生产不再是印刷的标志，小批量、个性化的印刷成为一种新的时尚，如：数字印刷技术的革新。

随着科技发展，印刷技术也在进行着翻天覆地的改变，新的印刷方式将层出不穷。目前对于印刷方式的分类方式很多，根据不同的特征可以进行以下划分：按照印刷产品用途分类，可以分为书刊印刷、包装印刷及特种印刷；按照印刷的色数分类，可以分为单色印刷、双色印刷和多色印刷；按照印刷过程中印版的特点，可以分为平版印刷、凸版印刷、凹版印刷和孔版印刷；按照印刷使用的基本原理，可以分为平压平印刷、圆压平印刷和圆压圆印刷；根据印刷过程中使用的印刷方式特点，可以分为胶印印刷、凹印、柔印和丝印。

第一节　胶印印刷工艺

胶印主要用于书刊、报业、商业以及包装印刷。书、报刊印刷和包装印刷在产品设计、工艺编排、制版、印刷和后加工方面，既有共性也有不同的特点。从广义上说，书、报刊具有向人们提供文字、彩色图像的阅读和欣赏功能，而包装印刷是具有向人们提供识别商品属性的功能，还需要通过包装的优异设计和精美印刷，尽现商品的内在质量。

一、定义

胶印印刷，又称之为平版印刷，有时也叫化学印刷，意思是说印刷图文部分与非图文部分位于同一平面上，它是基于“油水不相混”的原理实现印刷的。此印刷类型是通过机械或手工把图像呈在石头或金属表面，然后对该表面进行化学处理使得图像部分亲墨，而其他空白部分不亲墨。印刷时，只有亲墨的图像部分转移到纸张上，形成印迹。照相版印刷、影印石版和胶印都属于平版印刷。

二、印版特点

胶印印版上的图文部分与非图文部分几乎处于同一个平面上，如图3–6所示。印版上图文部分为正像，如图3–7所示。

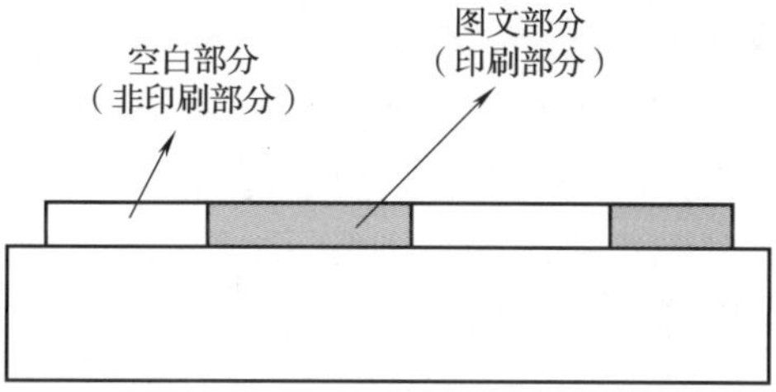

图 3–6　印版上图文和空白部分之间的关系图

图 3–7　印版上图文部分效果图

三、胶印中网点印刷

网点是胶印中最小的，也是最基本的印刷单位，那么胶印中为什么采用网点进行印刷，主要有两个方面的原因。

一是印刷工艺方面必须要求采用网点印刷，印版上的两个元素如果没有微观上的变化，印刷出来的印刷品将只有两个层次——黑与白，如图3–8（a）所示。为了得到丰富的印刷色彩，需要将图文部分分割为不同面积大小的点，从而获得不同层次的图案，如图3–8（b）所示，这些小的点称之为网点，所以印刷工艺上要求一定要采用网点进行印刷。

（a）　　　　（b）

图 3–8　印刷品示意图

（a）两个层次印刷品　（b）256个层次印刷品

二是人的视觉使网点印刷成为可能，人眼能区分不同发光点的能力称为视觉敏锐度。人眼正常的明视觉距离内（250mm）能分辨出的两点对人眼所形成的视角的倒数，如图3–9所示。

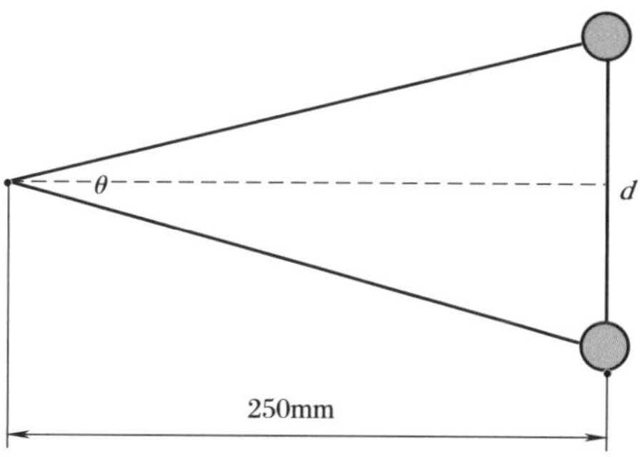

图 3–9　人眼的最小分辨率

通过计算可以获得能分辨的距离为0.073mm，也就是说只要在印刷过程中，采用的加网线数使网点之间的距离小于0.073mm，人眼就没有办法分辨出网点，印刷出来的产品就符合要求，达到连续调的感觉。

1. 网点的形成

网点的形成主要是通过印前图像处理来实现，最初的图像处理是采用照相分色加网技术方式完成，主要通过网屏来形成网点。现在的印前电子分色处理系统和数字化印前图像处理系统主要采用电子加网方式来形成网点，两个系统的区别在于电子分色采用网点发生器形成网点，数字化处理系统主要通过栅格图像处理器形成网点。

2. 网点的分类

按照加网方式的不同可以将网点分为调幅网点和调频网点。

调幅网点是指相邻网点间的距离相等，但网点大小可以不同。通过网点大小变化来表现层次，如图3–10所示。调幅网点是传统印刷中最常用的网点，目前胶印中采用都是此种网点形式。

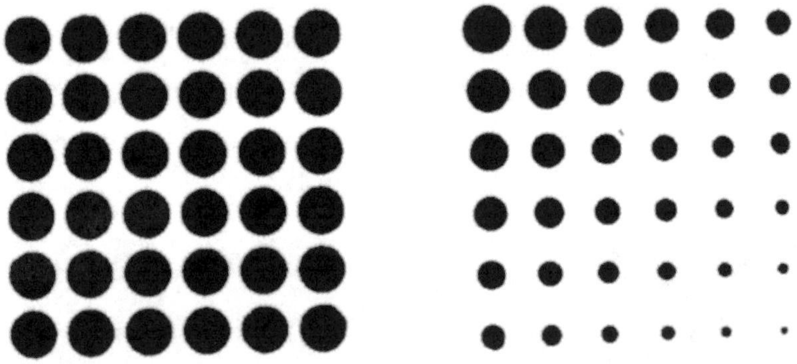

图 3–10　调幅网点示意图

调频网点是指网点大小一样，相邻网点间距不确定，通过点子的堆积来表现不同的层次，如图3–11所示。调频网点密的地方图像密度大，网点疏的地方图像密度小。

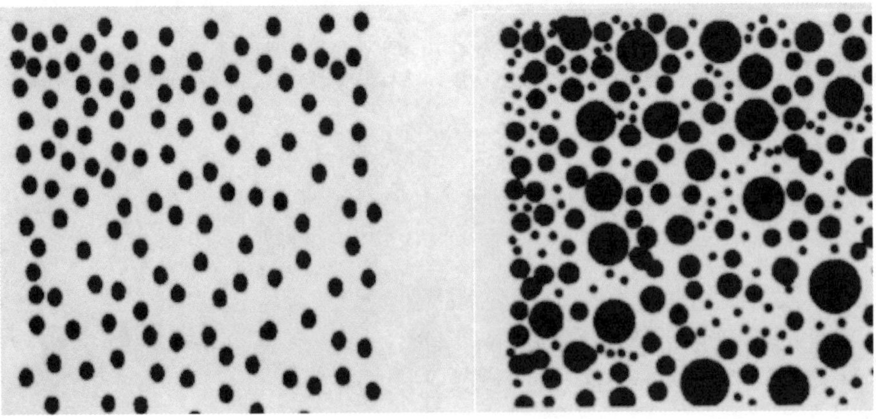

图 3–11　调频网点示意图

其中调幅网点具有一定的角度，所以在多色印刷中，只能采用4块印版来完成整个的印刷，即黄、品、青、黑，但四色油墨再现的色域有限，不能满足原稿上所有色彩的还原。调频网点不存在网点角度的问题，所以采用调频网点进行印刷时，可以进行多于四色的印刷，以实现对原稿的高保真印刷，也不用考虑网点角度叠加造成的龟纹问题。

3. 网点特征

作为胶印中主要采用的网点——调幅网点，其具备以下四个基本特征：

（1）网点大小　即网点百分比，是以网点面积覆盖率表示，决定单位面积内着墨的面积率。例如在单位面积内着墨面积覆盖率为50%，则称之为50%网点。同时在印刷中把网点覆盖率分为10层次，称网点成数，习惯用网点成数来表示网点的百分比，例如上述的50%的网点称之为5成网点。表3-1表示的是网点面积大小的换算方法。

表 3-1　　网点面积大小换算方法

100%	90%	80%	70%	60%	50%	40%	30%	20%	10%	0
实地	九成	八成	七成	六成	五成	四成	三成	二成	一成	绝网

在现有的网点百分比梯尺中，一般都采用“10个层次共22级”来表示印刷品上的图像阶调层次，图3-12通过网点成数来表示网点的百分比梯尺。这10个层次分别是100%、90%、80%、70%、60%、50%、40%、30%、20%、10%，然后再在每个层次之间设立5%的网点级差，加上小于5%的小黑点和处于95%和100%之间的小白点，共划分为22级。

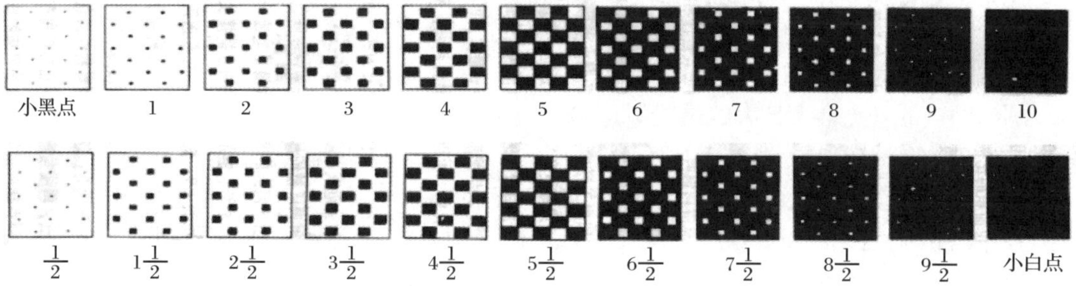

图 3-12　22级网点梯尺示意图

（2）网点形状　常见的网点形状有方形网点、圆形网点、链形网点、菱形网点，在实践生产过程中，有时候还有一些特殊效果的网点，例如十字形网点、线形网点、同心圆网点。部分网点形状示意图如图3-13所示。

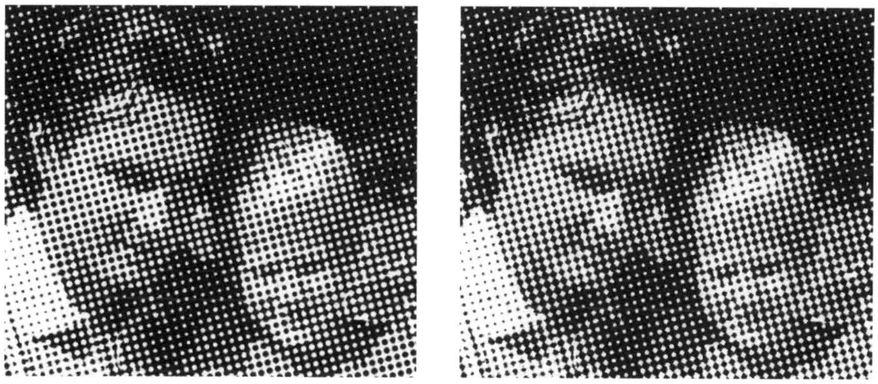

（a）　　（b）

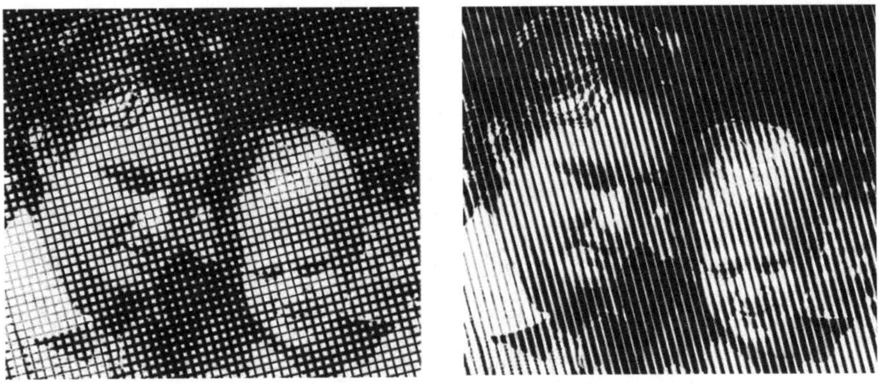

（c）　　　　　　　　　　　　（d）

图3–13　网点形状示意图

（a）圆形网点形状示意图　（b）菱形网点形状示意图　（c）十字形网点形状示意图　（d）线形网点形状示意图

不同的网点形状对印刷图像的阶调层次有不同的影响，下面对常用的三种网点形状进行分析。

在方形网点中，50%的网点周长最大，在印刷过程中，如果墨量增大或减小，此处的变化最大，所以在50%阶调上密度有一个大的跳跃，阶调变化如图3–14所示。采用这种网点形状进行印刷时，对重要的中间调会产生影响。

圆形网点的网点增大最大的位置不是50%，而是70%的位置，所以在70%阶调上密度有一个大的跳跃，如图3–15所示。采用这种网点印刷，可以避开网点对重要的中间调的影响。

链形网点或者椭圆形网点，存在有长轴和短轴之分，所以网点的增大是按照纵横两个方向发生。两个变化的点是40%和60%的阶调，这两处的密度有一个小的跳跃，变化如图3–16所示。同样这种网点形状也避开了对重要的中间调的影响。

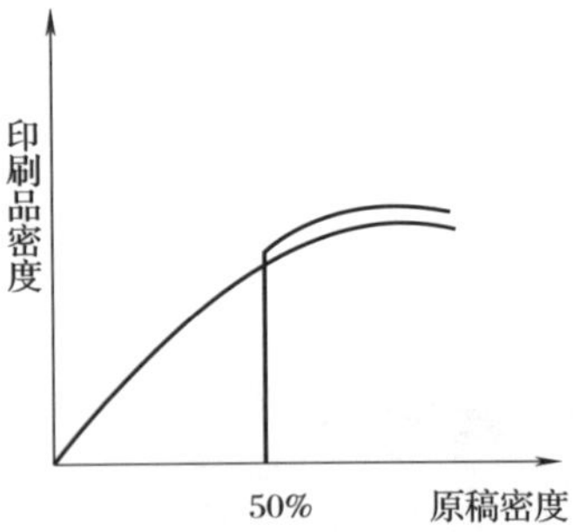

图 3–14　方形网点对层次影响示意图

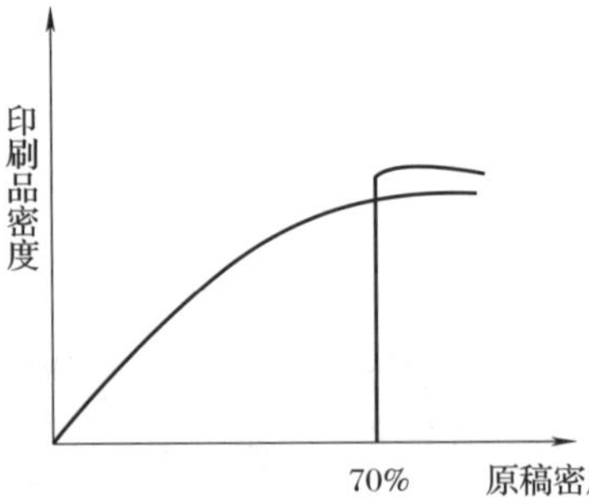

图 3–15　圆形网点对层次影响示意图

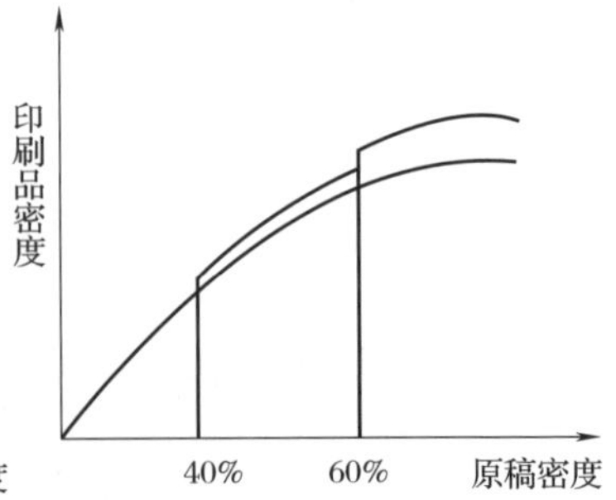

图 3–16　菱形网点对层次影响示意图

（3）网点线数　网点线数又称加网线数或加网频率，它是指单位长度（每英寸或每厘米）内排列的网点个数，用L/in或L/cm表示，习惯称之为网目数，如图3–17所示。

1in=2.54cm，所以英制和公制两种网线制可以互相换算，如表3–2所示。

表 3–2　网点线数互算

L/in	60	75	80	100	120	133	150	175	200
L/cm	24	30	32	40	48	54	60	70	80

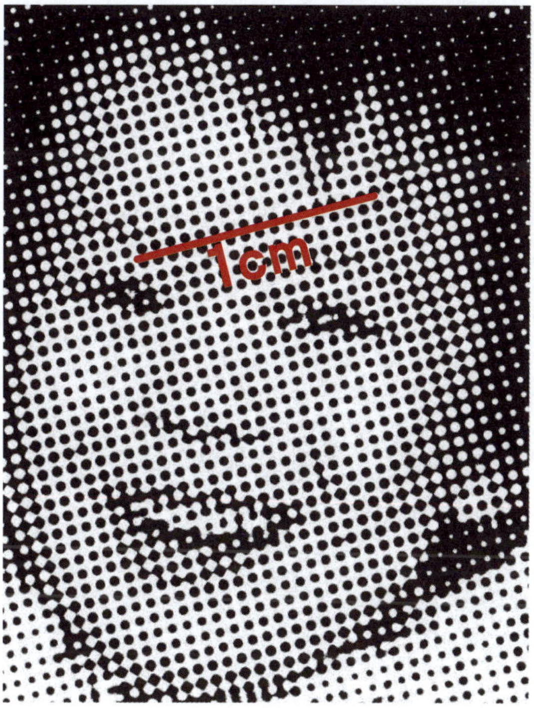

图 3–17　网点线数表示示意图

网线越细，单位面积内所容纳的网点越多，而且网点线数越高，单位面积内所容纳的网点数目就增加。网点线数的提高，大大地丰富了印刷品表达的层次，增强了阶调复制的效果。反之，网点线数降低，便会减弱网屏所表达的层次，阶调复制效果也随之降低了。不过，网点线数的选择，主要取决于印刷品的类别，纸张的种类和表面状况。例如：精细画册采用的网点线数要高，一般要达到175～200L/in。

（4）网点角度　网点角度一般是指网点排列线（网目线）和水平线（基准线）间的夹角。图3–18表示的是不同的网点角度，通常是以水平线为基准线，逆时针方向转向网目线的夹角，一般采用锐角表示。

胶印是利用网点角度不同的印版进行套印再现原稿色彩的。对于四色套印的印刷品来说，如果四块印版有同样网点角度且在印刷时各印版上相应的网点能准确重叠，那么会得到最佳的效果。然而这是不可能的，而且当角度安排不当时，会出现莫尔条纹，即“龟纹”，如图3–19所示。

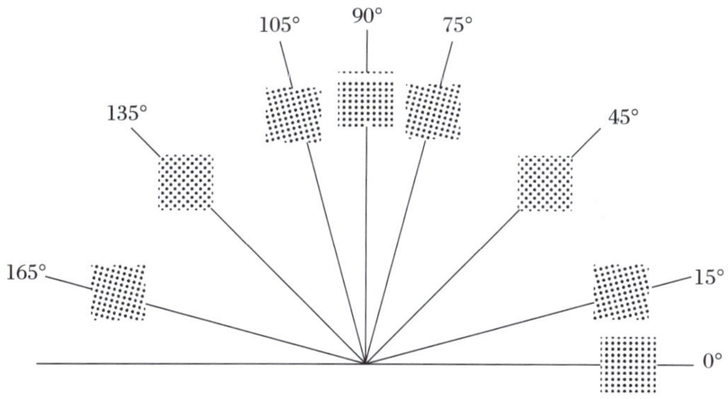

图 3–18　网点角度表示示意图

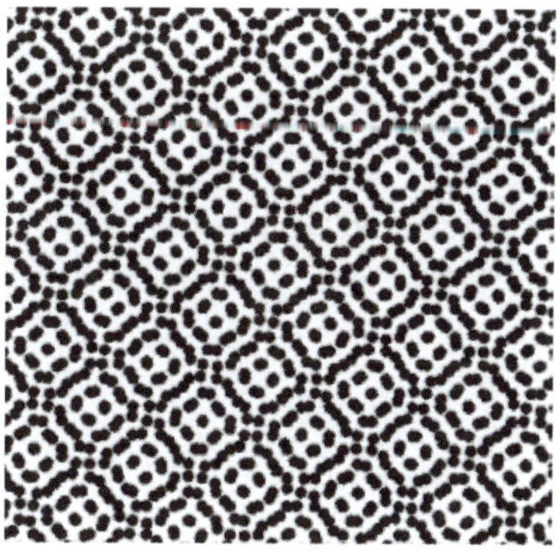

图 3–19　龟纹效果图

通过理论和实践的探索，精心安排多色印刷的网点角度，可避免龟纹的出现。通常，四块印刷版分别取90°、75°、45°、15°四个不同的角度，其中第二、三、四块版间的网点角度差都是30°，只有第一，二块版间的网点角度差是15°。从视觉效果来说，按45°排列起来的网点，具有一种动态的美感，看起来格外舒适。按90°排列起来的网点，便显得呆滞，按15°或75°排列起来的网点，效果介于前面两者之间。另外，在角度排列中必须考虑到强色版（主色版）大都采用45°的网线角度。

在胶印过程中，正是采用不同形态的网点，即不同的网点百分比、加网线数和网点角度，才能够较好地再现原稿的阶调层次。

四、基本原理

胶印印刷是由早期石版印刷而发展命名的，早期石版印刷版材是磨平的石块，之后改良为金属锌版或铝版，但其原理是一样的。

胶印的印刷部分与非印刷部分没有高低之差别，即是平面的，利用油水不相溶的基本原理实现印刷。印版上水后，在非印刷部分上的版面形成水层。在上油墨之后，印刷部分吸收油墨，而非印刷部分则由于水层而形成斥墨作用，利用此种原理的印刷方式，称为“平版印刷”，印刷原理如图3-20所示。

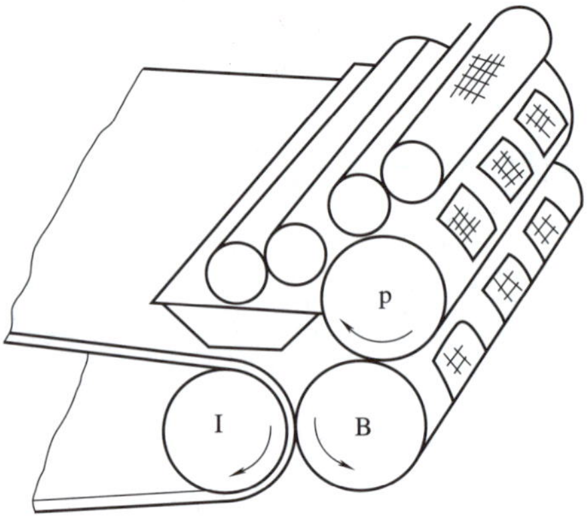

图 3-20　平版印刷原理示意图

平版印刷由早期石印发展之后，因其制版及印刷有其独特的个性，同时在工作上极为简单，且成本低廉，故在近代被专家们不断的研究与改进，而成为现今印刷上使用最多的方法。

五、印刷方式

平版印刷方式是由早期石版印刷转印方式发展而来，而描绘于转写纸上再落在版上成为反纹，然后印刷于纸面上为正纹。由于此种方法在印刷时使本来就是平面的版材（即印纹部分与非印纹部分均是平面的）承受了压力，使得占在版面上的油墨膨胀扩散，而产生画线不良现象。后来逐渐改良成为“柯式印刷法”（Offset Printing）。其印刷方式是将版面制成正纹，印刷时被转印在橡皮筒上成为反纹，再由反纹印到纸上形成正纹，这样就可以改进印刷压力的带来的影响。

在印刷过程中，常见的三大印刷方式是平压平、圆压平和圆压圆，其中：

平压平是指装版机构和压印机构均呈平面形，如图3-21所示。

圆压平是指压印机构呈圆筒形，装版机构呈平面形，如图3-22所示。

圆压圆是装版机构和压印机构均为圆柱形的滚筒，如图3-23所示。

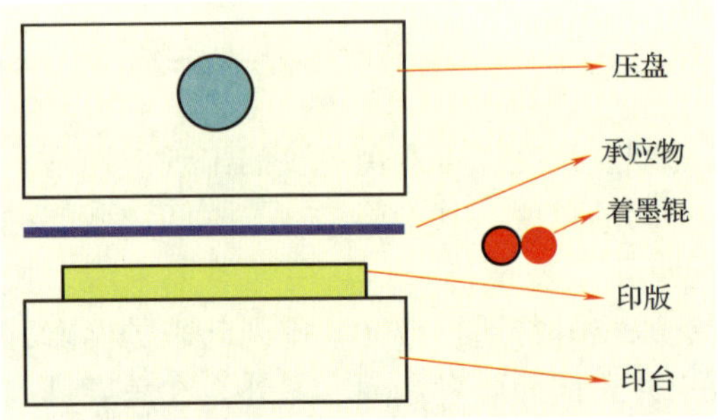

图 3-21　平压平印刷原理示意图

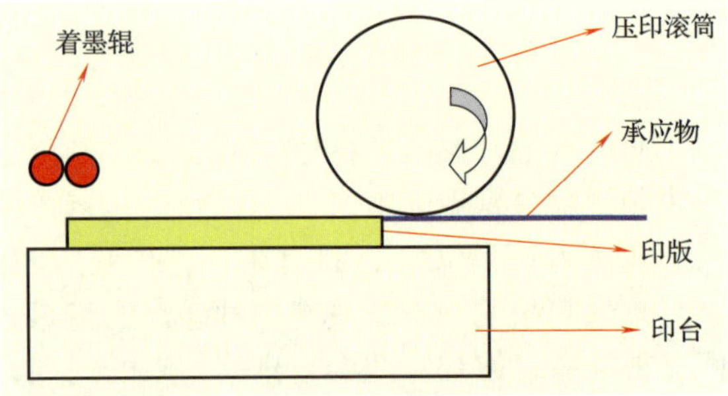

图3-22　圆压平印刷原理示意图

早期的平版印刷为平压平型，到后来发展为圆压平及圆压圆两种，圆压平机器大部分使用在特殊印刷上，如校样用的打稿机等，至于印刷纸张类的机器则全部改成了圆压圆形式。

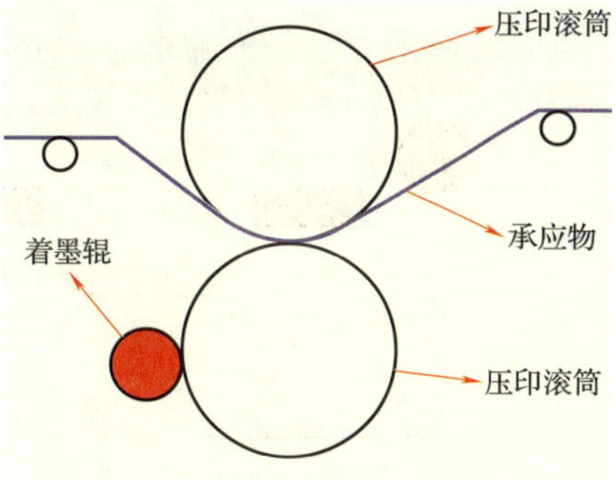

图3-23 圆压圆印刷原理示意图

六、印刷产品特点

油墨只能供到印版的图文部分，印版上的油墨转移到橡皮布上，再利用橡皮滚筒与压印滚筒之间的压力，将橡皮布上的油墨转移到承印物上，完成一次印刷，因此，平版印刷是一种间接的印刷方式。其印刷产品特点如下：

印刷过程中，水对图文边缘的油墨略有浸润，如图3-24所示。

图 3-24 胶印产品示意图

胶印印刷产品比柔和，由于利用水与油不相溶的原理进行印刷，因此版面印刷部分易受水的侵扰，而使得印刷部分线条边缘受到严重的破坏，造成单位面积的线条边缘产生油墨浓度减淡、不整齐的现象。这种由边缘淡、中央浓的现象，是胶印印刷物的基本特征。因为胶印印刷为有水印刷，密度较低，所以色调平均降低，是印刷三大版式中色浓度最淡。

第二节 柔性版印刷工艺

常简称为凸版印刷，是包装常用的一种印刷方式。它是使用具有凸起表面的版材进行印刷的。印刷时，油墨涂在字模的表面，然后压印到纸张上，字模表面的油墨就转移到了纸张表面，形成一个印迹。手排印刷、铅字印刷、电版印刷和照相凸版印刷等都属于凸版印刷。

一、定义

根据我国印刷技术标准术语GB9851.4—1990的定义，柔性版印刷是使用柔性版，通过网纹辊传递油墨的印刷方式。通过网纹辊和刮墨刀技术传墨，直接将版上的油墨传递到承应物上的印刷方式。

柔性版印刷是在聚酯材料上制作出凸出的所需图像镜像的印版——就像是小孩玩要的土豆印。油墨转到印版（或印版滚筒）上的用量通过网纹辊和刮墨刀进行控制，印版表面在旋转过程中与印刷材料接触，从而转印上图文。

二、印版特点

柔版版上的图文部分凸起，空白部分凹下，如图3-25（a）所示。印版上图文部分为反像，如图3-25（b）所示。

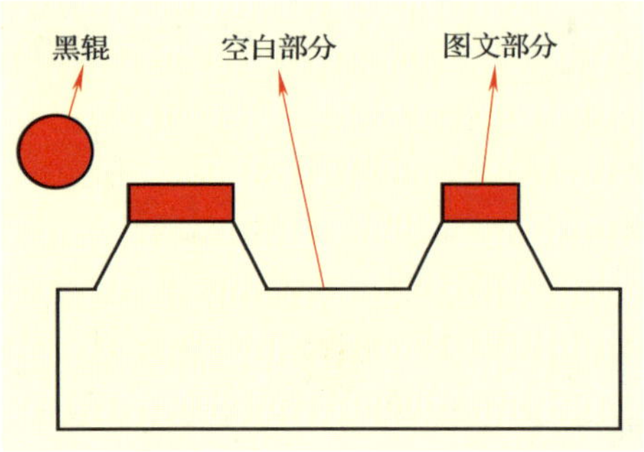

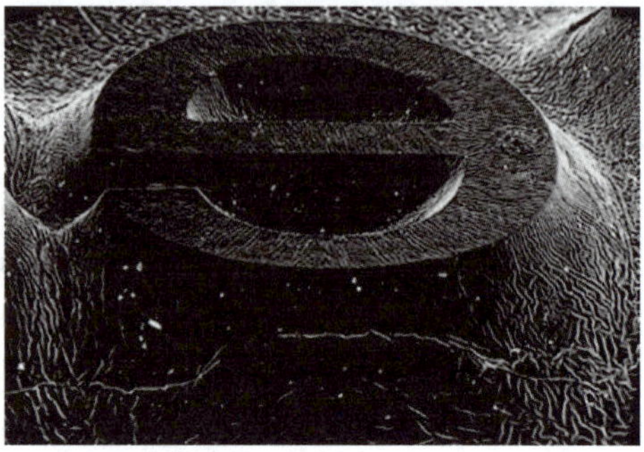

（a）　　　　（b）

图 3-25　柔性版印版

（a）印版上图文和空白部分之间的关系图　（b）印版上图文部分效果图

三、基本原理

墨辊直接印刷部分上墨，可通过刮墨刀进行控制，压印使印版与承印物接触，油墨进行转移。柔性版印刷开始主要是用于印刷表面非常不均匀的瓦楞纸板的，需要印版表面与纸板保持接触，因此需要具有很好的柔性。而且，纸板上未印刷的高点不得印上印版上残余的油墨，这就要求印版上非图文部分具有足够的深度。原始的柔性版印刷是非常低劣的，在最近几十年里，印版材料和印版制版方式得到大幅度改进从照相曝光然后用化学腐蚀，到现在采用激光直接雕刻，全彩色图像的印刷也成为可能。其印刷基本原理图如图3-26所示。

图3-26　柔性版印刷原理显示图

柔性版的传墨方式和其他印刷方式不同，它是通过网纹传墨辊和可定量控制油墨的刮墨刀技术来实现传墨的，油墨传输路线属于短墨路传输方式，机械结构十分简单，其传墨原理图如图3-27所示。

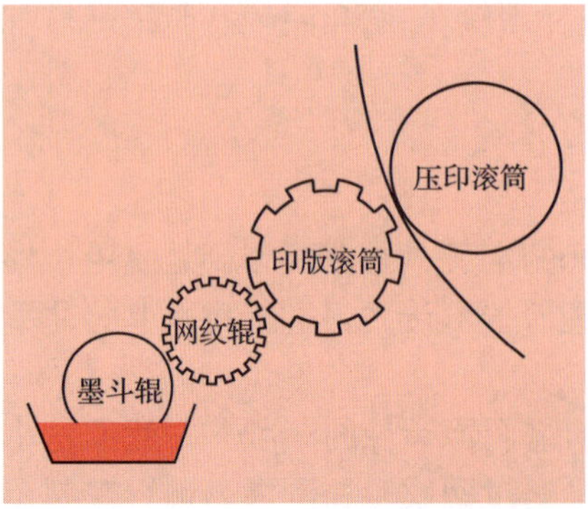

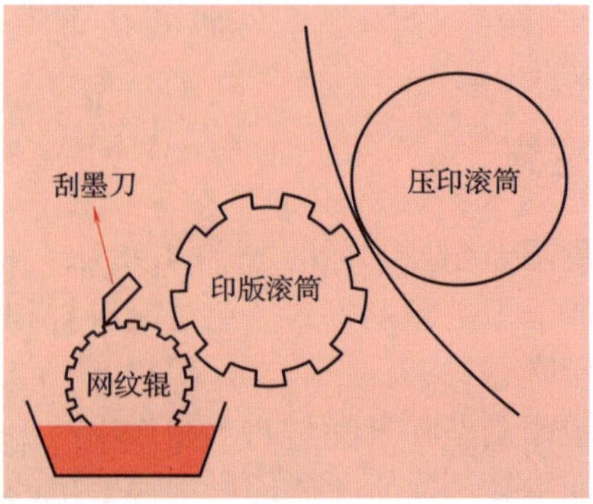

（a）　　　　（b）

图 3-27　输墨系统

（a）双辊式传墨　（b）单辊式传墨

图3-27（a）为双辊式传墨，即传墨部件由墨斗辊和网纹辊组成。着墨时，通过两个辊筒相互挤压使网纹墨辊上的凹下部分被填上油墨，而表面光滑部分上的油墨则通过两辊的速差来消除，因此柔性版印刷传到印版上的油墨是点状的，这与其他印刷传到印版上的

油墨是面状的不同。

图3–27（b）为单辊式传墨，即网纹辊是直接放置在墨槽中，网纹辊既是墨斗辊又是传墨辊，结构更为简单，但必须采用刮墨刀将网纹辊上表面部分油墨刮除干净。这里的刮墨刀有两种放置方式：正向和反向两种。正向是指将刮墨刀放置方向和网纹辊旋转方向一致；反向与之相反，即刮刀方向与网纹辊旋转方向相对，如图3–28所示。

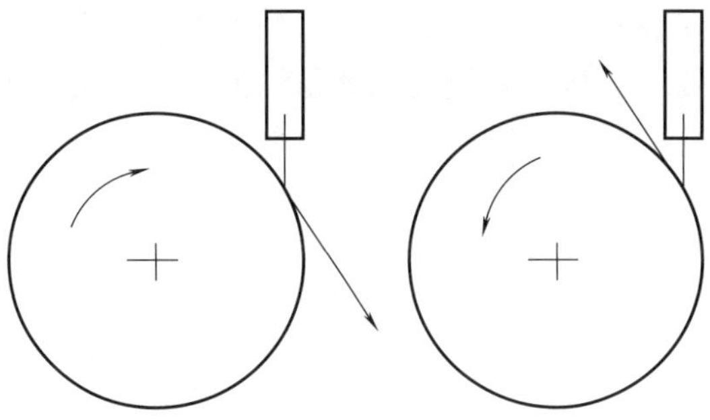

图 3–28　刮墨刀

（a）顺向刮墨刀　（b）反向刮墨刀

四、印刷方式

常见的柔性印刷方式为圆压平和圆压圆两种形式，目前市场上大型设备均采用圆压圆印刷方式，可以实现高速印刷的需要。印刷原理图可以参照图3–22和图3–23所示。

五、印刷产品特点

印版上的油墨，通过与压印机构的合压，直接转移到承印物上，完成一次印刷，所以柔性版印刷是一种直接的印刷方式。其产品具有下述特点：

① 由于印版上的图文部分凸起，空白部分凹下，图文边缘，有下凹的痕迹，墨色比中心部分浓重，用手抚摩印刷品的背面有轻微凸起的感觉，如图3–29所示。

② 油墨是一种以醇类为主要溶剂的低黏度挥发干燥型油墨，干燥速度快，适应高速多色的印刷。无污染、干燥快的水性油墨的应用，对环境保护极为有利。

③ 采用轻印压进行印刷。

④ 良好的印刷质量。由于高质量的树脂版、陶瓷网纹辊等材料，使印刷精度可达到175L/in，并且具有饱满的墨层厚度，使产品层次丰富，色彩鲜艳，特别适合于包装印刷的要求，其醒目的色彩效果往往是平版胶印所不能达到的。它兼有凸版印刷的清晰，胶印的色彩柔和，凹印的墨层厚实和高光泽。

⑤ 生产效率高。柔性版印刷设备通常采用卷筒型材料，可从双面多色印刷到上光、覆膜、烫金、模切、排废、收卷或分切等工序一次连续作业完成。而在平版胶印中往往要使用更多的人员和多台设备用三四个工序才能完成。因此，柔性版印刷可以大大缩短印刷周期，降低成本，使用户在竞争激烈的市场中占据优势。

⑥ 操作及维护简便。印刷机采用网纹辊输墨系统，与胶印机和凸印机相比，省去了复杂的输墨机构，从而使印刷机的操作和维护大大简化，输墨控制及反应更为迅速。另外，印刷机一般配有一套可适应不同印刷重复长度的印版滚筒，特别适应规格经常变更的包装印刷品。

⑦ 印刷速度快。印刷速度一般为胶印机和凹印机的1.5 ~ 2倍，实现了高速多色印刷。

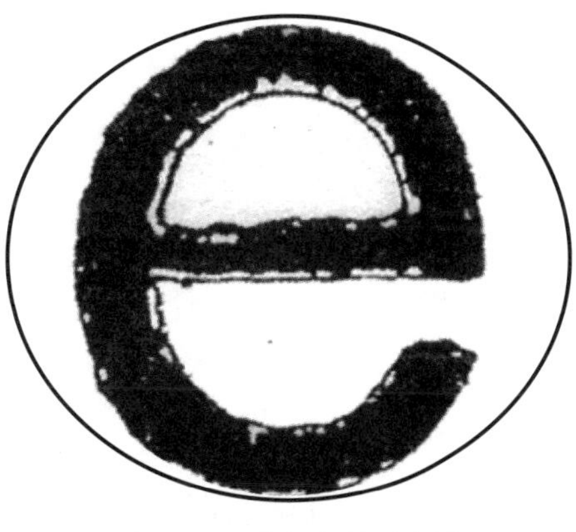

图 3–29　柔印产品示意图

⑧ 投资少、收益高。现代柔性版印刷机具有传

墨路线段、传墨零件少，加上柔性版印刷机印刷压力极轻等优点，使得柔性版印刷机结构简单，机器的投资远低于同色组胶印机，也只是同色组凹印机投资的30%～50%。

柔印印刷版面的印刷部分与非印刷部分有显著的高低差别，印刷时压力受到明显的受压状态，被受压的边缘即产生较中心为重，边缘显露油墨较厚现象。柔印刷色调浓厚，是印刷三大版式中列为第二位。

第三节 凹版印刷工艺

凹版印版的图文部分低于空白部分。根据使用的凹版种类可划分为：手工雕刻凹版、化学腐蚀凹版、电子雕刻凹版、间接凹版等四大类。

一、定义

凹版印刷是通过手工或机械雕刻，使印刷版形成一个凹下去的字或图像的一种印刷方法。印刷时，首先把凹槽用油墨填充，再用准备好的纸张压在其上，纸张把油墨粘走，形成印迹。蚀刻、针刻和照相凹版都属于凹版印刷。

二、印版特点

凹版印版上的图文部分凹下，空白部分凸起，如图3–30（a）所示。印版上图文部分为反像，如图3–30（b）所示。

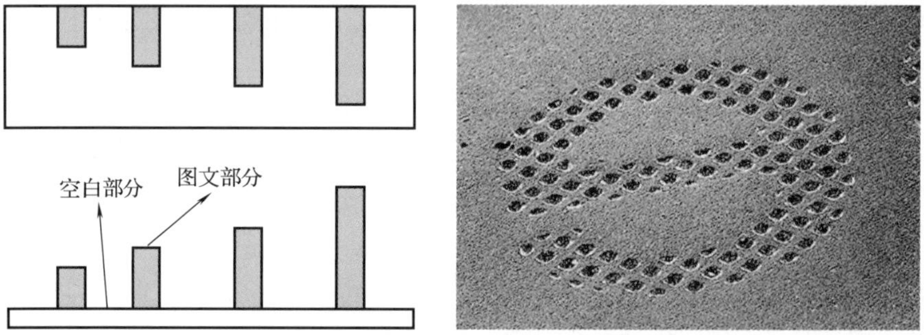

（a）　　（b）

图 3–30　凹版印版

（a）印版上图文和空白部分之间的关系图　（b）印版上图文部分效果图

三、基本原理

如前面所述，凹版的图文部分低于空白部分，并且所有空白部分在同一平面上，如图3–31所示。在印刷过程中需要施加较大的压力，才能完成油墨的转移，同时凹版印刷制版周期较长，费用较高，凹印设备也比较昂贵，所以只在印刷一些高档精美的包装产品时，才采用凹版印刷方式。

1. 油墨色序

凹印墨层较厚，如果色序安排不当，后印刷的油墨就会把前一印刷墨色完全遮盖，因此，在凹版印刷中，色序的安排尤为重要。色序的排列应根据产品种类、所要获得的印刷效果、墨色的深浅、遮盖程度以及所用油墨的种类（颜料型、染料型、特殊油墨）等进行。

第一色的确定原则：

如果承印物是铝箔纸，且客户对色彩饱和度要求较高，此时应将白色作为第一色；

如果承印物是普通白卡纸，在无特殊要求的情况下，底色应排为第一色；

如果底色为深色墨与透明墨叠印，深色墨应排在第一色（如承印物为仿金属纸张时）；

如果文字或图案为浅色，且与底色有陷印关系，则浅色应作为第一色，后印深底色，且浅色版上的文字或图案要比所需的尺寸大0.2mm，在深色版上则把有文字或图案处按所需的大小镂空，以利于印刷套准。

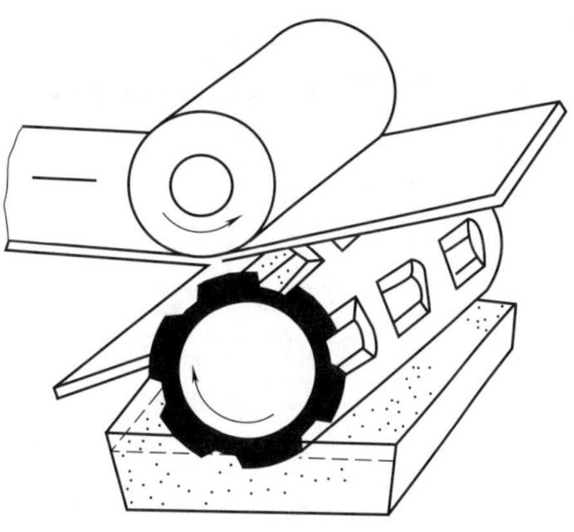

图 3–31　凹版印刷原理示意图

2. 油墨传递方式

与凸版、平版印刷相比，凹版印刷机的供墨机构非常简单。根据向印版滚筒供墨方式不同，有以下几种方式：直接供墨式、间接供墨式和循环供墨式，如图3–32所示。

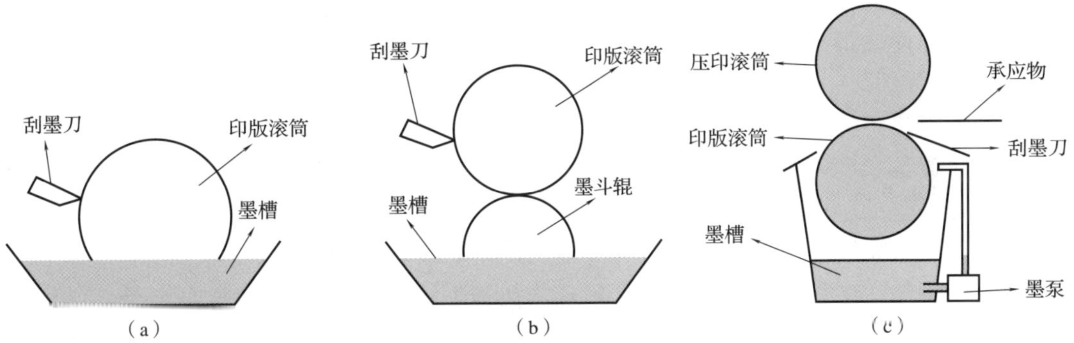

图 3–32　供墨方式

（a）直接供墨式　（b）间接供墨式　（c）循环供墨式

图3–32（a）所示的直接供墨方式，印版滚筒的1/4 ~ 1/3浸在墨槽中，当版辊旋转时完成油墨的涂布，依靠刮墨刀把印版上的多余油墨刮去，承应材料经印版滚筒和压印滚筒间完成油墨的转移。

图3–32（b）所示的间接供墨式印版滚筒不浸入墨槽，依靠墨斗辊进行供墨。

图3–32（c）所示的循环供墨式，油墨循环装置中的墨泵将墨槽中的油墨吸出，通过喷射口喷到印版滚筒上，使印版滚筒着墨，通过刮墨刀来控制墨量，多余的油墨自动掉入墨槽中，这个过程可以循环进行的。

上述三种不同供墨系统，其主要部分则差别不大，工作原理也相差无几。供墨系统一般都由刮墨刀、加压装置、基座、刮刀架等组成。

四、制版

1. 滚筒的组成

凹版印刷用滚筒的结构由基础钢辊、镍层、铜层和铬层组成，制作工艺是在钢辊的基础上采用电镀的方式将其他镀层镀到钢辊的表面。滚筒的剖面图如图3-33所示。

其中：钢辊是整个滚筒的基础和载体；镍层是结构层，能使铜层与钢辊之间牢固地结合在一起，不至于在制版印刷的过程中脱落；铜层是滚筒中最重要的部分，所有的雕刻操作即制版过程都是在铜层中进行的；铬层是保护层，由于金属铜材质较软，而凹印滚筒在印刷过程中要经受不锈钢刮刀的刮磨，因此需要足够的硬度才能保证版辊耐印力的要求，所以要在滚筒表面镀一层金属铬。

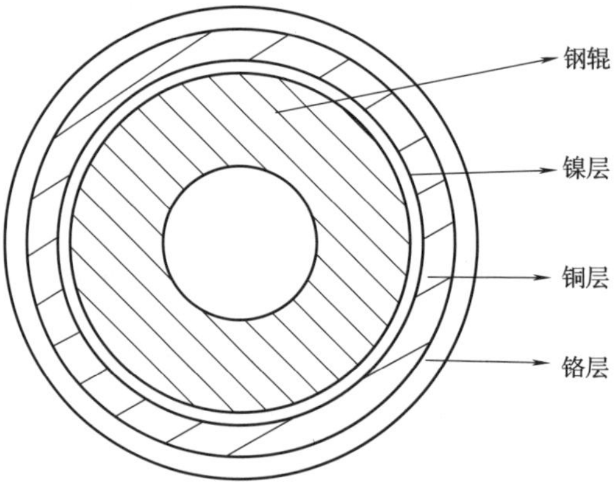

图 3-33　滚筒的剖面图

2. 制版工艺参数

根据样品、排版图、客户要求、加工图纸进行制版，目前一般都采用电子雕刻制版。制作凹印版的具体工艺参数要求如下：①印版滚筒壁厚为12～15mm；②镀铜层的厚度为1.2～1.5mm；③镀铜层的硬度达到HV190；④铬层硬度达到HV950；⑤铬层表面粗糙度达到0.04～0.1（光洁度8～10级）；⑥印版的动平衡上下摆动不能超过0.3mm；⑦印版按印刷色序滚筒直径递增量为0.02mm。

3. 制版方法

凹版制版工艺方式主要有两种：腐蚀凹版工艺和电子雕刻制版工艺。

腐蚀凹版是指利用腐蚀液将有图文的部分腐蚀成低于空白部分的制版方法。腐蚀凹版首先要求在平整的版表面建立起一成抗腐蚀层，通过机械或光化学方法区分出图文和空白部分，然后进行腐蚀。按照工艺不同可以分为蚀刻凹版和照相凹版。

电子雕刻是用电信号驱动，将电能转化为机械能在铜辊表面进行雕刻的一种方法，随着电子技术的飞速发展，电子雕刻由手工雕刻发展到电子雕刻，由3000Hz发展到8000Hz甚至更高。有的可以一台机器同时雕刻多根滚筒，有的可以一台机器同时在一个滚筒上雕刻多个不同的区域内容。

与腐蚀雕刻相比，电子雕刻具有重复性好、质量稳定性高及层次复制质量好等优点，但设备投入较大，相同生产能力的一个电雕制版厂的投入是一个腐蚀制版厂投入的几倍甚至十几倍，而且技术含量高，工艺技术较复杂。

五、印刷产品特点

滚筒上的油墨，通过与压印机构的合压，直接转移到承印物上，完成一次印刷，所以凹版印刷是一种直接的印刷方式。其产品具有下述特点：

墨色浓重，阶调颜色再现好，如图3-34所示。

凹印印刷是印刷三大版式中色调表现最强的，为80%~90%浓度。由于凹版印刷部分凹陷于版面之

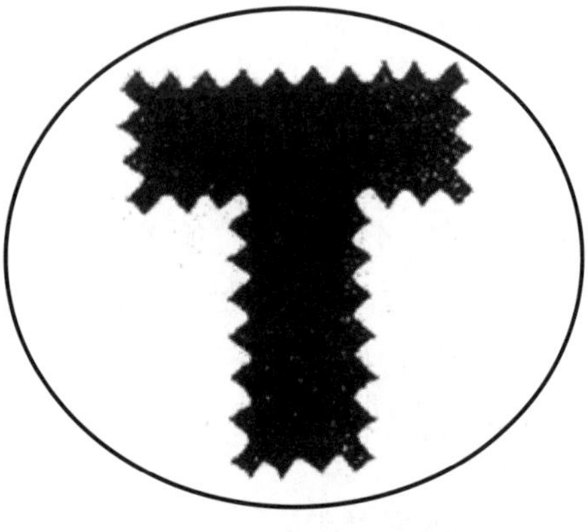

图 3-34　凹印产品示意图

下，在印刷过程中需要经过上墨、擦墨，而后印刷，当印刷时需要以强大的压力将凹陷的印刷油墨拉出，因此在线条边缘即产生力学上的拉力作用，而构成毛边，当然也会产生外缘带（Marginal Zone）现象，这是鉴别凹印印刷最重要的观点。虽然如此，凹印印刷平均色调仍然是极为浓厚的，所以印刷品印刷部分有立体厚度的感觉。

第四节 丝网印刷工艺

丝网印刷包括誊写版、镂孔花版、喷花和丝网等。誊写版印刷为最简便的丝网印刷，始于19世纪末期，这种印刷是在特制的蜡纸上，通过打字机或铁笔制成蜡纸图文版，在蜡纸版上用油墨辊进行印刷，承印物上就可得到理想的印刷效果。

现代丝网印刷不但在技术上与其他三种印刷类型不同，而且是四种印刷类型中适用范围最广的一种。它的印刷对象可以是纸张、纸板、木质品、塑料、纺织品、陶瓷制品、金属、毛皮和合成材料。不但可用于印刷平面的物体，而且可以印刷圆形、凸形、凹形及不规则形状物体。正因如此，丝网印刷是一个必然产物。但是，由于有关它的技术细节是一种商业秘密，它的发展也只是在悄悄地进行。但是不管如何，它在不断地进步和发展，而且前景广阔。

一、定义

丝网印刷，又称为孔版印刷，是在刮板的作用下，丝网框中的丝印油墨从丝网的网孔（图文部分）中漏至印刷承印物上，非图文部分的网孔被堵塞，油墨不能漏至承印物上，从而完成印刷品的复制。

凡是印刷品上墨层有立体感的，多采用孔版印刷，例如：有关特殊印刷类、玻璃瓶、塑胶瓶、铁皮、金属板、布花、其他立体面的印刷等。

二、印版特点

丝网印版上的图文部分镂空，空白部分不镂空，如图3–35（a）所示。印版上图文部分为反像，如图3–35（b）所示。

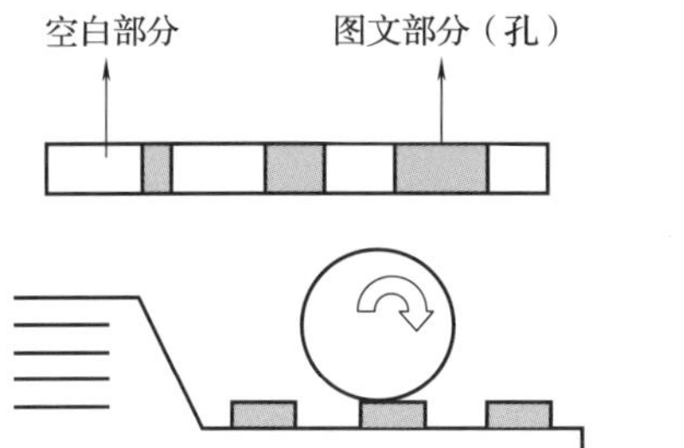

（a）

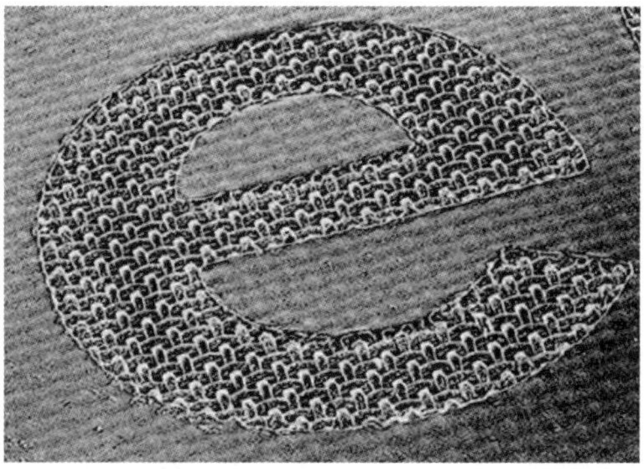

（b）

图 3–35 丝网印版

（a）印版上图文和空白部分之间的关系图 （b）印版上图文部分效果图

三、基本原理

除了凸版、平版、凹版三大版式之外，孔版印刷也在现代印刷业占一席之地，在现代商业界和设计界深受重视。孔版印刷因其独特的表现力而广泛应用。凡印纹部分呈孔状者，并利用此种方式印刷者均称之为“孔版印刷”。

丝网印刷是将丝网紧绷于网框上，并在丝网上制成堵塞非图文部分网孔的模版，利用刮刀的刮压，将网版上的油墨，从图文处的网孔漏印到承应物上去，如图3–36所示。

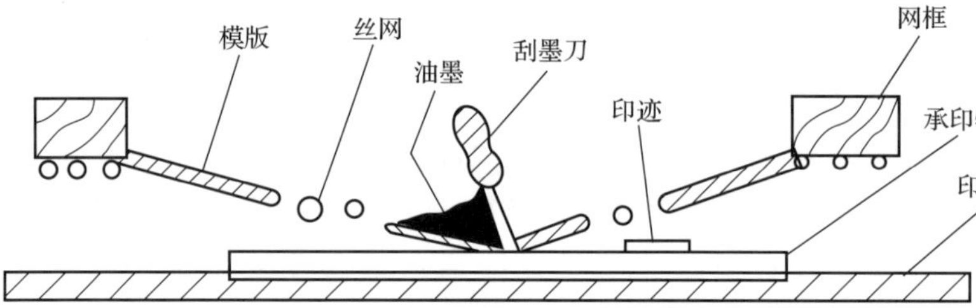

图 3–36　丝网印刷原理示意图

如一般用钢针在蜡纸上刻字或用电子蚀版的油印机印刷，这是较基本的孔版印刷，是使用在手工艺品之类，现在已发展为自动化的印刷了，在制版方面已利用照相制版方法使版面构成；因其墨色浓厚，另有一种特殊感觉，最宜用为特殊效果印件。又可以在立体面上如盒、圆形、罐等上施印，并除了印纸张外又可印在布、快把、塑胶片、金属片、玻璃等物料上。

四、印刷方式

孔版由于是透过式印刷，因此给墨装置在版面之上，而纸张则放在版面之下，印刷方式为版面是正像透过式，印到承应物上仍为正像。由于印刷目的不同，版面随印刷物表面可做成曲面版，任何在印刷三大方式限制范围以外的，几乎都可以通过孔版印刷来实现。至于其压印方式并不是平压平，也不是圆压圆，而是早期中国印刷法的延伸，即“水平压印法”。

按照印刷方式可以将丝网印刷分为：平面丝网印刷、曲面丝网印刷和轮转丝网印刷。

1. 平面丝网印刷

利用平面丝网印版在平面承应物上印刷的方法，如图3–37所示。

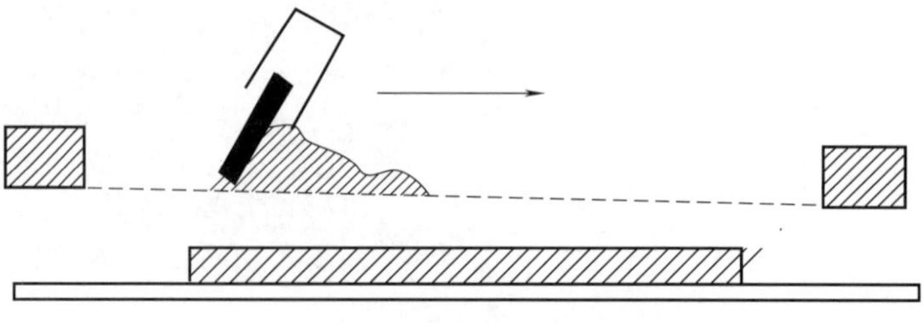

图 3–37　平面丝网印刷示意图

印刷时，印版固定，墨刀移动。平面丝网印刷多用于纸张、标牌及织物等的印刷。

2. 曲面丝网印刷

用平面丝网印版在曲面承应物上印刷的方法，如图3–38所示。

印刷时，墨刀固定，印版沿水平方向移动，承应物与印版一起移动。曲面丝网印刷多用于各类容器的印刷。

3. 轮转丝网印刷

用圆筒形丝网印版，圆筒内装有固定的刮墨刀，圆筒印版与承应物作等线速度同步移动的印刷方式，如图3–39所示。

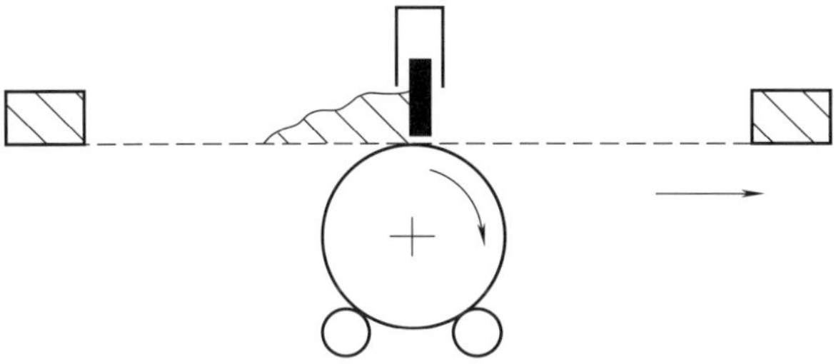

图 3–38 曲面丝网印刷示意图

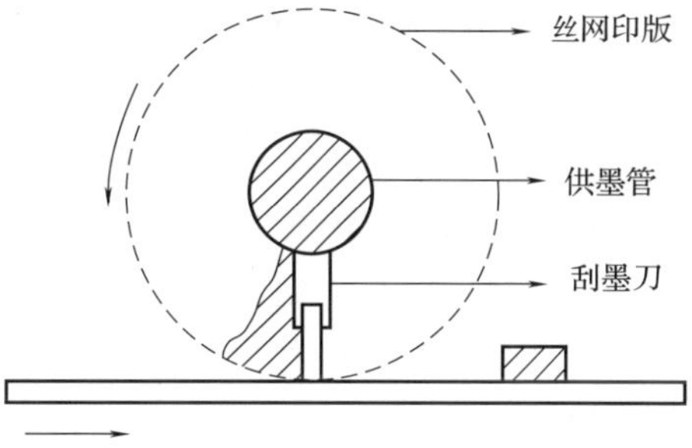

图 3–39 轮转丝网印刷示意图

轮转丝网印刷与上述两种丝网印刷方式相比，是连续印刷，所以工作效率高，多用于易于定位及传输的承应物的印刷，如纸张、塑料等。

五、印刷产品特点

墨层厚实，有隆起的效果，结构简单，操作方便，承印物范围广，印刷产品如图3–40所示。

① 油墨浓厚，色调鲜丽，可应用任何材料及曲面的印刷。

② 印刷速度慢，生产量低，彩色印刷表现困难，不适合大量印刷。

丝网印刷由于是必须透过网状孔而落下油墨，故其印刷物表面均产生布纹样式。同时由于油墨是透过网状而达到纸面的缘故，其印刷油墨极厚，用肉眼可以看出厚度。印刷油墨不发亮也是其特征之一。

图 3–40 丝印产品示意图

包装印刷 实训指导书

单色印刷是印刷作业当中最简单的一种印刷形式，生产当中根据客户的要求在承印物上印刷一种原色或专色，它是进行四色印刷的基础，也是印刷相关技能在实践当中的具体体现。

（一）实训目的

1. 掌握单色机的印刷调节方法

2. 掌握润版液的配制方法
3. 掌握上墨、上水技术，利用水墨平衡原理正确控制水量和墨量
4. 掌握套印的方法：拉版、调节规矩、借滚筒等
5. 印刷出合格的印刷品

（二）实训内容

1. 印刷材料的选用
2. 配置润版液
3. 上水、传水、水量控制
4. 上墨、传墨、墨量控制
5. 输纸及收纸装置调节
6. 水墨辊及印刷压力的调节
7. 图文印刷位置调节
8. 产品质量标准控制方法

（三）印刷标准化操作流程

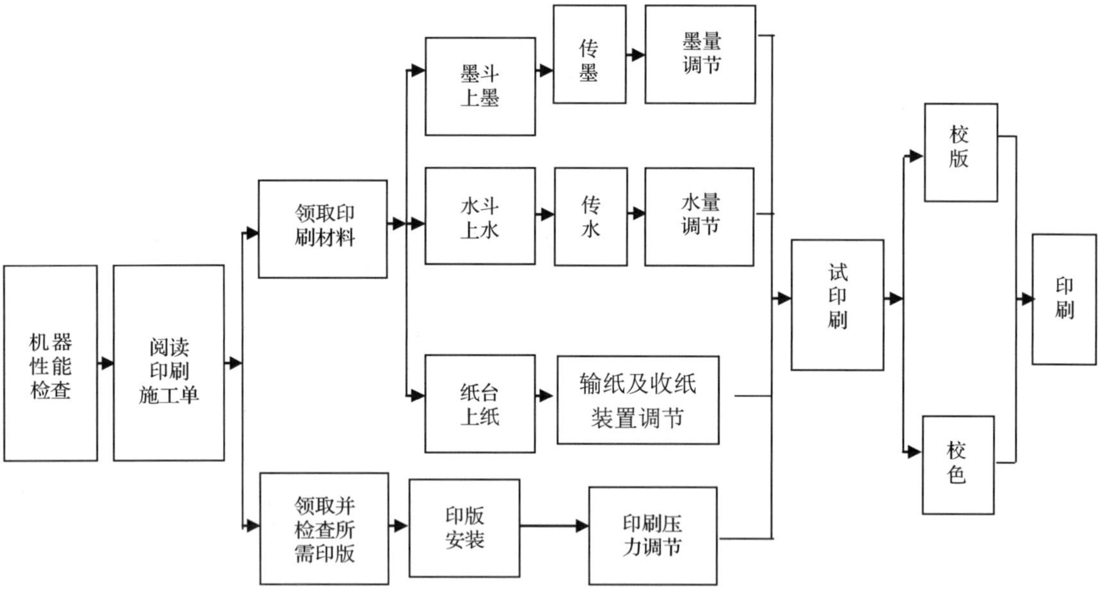

（四）实训步骤

1. 检查机器性能是否良好
2. 阅读印刷施工单

印刷施工单是客户对印刷厂、印刷厂对本厂工人传递印刷生产过程中所需满足的印刷要求的一种信息凭证。一个完整的印刷施工单包含了客户对产品的加工要求、生产经营和调度部门的生产计划、质量管理部门为保证产品质量所做的工艺安排，它是进行印刷作业的依据，印刷施工单如图3–41所示。操作人员在接到施工单后必须仔细阅读，为正式印刷做好正确、充分的准备。为了正确读取施工单上的相关信息，操作人员在阅读印刷施工单时，应该做到以下几点。

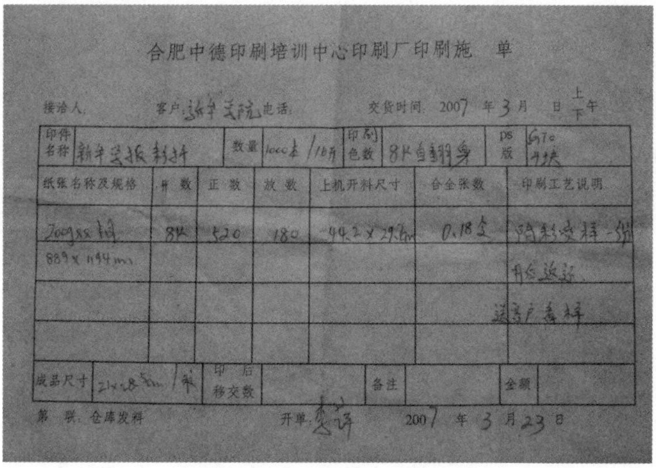

合肥中德印刷培训中心印刷厂印刷施 单

接洽人： 客户： 电话： 交货时间 2007 年 3 月 日 上午/下午

印件名称		数量		印刷色数		PS版	

纸张名称及规格	开数	正数	放数	上机开料尺寸	合全张数	印刷工艺说明
889×1194mm	8K	520	180		0.18	

成品尺寸		印后移交数		备注		金额	

第 联：仓库发料 开单： 2007 年 3 月 23 日

图 3-41 印刷施工单示意图

（1）了解所印产品的名称、规格尺寸、质量要求、交货日期。

（2）了解所需纸张的名称、规格、定量、数量、印刷正数（即客户所需成品数量，而不是实际的印刷数量）、印刷加放量（即印刷时允许损耗的纸张数）和其他加放量（即预留印后加工时的损耗）。

（3）了解油墨的品名、型号、所需数量和印刷适性等。

（4）知道所印产品的工艺方法、色序安排和作业过程中的数据标准。

（5）熟悉产品印后加工的要求，避免印刷后的产品无法进行印后加工。

3. 润版液配置

先准备好润版液原液，按照瓶身上的说明比例进行配制，配好的润版液的pH应为5.5~6.5。

4. 根据施工单要求领取印版并检查印版质量

（1）印版外观质量检查 检查版面是否平整、干净、擦胶均匀、无破损、无折痕、无划痕、无脏物和墨点等。

（2）版式规格的检查 版面尺寸误差小于0.3mm，图文尺寸、咬口尺寸、折页尺寸、折页关系等是否符合要求，套色版图文是否端正。

（3）图文内容的检查 文字正确、无缺损字、无瞎字，图像与文字内容对应一致，方向正确。PS版感光胶膜结实、不发虚、不脱膜掉版、多色套印时色版齐全。规矩线、角线位置是否正确，如图3–42所示。

（4）网点质量的检查 网点是否饱满、完整、光洁、实在、无残损、无划伤、无空心、毛刺少等。借助5～10倍的放大镜对5%的小网点、50%的网点和95%的网点进行观察分析，将胶印印版与打样样张的单色样、叠色样相应色别的网点进行比较。如果亮调区域、中间调区域、暗调区域的网点大小与样张基本吻合，说明

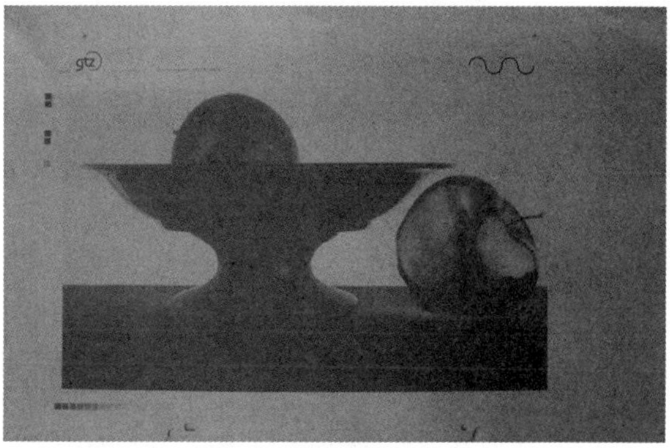

图 3-42 PS版检查内容示意图

印版阶调符合上机要求。如果出现网点缩小，亮调小网点丢失等现象，说明图文颜色晒浅；如果出现网点扩大，暗调小白点糊死现象，说明图文颜色晒深。一般情况下，高光的2%，暗调的98%应该再现良好。可通过观察印版上测试条得出信息，如图3–43所示。

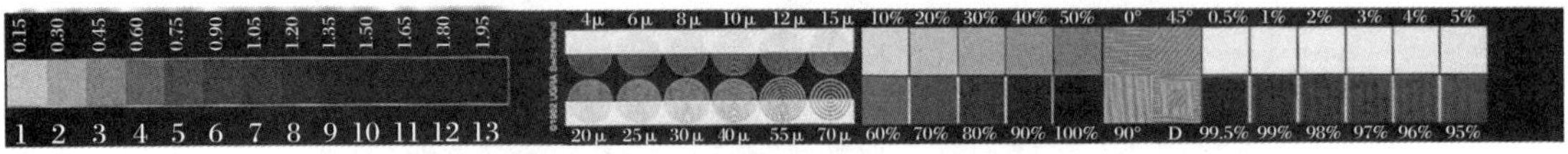

阳图型及阴图型胶印印版控制条（Ugra 印版控制条1982，UGRA）

图 3–43　ugra测试条示意图

（5）印版修复措施　对于印版上带脏的地方，可以用PS版修版膏进行去脏处理，漏滴的感光胶膜可以用PS版补版笔进行修正。

5. 输纸及收纸部分调节

规矩机构的调节

（1）前规　对纸张纵向（周向）定位的机构，前规及调节部分如图3–44所示。

图 3–44　前规及调节部分示意图

前规可通过左右两边带刻度的手柄进行前后（多咬、少咬）位置的调整。调节范围是±1mm，如图3–45所示。

前规压纸舌高度可通过操作面带有刻度的手柄进行调节（0.3mm左右），如图3–46所示。

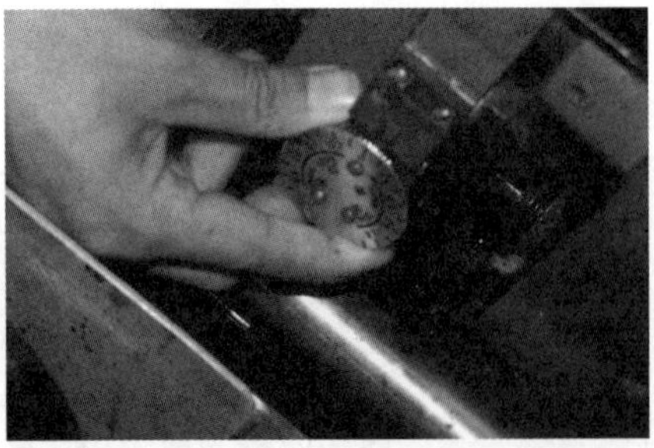

图3–45　前规前后位置调节方法示意图

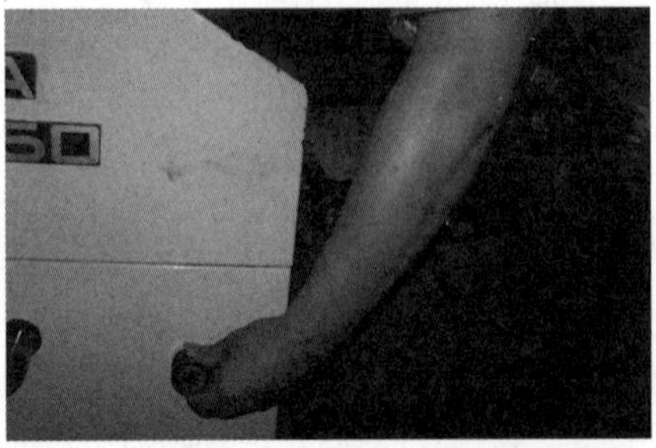

图 3–46　前规压纸舌高度调节方法示意图

（2）侧规　对纸张进行横向定位的机构，如图3–47所示。

① 侧规工作位置调节。松开锁紧螺丝就可推（拉）侧规，如图3–48所示。

② 压纸板高度调节。压纸板到输纸板的距离以2～3张纸厚为宜。

图 3-47　侧规结构示意图

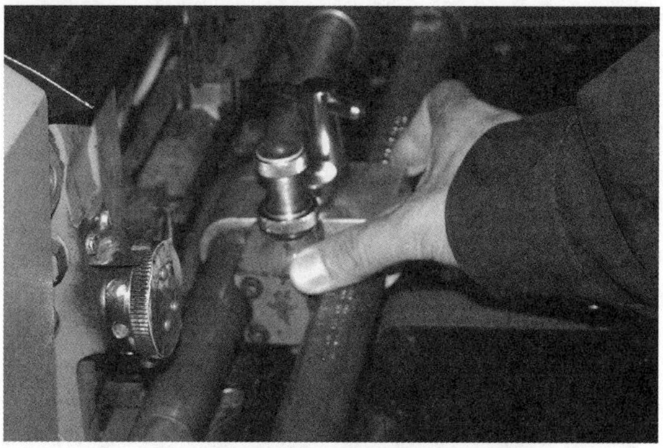

图 3-48　侧规工作位置调节示意图

③ 锁住不工作的侧规。将垛齐的纸张居中的放置在输纸台中，开机输一张纸到前规处，停机，前规调好后调侧规，侧规矩板与纸边相距3～5mm，上下滑块平齐与侧挡板相距2～3mm。

④ 拉纸力的调节。侧规滚球压力可通过标有“+”和“-”号的滚花螺丝来进行调节。根据纸张的厚薄调节压簧的拉力，以刚好能把纸拉到侧规挡板，又不至于使纸张拱起为限。

6. 收纸部分调节

7. 上墨、传墨操作

（1）根据原稿选择好油墨。

（2）抬起墨斗，锁紧墨斗两端螺丝，如图3-49所示。

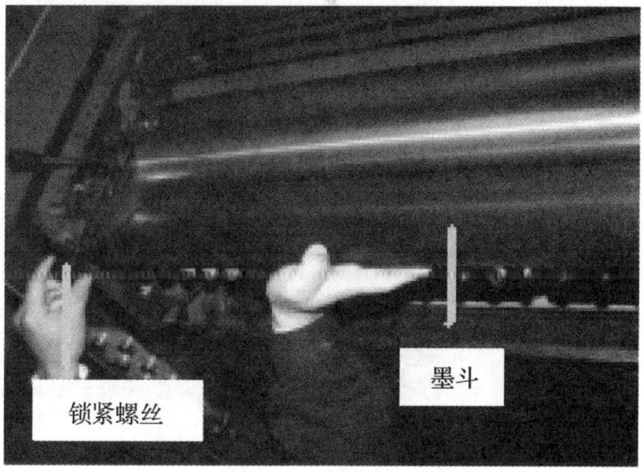

图 3-49　墨斗及锁紧螺丝示意图

（3）根据印刷品数量及图文面积选择墨量，用专用墨铲装入所需油墨，如图3-50所示，开平墨斗（通过局部调节完成）。

（4）机器运行后定速，传墨手柄打到“给墨”状态，等墨传好后打到“自动”位置，如图3-51所示。通过听和看来判断墨量是否合乎标准，一般墨层分离声音较轻但能听到声音时，墨量正好；若分离声音很响，能听到嗞嗞的声音，说明墨量太大，这时必须停机，再用吸墨纸进行吸墨处理。

8. 上水、传水操作

（1）将配置好的润版液装入到真空水箱中，盖紧真空水箱盖，如图3-52所示。

（2）打开水箱下方的水阀，保证润版液顺利流入水斗中，如图3-53所示。

（3）根据墨量大小合理控制水量。

（4）把传水辊打到“给水”状态，并使着水辊与印版表面接触，如图3-54所示。

（5）当印版表面的水分达到一定程度时，着水辊停止供水，传水辊打到“自动”状态。

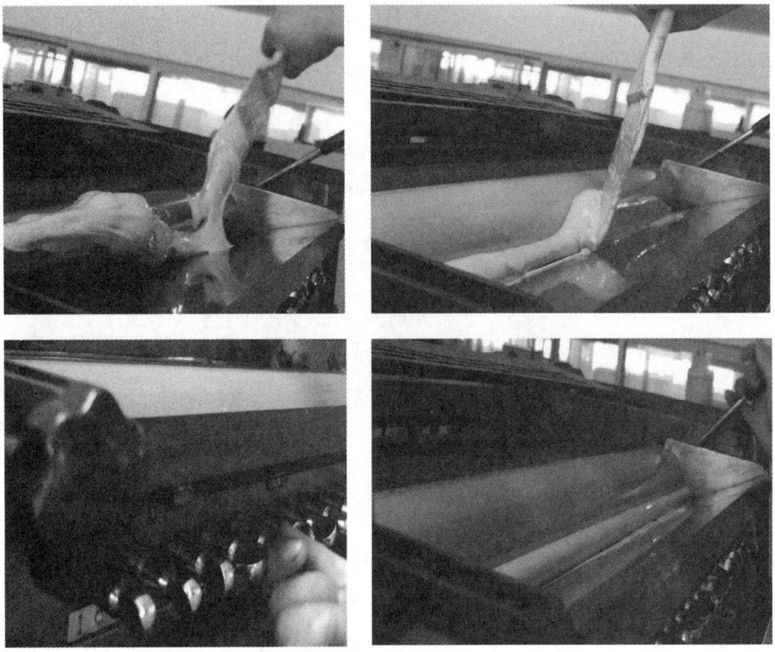

图 3-50　墨斗上墨示意图

图 3-51　传墨辊手柄示意图

图 3-52　真空水箱示意图

图 3-53　水箱水阀示意图

图 3-54　传水辊手柄示意图

9. 水墨平衡控制

（1）把水墨辊压力调到最佳压力值。

（2）把着水辊打到着水状态，当版面水分达到一定程度时（版面有少量光线反射），给印版上墨，印版表面不带脏即可。

（3）根据实际印刷品图文信息情况再微调水量、墨量。

10. 印刷压力调节

（1）方法一 增减滚筒包衬。（三滚筒压力计算图）

（2）方法二 改变滚筒间中心距（机械式），具体步骤如下：

① 用螺旋测微器检查滚筒包衬厚度是否合乎标准。

② 用螺旋测微器测量所用纸张的厚度。

③ 用手旋转压力调节手轮使其指针移至规定的位置（指针刻度=纸张厚度-标准压力），如图3-55、图3-56所示。

图 3-55 压力调节手轮示意图

图 3-56 压力表调节刻度示意图

11. 水墨辊压力的调节

（1）调节水墨辊压力所需工具，如图3-57所示。

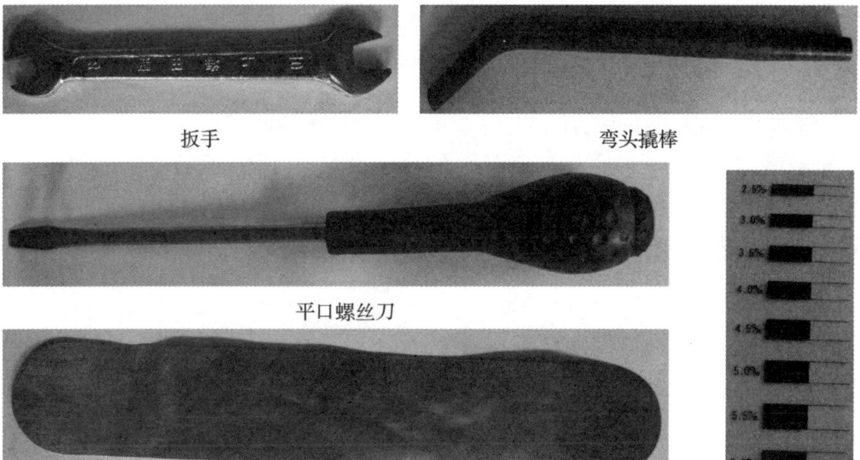

图 3-57 调节水墨辊压力所需工具示意图

（2）着水辊压力的调节（这里采用塞尺的方法）。

由水墨辊排列图可以看出，着水辊处于印版滚筒与串水辊之间，调节着水辊压力时，要先调着水辊与串水辊的压力，后调着水辊与印版滚筒的压力。

① 着水辊与串水辊间压力调节步骤。a. 确定着水辊已经安装到位；b. 把一定厚度的塞尺放进着水辊与串水辊之间，如图3–58所示；c. 来回拉动塞尺，如果压力过大或过小可用平口螺丝刀拧动着水辊两侧的相关调节螺钉，直到感觉有点阻力并能抽动即可，如图3–59所示。

② 着水辊与印版滚筒间压力的调节步骤。a. 确定着水辊与串水辊间压力已经调好。b. 把着水辊调节手柄打到着水位置，如图3–60所示。c. 塞尺插入着水辊与印版滚筒之间，如图3–61所示。d. 水辊与印版滚筒之间来回拉动塞尺，当拉动过程中感觉有阻力并能拉出塞尺即可，如果阻力过大或过小表明压力过大或过小，应用相关工具调节印刷机上相应的位置，直到压力适当为止，如图3–62所示。e. 压力调节完毕后，把着水辊打到不着水状态，并重新锁紧相关调节螺母。

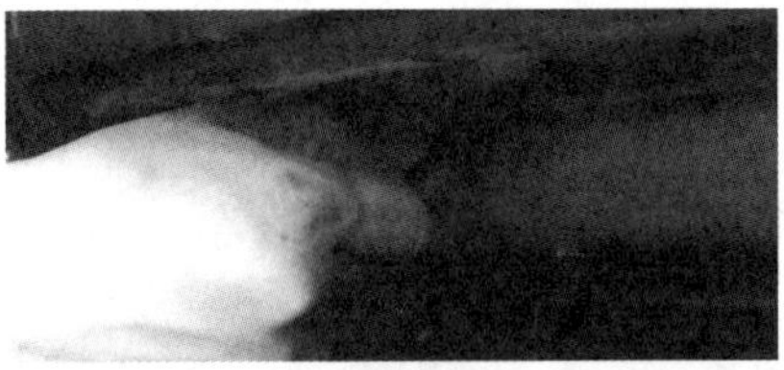

图 3–58　串水辊塞尺放置示意图

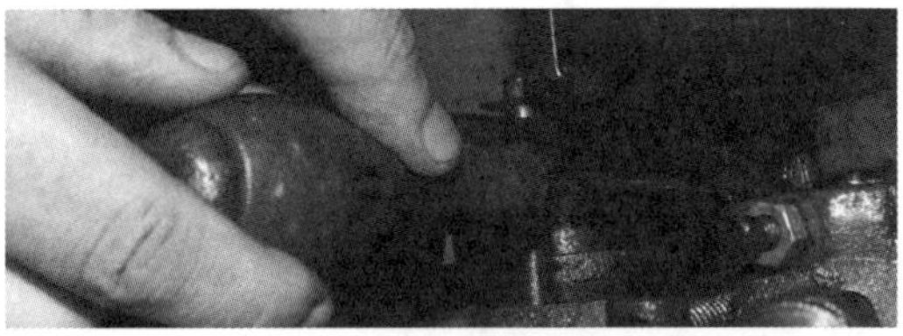

图 3–59　串水辊塞尺调节示意图

图 3–60　着水辊手柄示意图

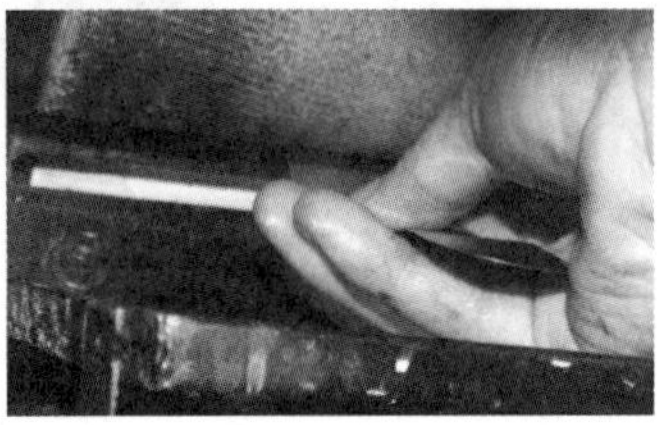

图 3–61　着水辊塞尺示意图

图 3–62　着水辊塞尺调节示意图

（3）着墨辊压力的调节

① 着墨辊与串墨辊间压力的调节（这里采用打墨杠的方法）。

a. 取少量黄墨，并使之在墨刀表面均匀分布，如图3–63所示。

b. 将墨刀上均匀分布的黄墨涂布在串墨辊上，上完墨后启动机器，将串墨辊上的油墨打匀打薄，如图3–64所示。

图 3–63　取墨示意图

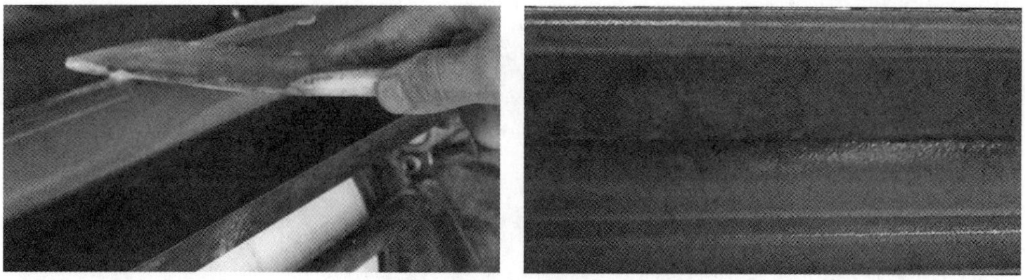

图 3-64　串墨辊上墨匀墨示意图

c. 开机后，点动机器后串墨辊表面会出现如上图所示的墨杠，用小纸条将串墨辊表面的墨杠取下来，并与标准宽度相比对，如图3-65所示。

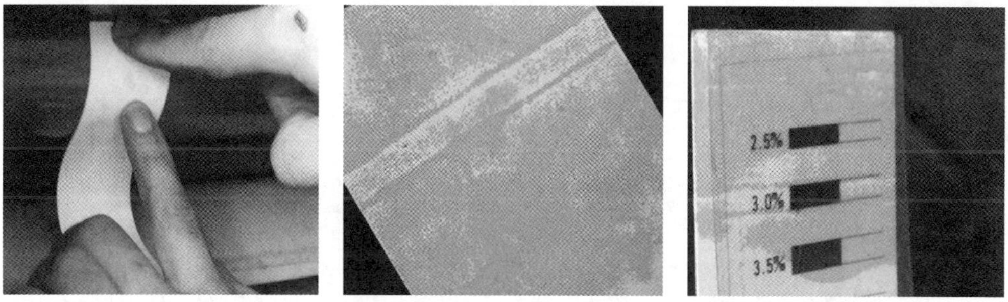

图 3-65　墨杠示意图

d. 如果墨杠的宽度比标准宽度大，表明压力过大；如果墨杠的宽度比标准宽度小，表明压力过小。用专用工具调节印刷机上相应的调节结构，直到墨杠的宽度与标准宽度相同为止，如图3-66所示。

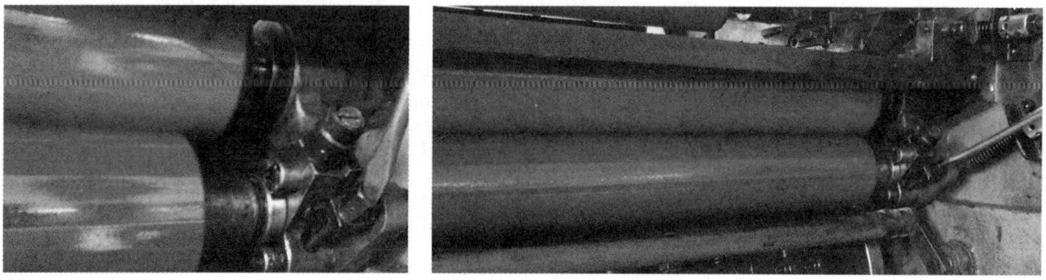

图 3-66　调节墨辊压力示意图

e. 用同样的方法调节串墨辊另一端的压力，保证串墨两端的压力都与标准压力相同。

② 着墨辊与印版滚筒间的压力调节：

a. 确保着墨辊与串墨辊间的压力已经调节完毕。

b. 将印版擦洗干净，如图3-67所示。

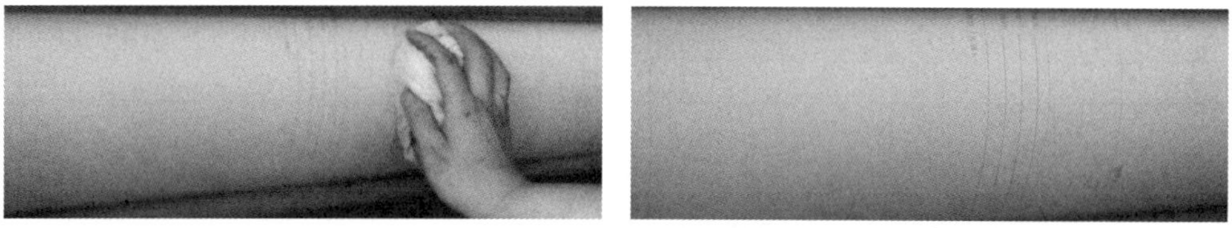

图 3-67　擦洗印版示意图

c. 启动机器将油墨打匀。

d. 手动将着墨辊与印版滚筒相靠，相靠后立即脱开，此时印版表面会出现四道墨杠，四道墨杠分别表明了四根着墨辊与印版滚筒间的压力，如图3–68所示。

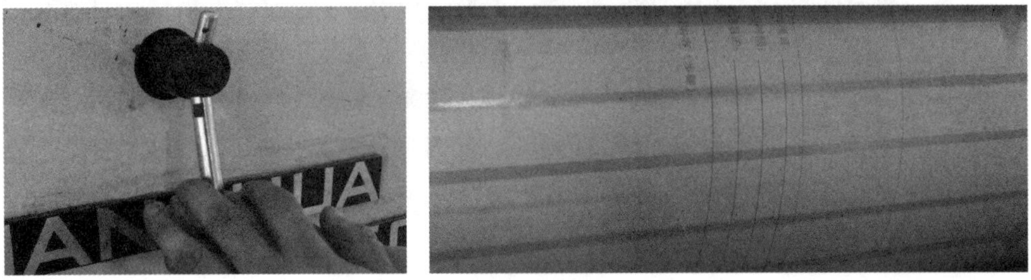

图 3–68　墨杠示意图

e. 将印版上的墨杠与标准宽度相比较，通过调节相关螺丝，使四根墨杠与标准宽度相同，如图3–69所示。

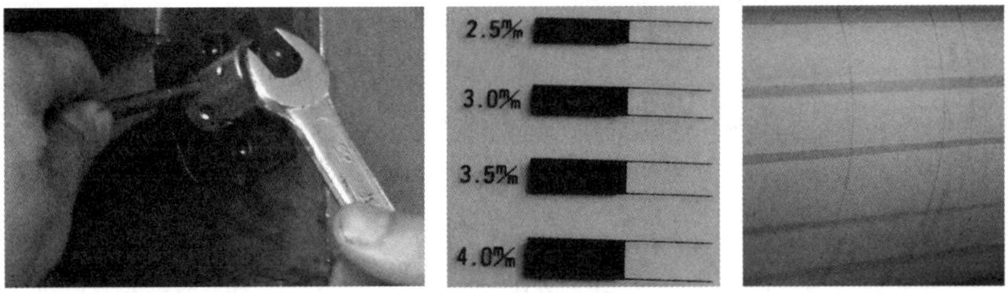

图 3–69　调节墨杠宽度示意图

（4）调好一端压力后，用同样的方法调节另一端的压力，保证两端压力都与标准宽度相同。

12. 图文位置调节（校版）

印刷中要改变图文在纸张上的相应位置通常有四种方法：拉版、动规矩、动纸堆、借滚筒，具体操作方法如下所示。

（1）拉版　如图3–70所示，此例印刷品为操作面高，往咬口方向拉版。

（a）　　（b）

图 3–70　印版滚筒

（a）结构图　（b）示意图

① 松拖稍边螺丝2、3、4、5，如图3–71所示。

② 用扳手扳动顶版螺丝11至肩铁内壁，如图3–72所示。

③ 拉咬口边螺丝8、9，如图3-73所示。

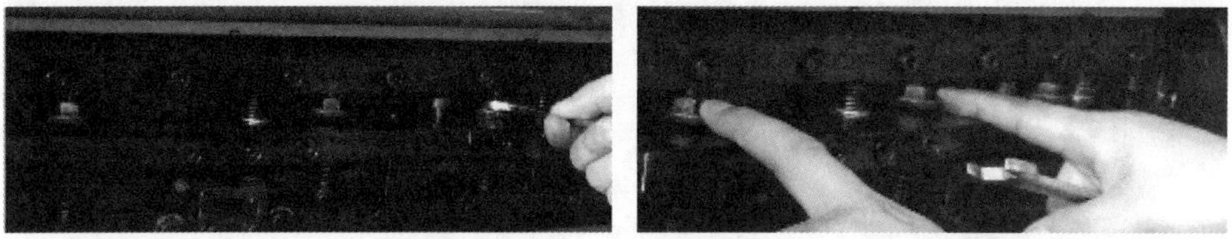

图 3-71 松拖稍边螺丝示意图

图 3-72 扳顶版螺丝示意图

图 3-73 拉咬口边螺丝示意图

④ 紧拖稍边螺丝2、3、4、5，如图3-74所示。

⑤ 检查各个螺丝是否拉紧，如图3-75所示。

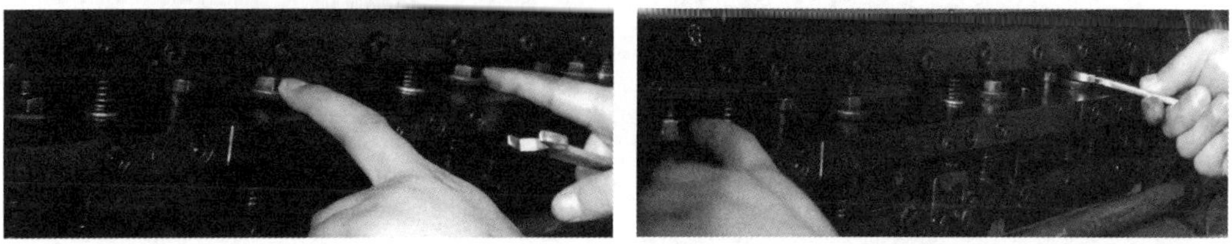

图 3-74 紧拖稍边螺丝示意图

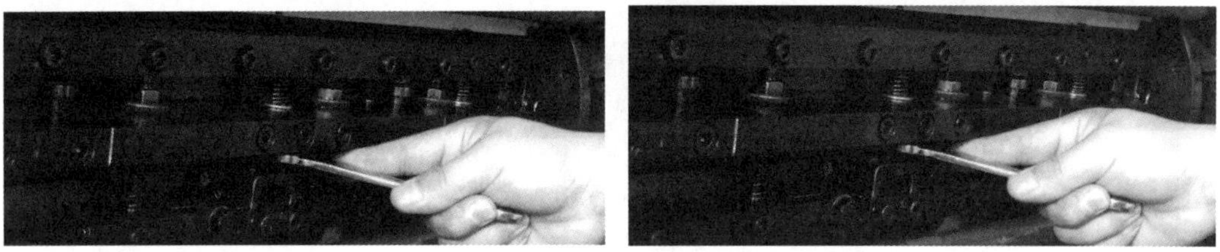

图 3-75 检查螺丝示意图

（2）动规矩、动纸堆

① 动前规

a. 分析样张，判断是改变操作面还是传动面前规的位置及前规所需要改变的距离。

b. 若要使图文在承印物上向拖稍方向移动，前规向收纸方向移动；反之，向输纸方向移动。

c. 再次印刷经样张分析后再做调节。

② 动侧规

a. 分析样张与原稿间的差距，确定侧规位移方向。

b. 松开侧规，移动侧规及滑块到指定位置。

c. 按侧规位置相应移动纸堆。

d. 再次印刷经样张分析后，如若差距大于2.5mm，继续动侧规，如若差距小于2.5mm，经样张分析后，通过专用工具调节侧规微调后，经再次印刷分析后再调节。

③ 借滚筒。试印几张印刷品（至少三张），查看输纸状态是否良好，确保所取样的几张印品横向和纵向规矩线（或十字线）都处于同一位置。在拉版拉平的前提下，根据印刷产品的要求，通过调节印版滚筒相对于橡皮滚筒的位置的改变，从而使印版图文转移到橡皮布，最后转移到承印物的图文位置发生改变，具体步骤如下。如图3–76所示。

a. 通过套筒松开印版滚筒1、2、3、4四个固定螺栓，如图3–77所示。

b. 利用专用扳手卡住调节螺丝5，按图文在纸张的位移要求向咬口或拖稍方向拧动，如图3–78所示。

c. 通过套筒拧紧印版滚筒1、2、3、4四个固定螺栓，如图3–79所示。

1

2

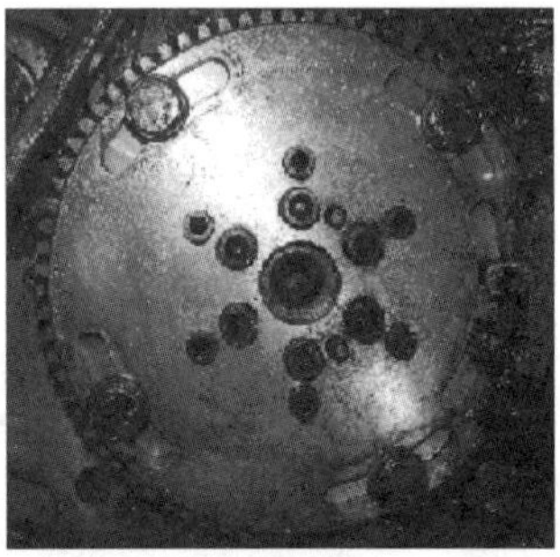

图 3–76 借滚筒结构示意图

1~4—印版主齿轮与印版滚筒体连接螺栓

5—手动小齿轮

3

5

4

图 3–77 借滚筒调节示意图一

图 3–78 借滚筒调节示意图二

图 3–79 借滚筒调节示意图三

d. 再次印刷经样张分析后再做调节。

13. 双色印刷

（1）拉版调节。

（2）纸堆位置调节（图文轴向位置需要大范围调节时用）。

（3）调整印版滚筒位置（图文周向位置需要大范围调节时用）。

（4）前规微调、侧规微调　当图文的周向和横向位置需要微量改变时就需前规和侧规微调来调节，具体调节过程如下。

前规微调（箭头表示纸张运行方向）

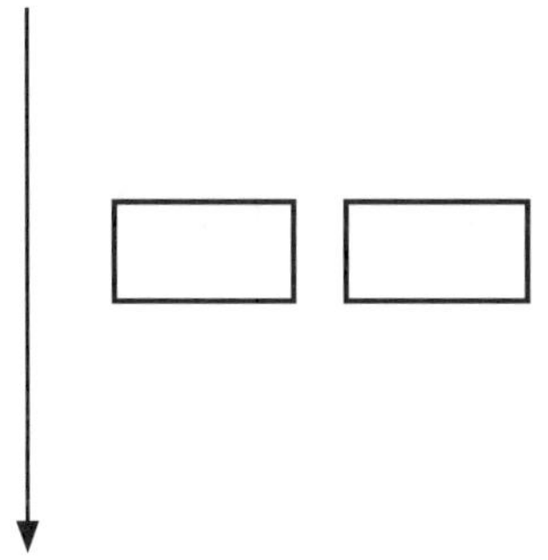

图 3-80　咬口方向移动前规示意图

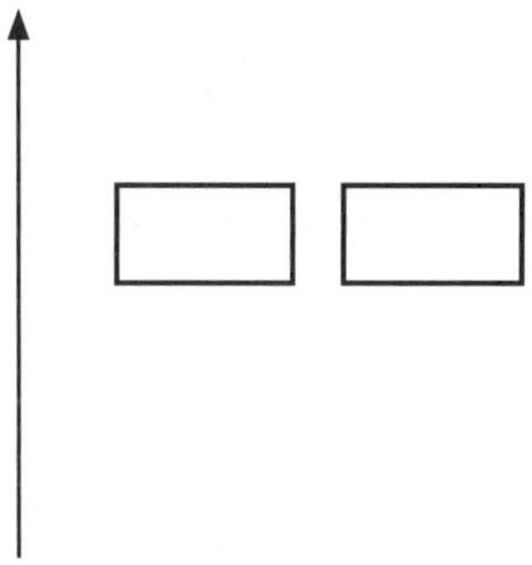

图 3-81　拖稍方向移动前规示意图

① 如果使图文周向位置向咬口方向移动则前规需向后移动，如图3-80所示。

② 如果使图文周向位置向拖稍方向移动则前规需向前移动，如图3－81所示。

③ 侧规微调（假设用操作面侧规——拉规）。

④ 如果使图文轴向位置向操作面方向移动需顺时针拨动侧规微调旋钮，如图3-82所示。

⑤ 如果使图文轴向位置向传动面方向移动需逆时针拨动侧规微调旋钮，如图3-83所示。

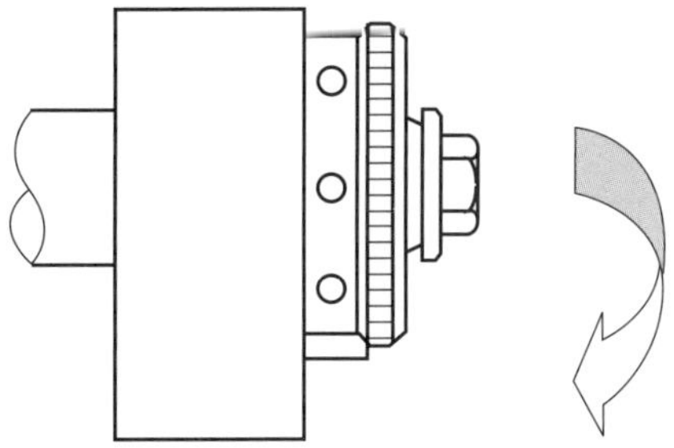

图 3-82　顺时针拨动侧规微调旋钮示意图

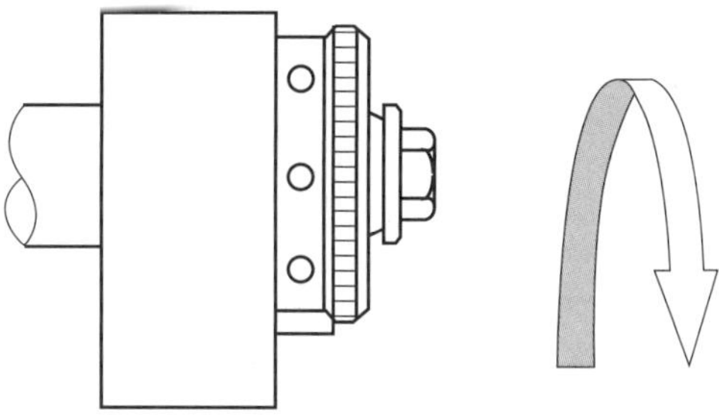

图 3-83　逆时针拨动侧规微调旋钮示意图

14. 常见印刷故障分析及排除方法

（1）糊版　糊版表现为版面网点扩大变形，互相粘连兼并，导致印刷品的层次模糊不清。它主要从图像的中、低调部分反映出来。

主要原因：① 输水量小，油墨就容易扩张，使网点铺展，造成糊版；② 输墨量太大势必造成网点扩张，久而久之，就会造成糊版；③ 印刷压力太大，网点扩大量越大，网点铺展也越厉害，造成糊版。

（2）重影　印刷图像中，网点周围或线条边出现了多余的双重影像的现象。

主要原因：① 滚筒之间的压力过大，橡皮布的压缩变形量增大，橡皮布位移就相对增大，转印后不能完全复位，便产生重影；② 滚筒包衬直径相差太大，转动时两滚筒压印点的线速度不一致，产生重影；③ 滚筒轴向串动引起重影；④ 滚筒齿轮或轴承磨损导致运转中发生震动，产生重影；⑤ 橡皮布的压力不均匀，产生局部隆起，引起局部重影。

（3）套印不准

主要原因：① 规矩调节不准；② 走纸效果差；③ 印版歪斜；④ 纸张变形；⑤ 晒版误差。

（4）剥纸

主要原因：① 油墨黏度过大；② 印刷压力过大；③ 机器速度过快；④ 下纸不好；⑤ 墨层过厚；⑥ 叼纸牙咬力过小、叼纸量过少。

解决方法：① 勤搅墨斗并加入减粘剂；② 适当减小印刷压力；③ 让机器速度减慢；④ 调节下纸；⑤ 减小墨量；⑥ 检查叼纸牙咬力并增大叼纸量。

（5）纸张起皱

主要原因：① 纸张在规矩处没有处于平整状态；② 叼纸牙出现半牙现象；③ 递纸牙叼纸量不均匀、一边多、一边少；④ 印刷压力过大；⑤ 油墨太黏；⑥ 纸张本身不平。

解决方法：① 调节输纸板上压纸轮的位置；② 使叼纸牙在宽度方向上有2/3以上的部位咬上纸；③ 调节规矩使两边的叼纸量尽量一致；④ 适当减小印刷压力；⑤ 增大撤粘剂来降低油墨的黏度；⑥ 敲纸并调整车间的温湿度。

（五）考核内容

1. 印刷前准备工作

在规定的时间内完成上纸、输纸调节、上水、上墨、PS版和橡皮布的拆装等。

2. 单色印刷

在规定的时间内完成印刷，包括图文位置调节、墨色控制、套准等。

习题

1. 什么是印刷？其五大要素是什么？
2. 分析四种印刷方式印版的特点，并指出分别是直接印刷还是间接印刷。
3. 总结出四种印刷方式印品的特点，并指出下列四幅图片分别采用了哪种印刷方式。

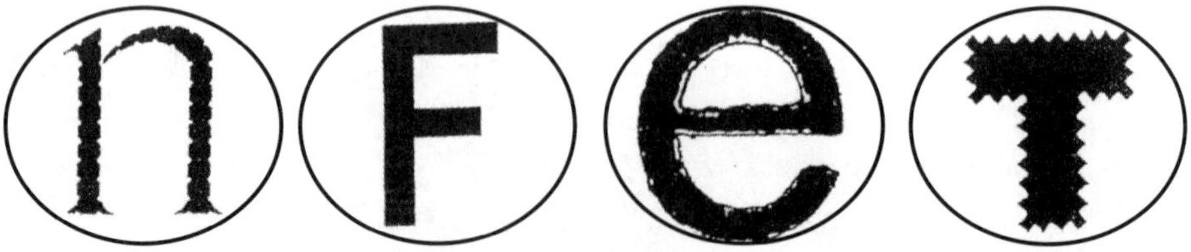

4. 常见的丝网印刷方式有哪些？简单描述其特点。指出下列三张图片分别表示的是哪一种丝网印刷方式。

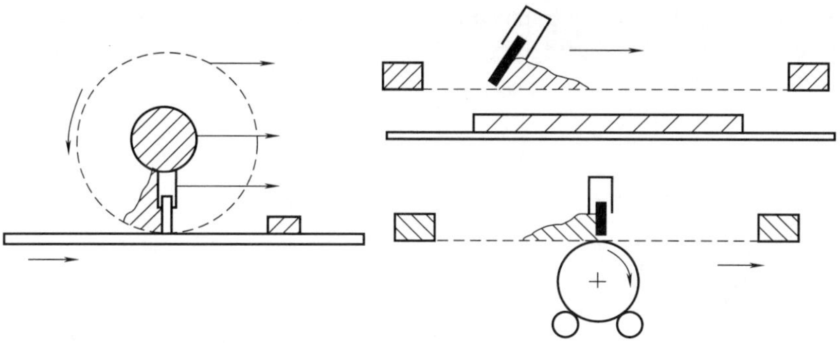

5. 常见的印刷三大基本原理是什么？简述其特点。请在下图中标注出各部件的名称。

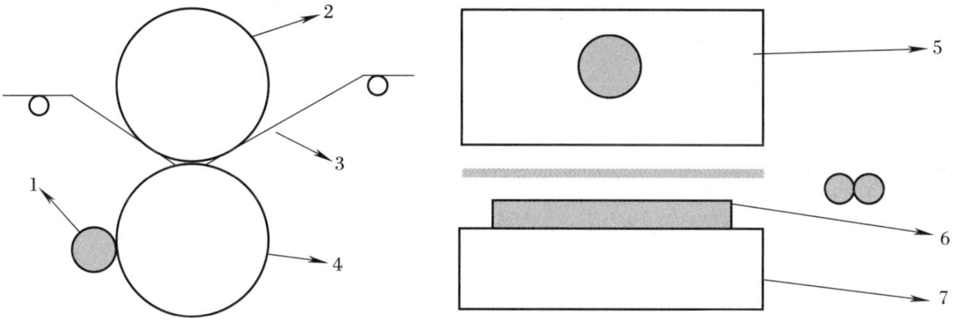

第四章 表面整饰

第一节 上　光

上光就是用涂布、喷雾、印刷等方式，将无色透明的涂料均匀转移到纸张或印刷品表面，依靠涂料干燥过程中的流平、结膜机理，而使涂料在印刷品表面附着固化并成为薄而均匀的透光亮层的表面整饰技术。

一、上光的作用

上光是一种重要的印刷品表面整饰工艺，可以提高和改善印刷品的外观效果、使用性能和保护性能，是提高印刷品质量和产品档次的重要手段。

1. 增强印刷品的外观效果

印刷品上光包括全面上光和局部上光，也包括光泽型上光、亚光型（无反射光泽）上光、珠光型上光等多种类型。无论哪一种上光，都可以提高印刷品的质感和外观效果，使印刷品更加厚实丰满，色彩更加鲜艳明亮，起到美化印刷品的作用和功能。

2. 改善印刷品的使用性能

根据不同的印刷品的特点，选择适宜的上光工艺及材料，可以明显改善印刷品的使用性能。例如，书刊封面经过上光处理后，可以防潮、防虫蛀、延长书刊的使用寿命。扑克牌经过上光处理后，可以提高滑爽性和耐折性，改善使用性能。电池包装经过上光处理后，可以明显提高防潮性能。

3. 增强印刷品和商品的保护性能

各种上光涂料，都可以不同程度地起到保护印刷品和商品的功能。经过上光处理，一般均可提高印刷品的耐水性、耐化学性、耐摩擦性、耐热及耐寒性等，尤其在包装领域，可以加强包装产品的防潮、防水、耐磨、防污、防伪等保护功能，减少内容物在储运、流通过程中的损失。

4. 提升商品档次，增加附加值

包装的三大功能之一就是促销功能，经过上光的包装更能实现这一目的。包装印刷品经过局部上光或特效上光工艺处理，并与其他表面整饰工艺，如烫印、压凹凸等工艺技术相结合，可以提高印刷品的身价和提升商品的档次。有些装饰画、摄影类复制印刷品，经过局部上光和特效上光工艺技术处理，可以增强作品的艺术效果。

二、上光涂料

（一）上光涂料的基本要求

随着上光技术的迅速发展，与新型上光设备和涂布干燥或固化方式相适应的各种上光涂料，也相继投入使用。

无论用何种材料、何种方法生产的上光涂料，都应具备光泽性、稳定性、耐磨性、耐热性、柔弹性等基本性能。

1. 光泽性

上光涂料被涂布在印刷品表面上经过干燥或固化后，其结膜应透明，并有较好的光泽感，以增强印刷品对光的透射力和反射力。

2. 稳定性

上光涂料干燥、固化后的结膜应无色、透明，不发生泛黄，不会因上光涂料的继续干燥、固化，而引起印刷色彩的衰减或变化。

3. 耐磨性

上光涂料的结膜要有一定的表面强度，可以经受再加工或运输，使用中的一定压力和多次摩擦仍不损伤。

4. 耐热性

上光涂料及其结膜要有较好的耐热适性，以保证其在较高温度环境中的稳定和成膜后再受热压力作用时不变质、不变形。

5. 柔弹性

上光涂料结膜后应有一定的柔弹性，以适应上光印品的折叠、模压、卷曲时不发生碎裂伤痕。

（二）上光涂料的类型

上光涂料可分为以下几种：

1. 溶剂型上光涂料

成膜树脂属热塑性树脂，在成膜过程中不发生聚合或交联反应。溶剂型上光的设备投资小、成本低，适用于大宗印刷品的上光。但由于溶剂采用苯类、酯类和醇类溶剂，溶剂挥发和残留在印刷品上，都会造成对环境的污染，对人体有害。所以，随着经济的发展、人们对环保意识的增强，溶剂型上光的应用范围受到越来越多的限制，今后有被取代和淘汰的趋势。

2. 油型上光涂料

油型上光涂料是早期胶印机上光使用的涂料，其性质同胶印油墨的性质相同。涂料通过印刷方式对印刷品表面进行整幅面上光，涂料与空气中的氧发生氧化聚合反应结膜干燥。胶印用的亮光油有普通亮光油和快固亮光油两类，前者干燥速度慢，后者干燥速度快，两者适用于不同档次的印刷品。胶印用油性上光涂料，印刷速度快，涂层较薄，光亮度和保护作用都一般，适用于质量档次不高的大宗印刷品上光。

3. 水性上光涂料

水性上光涂料以水为溶剂，涂布干燥过程中没有有机溶剂挥发物，所以无色、无味、无毒、无刺激气味，对环境无污染，对人体无害。新型的水性上光涂料性能稳定，干燥速度快，涂层透明、光泽好，耐磨性、耐水性、耐化学性、耐热性均达到比较满意的效果。其热封性和印后加工的适应性都比较好，而且运输方便、安全可靠。所以水性上光涂料使用范围越来越广，广泛用于烟草、药品、食品、化妆品等商品包装，尤其是出口商品的包装。

4. UV上光涂料

UV上光涂料即是紫外线干燥（固化）涂料。UV上光涂料所用树脂是预聚合树脂。预聚合树脂是光敏树脂及一些不饱和化合物的酯类（如三羟甲基丙烷三丙烯酸酯、苯二甲酸二丙烯酯、季戊四醇三丙烯酸酯等）。

光敏树脂有两类，一类是不饱和的聚酯，如以不饱和的二元酸（顺丁烯二酸、反丁烯二酸、依康酸等）与多元醇酯化而得；另一类将不饱和化合物引入到缩聚型树脂中去制得。

目前常用的光敏树脂有：马来酸酐与多元醇制成的不饱和聚酯、低分子量的环氧树脂末端的环氧基与丙烯酸酯化而得的树脂、含羟基的不饱和化合物（如多元醇的丙烯酸不完全酯、丙烯酸β羟丙酯、丙烯醇等）与低分子量的聚酯树脂以及醇酸树脂酯化，或通过异氰酸酯连接到树脂分子上而得的树脂。

不饱和的光敏树脂和不饱和化合物的酯类在紫外线直接照射下，吸收一定波长的光线，使分子得到激发而打开不饱和的双键，经聚合生成高分子聚合物，由液态变为固态而干燥。

紫外线干燥涂料可省去其他烘烤设备，固化时间短，并且没有挥发物质，有利于保护环境。

由于吸收紫外线而转变成激发态是一个可逆的过程，激发态的分子还有可能失去活性，使光引发效率降低，因此在实际应用中还需加一些光引发剂或光敏剂，以提高光照干燥的效率。光敏剂在紫外线作用下分裂形成离子或游离基，与不饱和树脂或不饱和化合物的酯中的双键起反应，然后进行游离基聚合反应。光敏剂是某些酮类、醚类和硫化物，如安息香醚类、噻吨酮及其衍生物（如2–氯噻吨酮）、二苯甲酮及其衍生物（如米蚩酮）、甲基苯基甲酮衍生物（如二乙氧基甲基苯基甲酮）、多环醌类（如2–甲基蒽醌、萘醌）等，主要吸收波长为300～450nm的近紫外线，其中以二乙氧基甲基苯基甲酮最佳，但为了增大光吸收范围，常是几种光敏剂并用。用量比一般聚合反应大，为2%～6%，这是因为光敏树脂生产时为保护双键不受聚合而加入一些阻聚剂，这些阻聚剂会消耗一部分引发剂。但光敏剂也不宜加得过多，否则干燥后的涂膜分子量太小，影响涂膜性能。

空气中的氧会与光敏树脂的游离基生成没有引发聚合作用的游离基，对光敏树脂的固化有抑制作用，降低涂层干燥速度，应加入一些抑制氧作用的添加剂。

紫外线干燥涂料的干燥速度与光敏树脂的种类有关，如丙烯酸类固化较迅速，桐油类固化就很慢。

紫外线干燥涂料所用紫外线干燥装置的光线波长应控制在300nm以上，防止产生臭氧，干燥装置采用通风设施，防止臭氧对操作人员和机器产生影响。采用惰性气体封闭印刷品表面以消除氧对干燥的抑制作用。紫外线干燥涂料的一些单体刺激皮肤，操作时要注意安全。紫外线辐射部分有少量X射线，需装备可靠的防辐射屏蔽装置。

5. 热固型上光涂料

这类上光涂料中含催化剂，成膜树脂高分子结构中含有活性官能团，当涂层遇热会发生交联反应干燥成膜。热固型上光涂料主要用于卷筒纸多色胶印轮转印刷机，印刷完后立即上光，印刷机带有烘干装置，印刷、上光完后随即可以折页成帖。

各类上光材料中，目前应用最广泛的是水性上光油和UV上光油，各类上光材料应用现状如表4–1。

表 4–1 上光材料应用现状

种类	市场份额	发展现状	环境污染程度
溶剂型上光油	30%	逐渐淘汰	很大
水性上光油	40%	稳定增长	无
UV上光油	15%	增长迅速	微弱
热固型上光油	15%	增长迅速	无

（三）上光的干燥处理

1. 上光干燥的基本要求

（1）上光干燥要确保印刷品的油墨和上光涂层快速结膜干固，不发生粘脏、粘连现象。

（2）上光干燥后，不能发生印刷油墨、上光涂层变色，印刷纸张变形。

（3）上光干燥装置要符合印刷工艺、上光工艺的适性要求。如凸、平、凹、孔四种印刷工艺的上光涂层的厚薄不等，印刷材质因产品而变化，印刷幅面的大小规格也不等，干燥装置的设计应该是体积小、安装方便、调整灵活，既要方便操作，又要安全、卫生可靠。

2. 常用的上光干燥装置

（1）红外线干燥装置红外线干燥是将红外线辐射印刷品表面的上光涂层干燥固化。红外线干燥的机理是：当红外线辐射到涂层时，涂层中有机分子吸收红外线的能量，促使分子中的原子或基团发生共振，加速分子运动产生热效应，涂层温度迅速升高，迅速干燥固化。热固化涂料受热效应的作用发生热固化反应而结膜干燥。

红外线是一种电磁波，其波长范围为0.77 ~ 1000 μm，按波长的差别，大致可分为三段：0.77 ~ 3 μm为近红外区；3 ~ 30 μm为中红外区；30 ~ 1000 μm为远红外区。远红外线的热量大，但相当一部分热量被空气吸收，对涂料的穿透作用小，只适于物体表面的干燥。中红外线的波长范围符合涂料干燥所需的波长范围，中红外线对涂层的穿透力也比远红外强，所以干燥效果较好，但是还有部分热量被空气吸收，产生一定的散射热。近红外线所产生的能量最高，对涂层的穿透力最好。

红外线干燥装置是由辐射器（一般采用管状红外线石英灯）、反射器、控制部件和空气循环系统构成。辐射器必须用反射器配合，反射器（表面是玻璃护板，用陶瓷或用表面抛光的金属铝板组成）的作用是使辐射器产生的辐射能量定向辐射，使印刷品表面涂层聚焦高能量，减少热能损失，达到最大的固化效率。

红外线干燥装置的特点是：升温速度快，成本低，上光时红外线辐射对人体不会造成伤害。

（2）固体加热传导干燥装置　利用电热管、电热棒、电热板为干燥加热源。固体加热传导干燥的机理是：加热源产生热能（由电能转化为热能），热能在密封的干燥通道中，使空气升温达到一定温度，印刷品表面的涂层受升温的影响，涂层内部分子运动加剧，涂层中溶剂挥发，废气从排气管道中排出，涂层干燥固化。

固体加热传导的干燥装置比较简单，成本低，使用维修方便，但能量消耗大，干燥效率不高，一般都用于带烘道的专用上光机。烘道的长度一般为6 ~ 9m。在高速轮转印刷机上，一般采用电热管或煤气等组成加热烘道，胶印以热固化干燥，凹印、柔印通过烘道，溶剂挥发，达到涂层干燥。它们的效率都比较高。

（3）紫外线干燥装置　紫外线也是一种电磁波，波长范围在0.2 ~ 0.4 μm，紫外线干燥机理是：紫外线辐射到印刷品表面的上光涂层，涂层中的光引发剂被引发，产生游离基与预聚物或与不饱和单体中的双键发生聚合、交联反应，使涂层结膜干固。紫外光光源的波长范围应与UV上光涂料接受波长的峰值相一致，否则会影响干燥速度，浪费能源。目前使用的紫外光光源有两种：一是高压汞灯，其波长范围在0.2～0.3μm；二是金属卤化物灯，其波长范围在0.3～0.4μm。前者适用于UV上光干燥，光固化效率最高；后者适用于UV油墨干燥，如以二苯甲酮为光引发剂的UV油墨，接收的波长范围在0.24～0.34μm，峰值在0.28μm时，发生光化学交联反应，使油墨固化干燥。

三、不同上光方法的性能比较

国内常用的上光工艺，有溶剂型上光、油性上光、水性上光和UV上光四类，各有优缺点。

（一）溶剂型上光

1. 优点

（1）设备投资少。

（2）上光工艺统一，质量也相对稳定。

（3）光泽度、附着力、尺寸稳定性、后加工的适应性都比较好。

（4）总的成本低。

2. 存在问题

（1）上光速度慢、生产效率低。

（2）耐理化性差，涂层会泛黄。

（3）涂料中有50%的有机溶剂挥发，上光油的耗量大，溶剂挥发污染环境，对人体有害。

（4）涂层存在有机物残留，应用受到限制，有被替代和淘汰的趋势。

（二）油性上光

1. 优点

（1）利用胶印机上光，减少了上光设备的投资。

（2）胶印机速度快，上光效率高。

（3）附着力、尺寸稳定性、后加工的适应性都比较好。

2. 存在问题

（1）涂层干燥速度慢，需要4～8h才能干燥，所以不能用于联机上光、不能立即进行后工序加工。

（2）光泽度一般，耐理化程度较差，涂层会泛黄。

（3）上光质量一般，适合于小批量的一般印刷品上光。

（三）水性上光

1. 优点

（1）无色、无味、透明度好，光泽度高。

（2）无溶剂挥发，无毒、无刺激，对人体无害，符合环保要求。

（3）干燥速度快，性能稳定，涂层不泛黄、不变色。

（4）有韧性、耐磨性、耐高温，热封性好，印后加工适应性好。

（5）运输方便、安全可靠。

2. 存在问题

（1）低定量的纸容易造成尺寸变形。

（2）应用时要掌握好涂料的黏度、印刷速度、涂料涂布量和干燥时间。

（3）胶印联机印刷、上光，要注意油、水不相溶的原理，选择水性光油要注意与油墨的适应性。

（四）UV上光

1. 优点

（1）上光速度快，瞬间完成固化，可以联机上光、上光与印刷同步，可以随即进行后序加工。

（2）光泽度高，光亮度比覆膜还要高。

（3）耐理化性能好，附着力好、耐磨、耐热、耐水、耐光都很好。

（4）光固化时无溶剂析出，100%参加反应，对环境无污染，对人体无害。

（5）满足印刷品多样化的要求，可全面上光、局部上光；提高产品档次，提高附加值。

2. 存在问题

（1）UV上光的质量控制比其他上光工艺复杂，难度要大。UV上光涂料的成膜树脂（低聚物）种类较多，性能各异，应根据不同的印刷工艺、承印材料和后加工适性选择不同的UV上光涂料，才能获得理想的效果。

（2）目前国产UV上光涂料与国外相比还有一定差距，如涂料呈浅黄色，影响印刷品的色彩效果；涂料存在少量异味，虽无毒性，但影响使用效果。

（3）UV上光的成本低于覆膜，高于其他上光工艺。

（4）UV上光要注意安全操作，如UV涂料对人的皮肤有刺激作用，若皮肤不慎接触UV涂料应立即用肥皂水洗掉，否则会红肿、起泡；操作时应避免UV光直射对人体的伤害。

（5）UV干燥会产生臭氧，应通风排除。

四、上光设备

上光设备按加工方式可分为：普通脱机上光设备，即上光、印刷分别在专用机械上进行；组合式脱机上光设备，即既能联成整体工作，又能分别独立工作；联机上光设备，即上光机组联在印刷机上，印刷、上光一次完成。目前，国内印刷厂较多采用脱机上光，联机上光设备的份额也在逐渐增加。

（一）上光涂布机构

1. 三辊直接涂布式机构

三辊直接涂布式涂布部分一般由计量辊、涂布辊（施涂辊）、衬辊等组成。其结构和工作原理如图4-1所示。

上光涂料由出料孔或喷嘴（可移动）均匀地喷洒在计量辊和涂布辊（施涂辊）之间，由于计量辊的定向、定速及涂布辊的反向转动，使涂布辊（施涂辊）表面上的涂料层均匀一致。涂布辊（施涂辊）表面涂层的厚度取决于两辊之间的间隙。

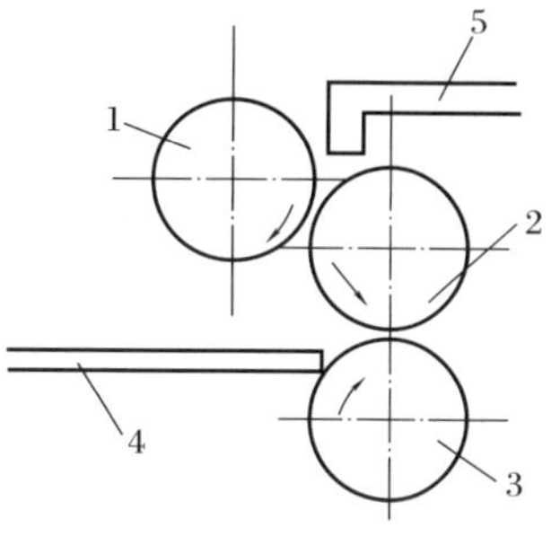

图4-1　三辊直接涂布示意图

1—计量辊　2—涂布辊
3—衬辊　4—输纸台　5—出料孔

三辊式涂布结构简单，可进行双面涂布。纸张下面涂布由涂布辊、刮刀和衬辊完成；纸张上面涂布用专用上光涂料输送装置把上光涂料从上侧输送到衬辊和计量辊之间，使衬辊作为涂布辊对纸张上面进行涂布。双面涂布时，从下面料槽和上面输送装置同时供料。

三辊涂布时，三辊之间在纸张通过时有一定压力。为适应不同厚度印刷品的加工要求，涂布辊与衬辊间有压力调整机构。

涂布中多余的涂料由回收系统送回到液体贮料槽中。

2. 浸式逆转涂布式机构

浸式逆转涂布式涂布部分一般由贮料槽、上料辊、匀料辊、涂布辊（施涂辊）、夹纸辊等组成。

逆向辊涂布通常用三个或四个辊作同向回转，各辊同其相邻辊表面作逆向运动，涂布辊与衬辊在纸张通过时有一定线压力。

按涂料供给方式逆向辊涂布可分为从上方供料和从下方供料两种类型：前者称顶部供料逆向辊涂布，如图4–2所示；后者称底部供料逆向辊涂布，如图4–3所示。

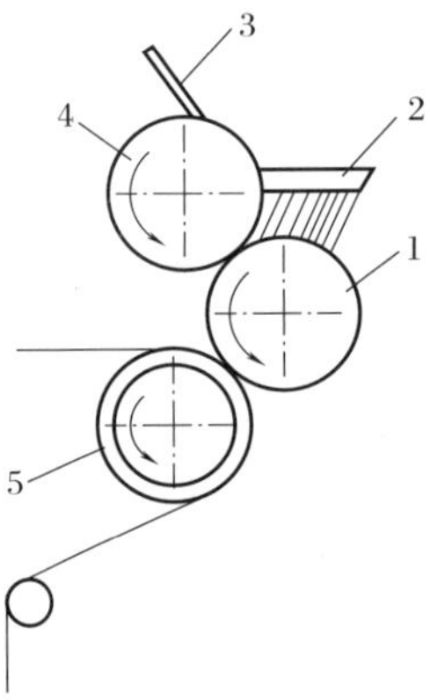

图 4–2 顶部供料逆向辊涂布

1—涂布辊 2—料槽 3—刮刀 4—计量辊 5—衬辊

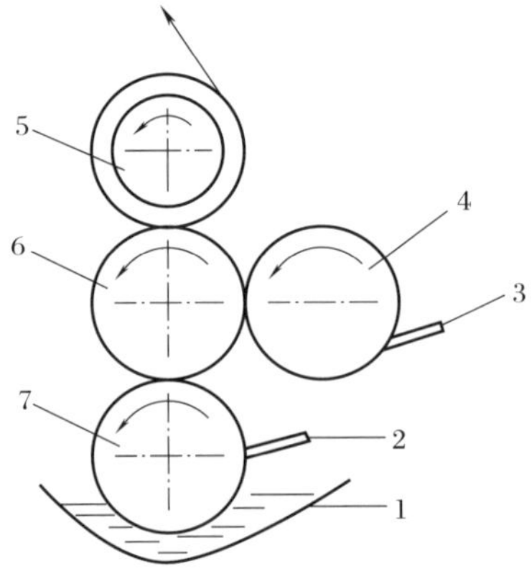

图 4–3 底部供料逆向辊涂布

1—料槽 2—刮边器 3—刮刀 4—计量辊 5—衬辊 6—涂布辊 7—上料辊

涂层厚度的改变，可以通过调整各辊组间的工作间隙或改变涂布机以及涂料的流变特性来实现。涂布过程中为使涂料浓度和上料辊浸入涂料液面深度不变，上光涂布机通常设有涂料自动循环补偿装置。顶部供料适用于涂料黏度非常大的场合，底部供料适用于涂料黏度较小的场合。底部供料可不用挂料辊，而将涂布辊和计量辊（也称调量辊）直接部分浸入料槽中。

逆向辊涂布各辊之间的间隙对涂布质量影响较大，间隙大小可以方便调节。一般情况下，衬辊与涂布辊之间的间隙为原纸厚度的80%左右，计量辊与涂布辊的间隙一般在0.05 ~ 2mm之间，视涂布量与涂料性质而定。

为了获得满意的涂布质量，无论哪类涂布方式，涂料的输送一般采用自动循环系统，最常用的是液泵自动循环系统。该系统由液泵、贮料槽、输出、输入管道等组成，其结构和工作原理如图4–4所示。

逆向辊涂布层厚度或涂布量对各辊间速度变化相当敏感。通常情况下，逆向辊涂布最

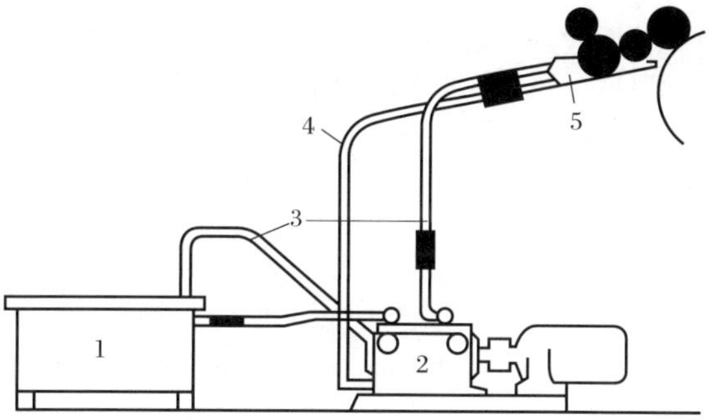

图 4-4　涂料循环系统示意

1—涂料贮存容器　2—输料泵　3—涂料输出管道
4—涂料输入管道　5—涂布槽

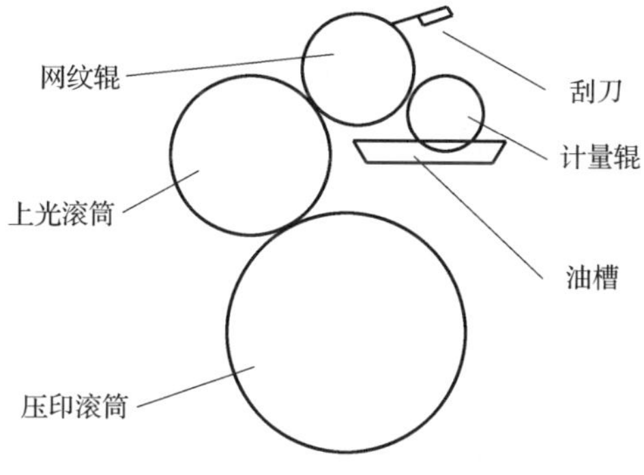

图 4-5　网纹辊刮刀式示意

高速度可达300m/min，适用于涂料黏度范围0.1～15Pa·s，涂布量一般在25～300g/m^2，相当于湿涂层厚度0.025～0.5mm。

3. 网纹辊刮刀式涂布机构

这种上光方式类似于柔性版印刷，采用刮刀和网纹辊上光。如图4-5所示，上料辊从料槽中黏附涂料后，与中间的网纹辊接触，将涂料转涂于网纹辊上，再经网纹辊转给上光滚筒进行上光。

上料辊为包胶辊，单独传动，低速回转，同网纹辊有极微间隙。

网纹辊表面具有各种不同规格的纹路，最常用的有钻石型和龟甲型两种。当上料辊将涂料转涂于网纹辊后，与辊面相接触的刮刀将多余的涂料刮下，只在网纹辊表面纹路凹槽内留下定量涂料。当网纹辊再与包胶涂布辊接触时，又将凹槽内定量的涂料大部分转涂到涂布辊表面。网纹辊可用钢辊或铜辊。辊面网纹可用雕刻法、腐蚀法或辊压法制出，然后镀铬。当使用一定时期镀铬层腐蚀后。可再行镀铬。涂布辊转向与纸张行进方向一致，所有相邻辊转向均相反。涂布辊表面包胶，涂布辊的作用是将从网纹辊接收来的定量涂料转涂到纸面上。纸张另一面对称地装有同样包胶的衬辊。网纹辊可以直接浸在料槽中，而节省一根挂料辊。这种装置适用于黏度低而流动性好的上光涂料涂布，涂布往往不均匀。

网纹辊涂布有两辊式涂布、三辊式涂布和四辊式涂布。

两辊式涂布是以网纹辊兼作上料辊和涂布辊，由料槽挂料后侧面刮刀将过量涂料刮下，而后将网纹辊面凹槽中留下的涂料转涂到纸面上，衬辊也为包胶辊。这种涂布方法涂层不均匀，甚至在纸面上显示出花纹。

三辊式涂布是在网纹辊与衬辊之间增加一个包胶涂布辊，与两辊式涂布相比，涂布质量要好些，但上光涂料的黏度应低些，流动性好对提高涂布质量有好处。

四辊式涂布的涂层均匀，涂布质量好，对涂料黏度和流动性适应范围大。

由于网纹辊的表面布满均匀、规则的网穴，所以上光油的转移量是固定的，上光涂层厚度和均匀性能够得到精确的控制。这是网纹辊刮刀式上光较之双辊或三辊式上光的最大优势。其缺点是：在改变上光涂层厚度时，必须更换不同规格的网纹辊。

4. 腔式刮刀上光机构

腔式刮刀上光装置的结构如图4-6所示。

腔式刮刀上光方式比较先进，近几年在国际上得到了大力推广。腔式刮刀上光装置也采用网纹辊来计量上光油，其两片刮刀形成一个密闭的腔，由一个专门的上光油循环箱对该腔供应上光油，多余的上光油则经另一管道流回循环箱。腔式刮刀上光的优点是上光油路更短，上光油不与外界大气接触，既减少了挥发，也避免了空气中的氧气与上光油发生化学反应。不仅如此，腔式刮刀上光系统还可以方便地进行清洗，通过循环箱向网纹辊供应清洗剂，就可以将网纹辊清洗干净，而其他类型的上光装置，清洗镀铬辊或网纹辊非常麻烦。

典型机构有罗兰700刮墨刀系统，它由陶瓷网纹辊和封闭式刮墨刀以及柔性树脂涂布辊组成，是由两片对置的刮墨刀和一个铝质匣体与网纹辊构成的一个封闭空间，上光油可在其间循环运动。

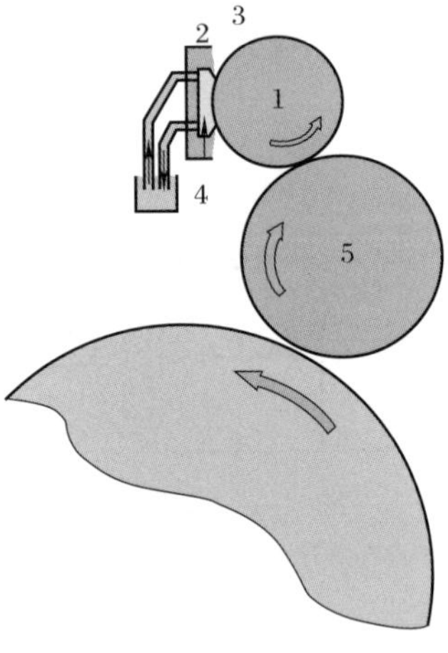

图 4-6　配备腔体刮刀系统的上光装置

1—网纹辊　2—腔体刮刀系统　3—上刮刀（封闭刮刀）　4—下刮刀（刮墨刀）　5—上光版滚筒

网纹辊的核心为钢质，外面包裹一层陶瓷，并由电脑控制的激光束在陶瓷上雕刻出网穴，用以转移上光油，陶瓷外面再用真空蒸镀法在表面覆盖一层铬并抛光。曼·罗兰公司提供的标准网纹辊的网线数为79L/cm（200L/in），传墨量为$9cm^3/m^2$。

值得一提的是，在国外，由于腔式上光的优势很明显。已经有一些公司从上光装置的升级、改装中获利，如美国的Harris&Bruno公司。

5. 气刀涂布机构

气刀涂布方法应用较普遍，图4-7为气刀涂布方法原理图。

纸张与涂布辊以一定的包角相接触，涂布辊转向与纸张前进方向一致，涂布辊将料槽中的涂料转涂到纸面上。带有过量涂料的纸张穿过衬辊与气刀之间的间隙，间隙一般为4 ~ 8mm，最小可达2 ~ 3 mm。气刀喷缝的喷出角与水平线成40° ~ 45° 。纸张通过此间隙时，由衬辊支承，气刀喷缝喷出的气流遂将过量的涂料吹下来，吹落下来的涂料随气流进入过量涂料收集槽，与空气分离后又送回循环槽，经处理后再循环使用。如果使涂布辊反转就成为逆向辊气刀涂带，可获得良好的涂布效果。

在料槽中增加一个挂料辊，涂布辊不直接浸在料槽中，挂料辊黏附的涂料转涂到涂布辊上，涂布辊再把涂料转涂到纸张上面，这种方法称为双辊气刀涂布。双辊气刀涂布适用于高速涂布以及涂层较厚或浓度较高、黏度较高的涂料涂布。

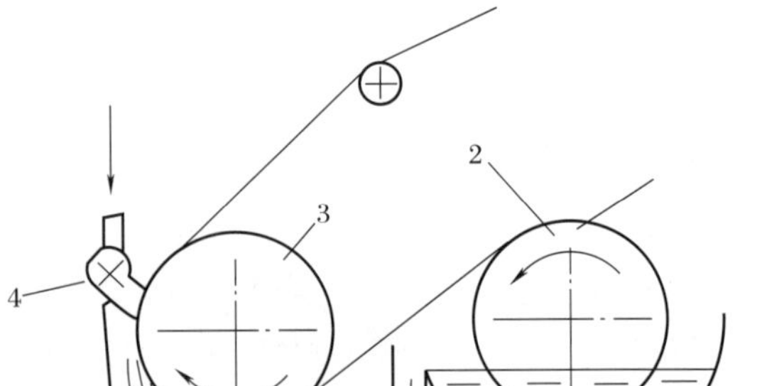

图 4-7　气刀涂布原理

1—料槽　2—涂布辊　3—衬辊　4—气刀　5—过量涂料收集槽

气刀涂布的涂布速度为360m/min左右，涂布量取决于气刀风压及其相对于纸张的位置、纸幅速度及涂料黏度。由涂布辊涂布到纸幅上的涂料应保持到最低限度，一般为所要求涂布量的1.5倍以下，可得最佳涂布效果。

气刀涂布的优点是在纸面上能制得

同原纸凹凸不平相应的平整涂层，涂布量为3～30g/m^2，易于适应原纸品质、涂料浓度、黏度等工艺条件的变化。所用涂料浓度一般固含量为35%～45%，黏度为0.1～0.4Pa·s，最高限度可达1Pa·s，且通常限于水溶性涂料，因为有机溶剂涂料将会随气刀气流大量气化，造成污染或损失。

6. 刮刀涂布机构

刮刀涂布是用刮刀刮除过量涂料的涂布方法，图4-8为刮刀涂布原理图。

纸张贴附于衬辊上浸入料槽，出槽时粘上过量的涂料，在刮刀下通过，刮刀把过量涂料刮掉，并刮匀涂层。刮刀一般装在衬辊上面，刮刀通常为装配式，刀体上安装可以调节的刀片。这样，刀刃磨损后便于更换，也便于调节刀刃与纸面的间隙。刀刃与纸面有一固定间隙，或对纸面有一个可控制的线压力，这由涂料黏度、固含量、涂布量等决定。衬辊常用包胶辊，刮刀对衬辊的角度通常是可调的，其间隙可用精密塞尺测量调整。涂布量随纸张速度、厚度、涂料黏度等而改变。由料槽直接涂到纸张上的涂布量一般为所要求涂布量的1.5倍左右。

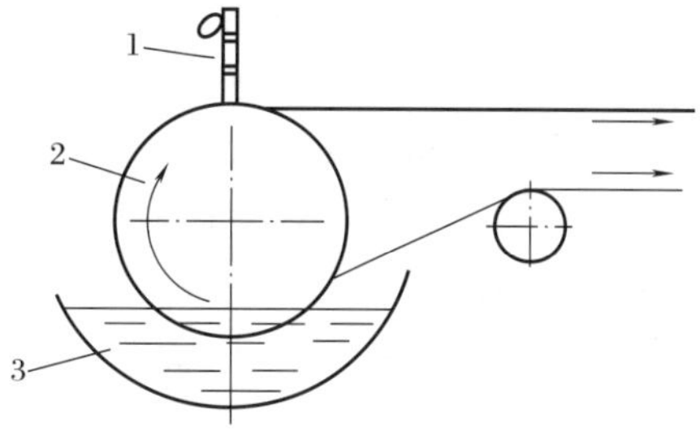

图 4-8 刮刀涂布原理

1—刮刀 2—衬辊 3—料槽

刮刀涂布适用涂料黏度1～100Pa·s，最小涂布量约为10g/m^2。刮刀涂布控制涂布量精度低，涂层易出现条纹，适用速度较低。

7. 拖刀涂布

拖刀涂布适于高速涂布、涂布量小于20g/m^2、涂料黏度高、涂层要求光滑的场合，图4-9为拖刀涂布原理图。纸张贴附于包胶衬辊表面而随衬辊穿过侧面料槽的涂料仓，料槽槽底上装有用薄弹簧钢片制成的挠性刀片，刀片厚0.3mm，以其刃面压于纸面涂层上，纸张从刀片刃面下滑过，将一定量的涂料均匀涂布于纸面上。这种涂布方法涂布和涂布量调节及在纸张表面抹匀涂层均在衬辊同一位置上完成。

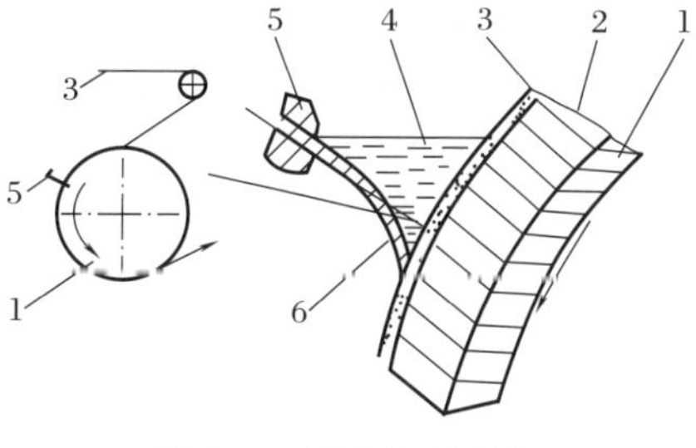

图 4-9 拖刀涂布原理

1—衬辊 2—衬辊胶层 3—纸张
4—涂料 5—料槽 6—刀片

拖刀涂布速度高达1000m/min以上，可采用固含量达50%～60%高浓度涂料，涂层表面光滑，可进行单面或双面涂布。

8. 刮辊涂布

刮辊涂布是最简单的涂布方法，图4-10为刮辊涂布原理图。涂布辊将过量的涂料涂布于纸张表面，反向回转的刮辊则将过量涂料刮下，而将一定量涂料保留于纸面上，从而得到所要求的涂布量。

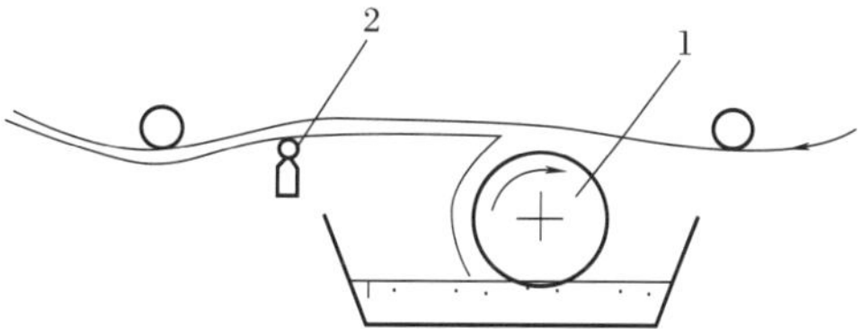

图 4-10 刮辊涂布原理

1—涂布辊 2—刮辊

涂布辊转向与纸张前进方向可以相同，也可以相反，速度可调，比纸张前进速度慢一些，最高线速为纸速的50%。涂料层涂布于纸面后，黏着纸面的一部分涂料由于部分水分渗透到纸层中，从而形成固含量较高的滤饼层，而刮辊则将流动性较大的部分涂料刮下。

刮辊直径为6 ~ 9mm，纸张定量越大，所需刮辊直径越大。刮辊转向与纸张前进方向相反，转速在10 ~ 20r/min。刮辊有两种形式：一种为钢质镀铬刮辊；另一种为在钢棒上密集缠绕细钢丝刮辊，钢丝直径一般为0.15 ~ 0.3mm，涂布量较大时取较粗钢丝。

（二）上光设备

1. 普通脱机上光设备

普通脱机上光设备通常由上光涂布机和压光机两部分组成。上光加工过程中，印刷品先由上光涂布机涂布上光涂料，干燥后，用压光机进行压光处理。

（1）上光涂布机　上光涂布机的加工对象一般为平张纸印刷品。按印刷品的输入方式不同，上光机可分为半自动机（即手续纸机）和全自动机（即机械输纸）两种形式。按加工对象范围不同，上光机可分为厚纸上光机（即专用型）和通用型上光机。厚纸上光机一般为半自动式，加工的印刷品定量一般在200g/m^{2}以上，通用型上光机一般为全自动式，对各种定量的印刷品都有良好的加工性能，更适合薄纸印刷品的上光涂布。按上光涂布机干燥的干燥机理不同，上光机可分为固体传导加热干燥和辐射加热干燥两种类型。

上光涂布机主要由印刷品传输机构、涂布机构、干燥机构以及机械传动、电器控制等系统组成，图4-11为基本结构示意图。

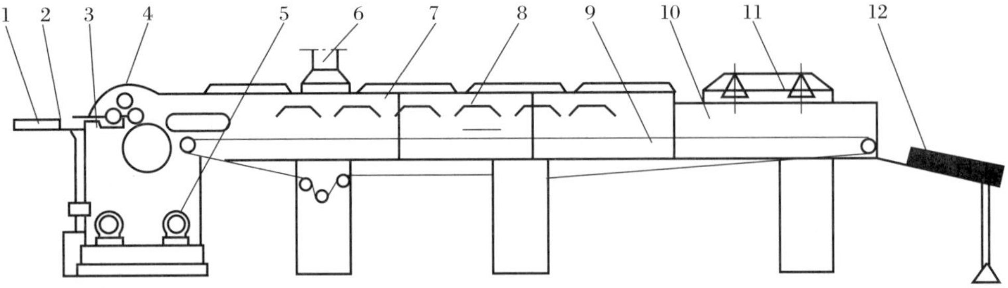

图 4-11　上光涂布机结构示意

1—印刷品输入台　2—涂料输送系统　3—涂布动力机构　4—涂布机构　5—输送带传动机构　6—排气管道　7—烘干室　8—加热装置　9—印刷品输送带　10—冷却室　11—冷却送风系统　12—印刷品收集

（2）压光机　压光机是上光涂布机的配套设备，专供上光涂布后的各类印刷品压光用。涂布上光涂料的印刷品经过压光机压光后，平滑度和光泽度可以大幅度提高。

压光机由印刷品输送机构、机械传动、电器控制系统等部分组成，基本结构如图4-12所示。压光机一般为连续滚压式，压光过程中印刷品由输纸台输入加热辊和加压辊之间的压光带，在热量和压力的作用下，涂料层贴附于压光带表面被压光。压光后的涂料层逐渐冷却形成一层光亮的表面膜层。压光带是经过特殊抛光处理的不锈钢带焊接而成的环状带，在传动机构驱动下作定向、定速转动。环形带的松紧度可由张紧机构随意调整。

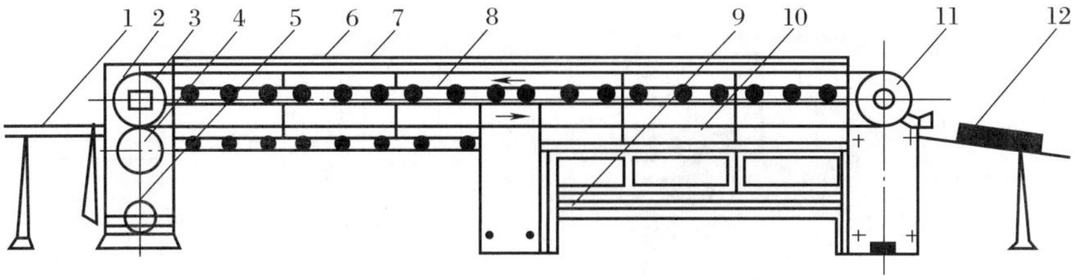

图 4-12　压光机结构

1—印刷品输送台　2—手动高压油泵　3—热压辊筒　4—加压辊筒　5—调速驱动电机
6—压光钢带　7—冷却箱　8—观察门　9—冷却水槽　10—通风循环系统
11—传输辊筒　12—印刷品收集台

压光过程中的热能由热辊内部的多组红外加热源提供，压光的工作温度由电器控制系统任意调定，温度传感器自动反馈，仪表直接显示，以实现压光过程中温度的恒温控制。

加压辊压力多采用电气液压式调压系统，可以精确地满足压光要求。

压光速度由调速驱动电机或滑差电机经减速系统控制，可根据不同的压光加工要求，实现无级变速。

2. 组合式脱机上光设备

组合式脱机上光设备由上光机、压光机以及木式或其他形式组成的上光机组。它一般由给纸机构、涂布机构、干燥机构和压光机构等部分组成，基本结构如图4-13所示。

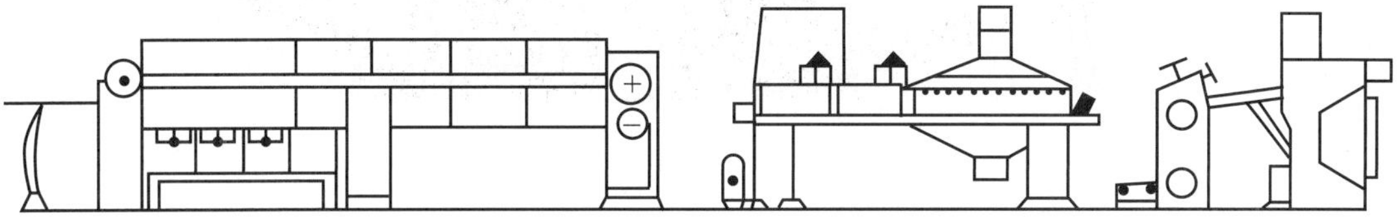

图 4-13　组合式脱机上光设备结构

组合式脱机上光机的上光部分与普通脱机上光机的基本原理相同。组合式脱机上光设备可以根据被加工印刷品的工艺要求形成不同的组合形式。例如：

由给纸机构、涂布机构、干燥机构、压光机构组成整机，使上光涂布、压光一次完成；

由给纸机构、涂布机构、干燥机构组成的机组，实现上光涂布加工等；

由给纸机构、压光机构实现压光加工。

组合式脱机上光机组的各个部分既能联成整体工作，又能分别独立工作，使用灵活，操作方便，维修容易，是较理想的上光加工设备。

3. 联机上光设备

联机上光就是将上光机组连接于印刷机组之后，印刷纸张完成印刷，并立即上光。联机上光的特点是速度快，效率高，加工成本低，减少了印刷品的搬运，克服了由喷粉而引起的各类质量故障。但联机上光对上光涂料干燥源和上光设备的要求极高。图4-14、图4-15为胶印机联机上光机结构示意图，图4-16为凹印轮转机涂布、模切联机示意图。

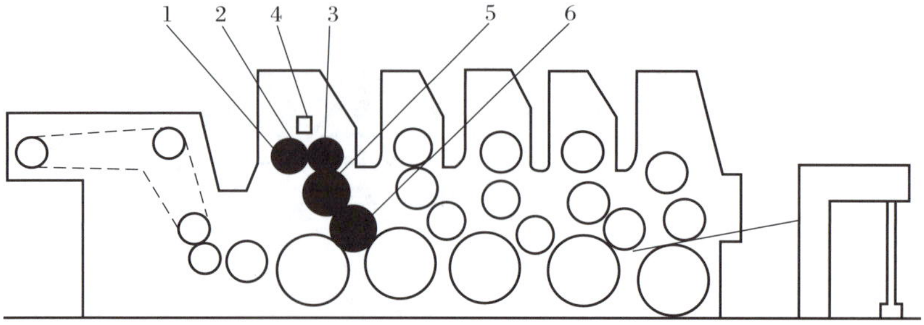

图 4-14　胶印联机上光机组结构示意
1—贮料槽　2—计量辊　3—送料辊　4—出料口　5—匀料辊　6—涂布辊

图 4-15　胶印机联机上光装置

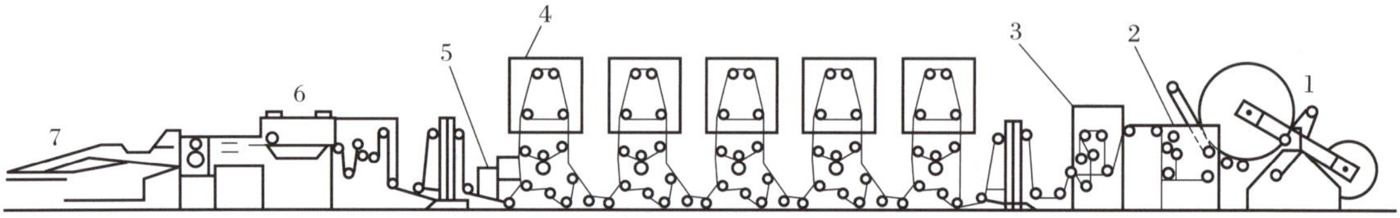

图 4-16　凹印轮转机涂布、模切联机
1—放卷台　2—自动给纸装置　3—张力调整　4—UV涂布装置　5—UV干燥装置　6—模切　7—收纸

联机上光机组由多色印刷部分和上光部分组成。印刷部分与多色胶印机的结构及原理相同，上光部分因上光涂料的供给方式不同分为两用型联动上光装置和专用型联动上光装置两种类型。

（1）两用型联动上光装置　两用型联动上光装置是将版面润湿装置改造后的联机上光装置，这种装置既能在正常印刷时进行版面润湿，又能用来上光。其结构如图4-17所示，它与胶印机连续给水方式的结构与原理基本一致。

上光涂布中，首先由水斗辊将涂料从贮料斗中带起，计量辊按上光要求调节供给量后，由串水辊传送至靠版辊，再经印刷滚筒传至橡皮滚筒，然后由橡皮滚筒将其涂布到印刷品表面。

上光涂料的计量是通过改变水斗辊的转速及调整计量辊同水斗辊间的间隙实现的，为保证涂布中涂料供给量的稳定，涂布机构设有速度自动补偿控制系统。

优点：上光涂料的供给连续性强、均匀度高；可以有效利用印版滚筒的套印精度及压力的精确调整，提高上光涂布质量。

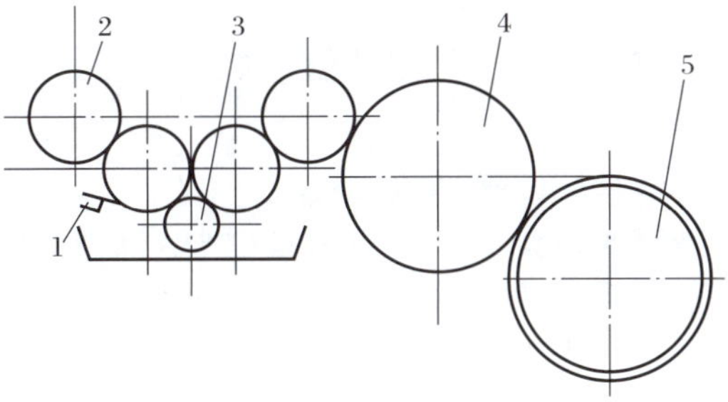

图 4-17　两用型联动上光装置示意图

1—刮刀　2—计量辊　3—小计量辊
4—印刷滚筒　5—橡皮滚筒

（2）专用型联动上光装置　专用型联动上光装置是在印刷机组之后，安装一组专用上光涂布机构，该机构同两用型装置不同之处是只能用于上光。

（三）上光用辅料装置

1. 上光版

根据上光面积的大小，上光可以分为满版上光与局部上光，满版上光比较容易实现，而局部上光则由于要体现图案的细节而对上光版的要求比较高。目前国内印刷厂在上光中使用的橡皮布大多是普通的胶印橡皮布，这种橡皮布在满版上光时还能行，但在局部上光时效果比较差，无法实现精致的局部上光。现在局部上光的图案越来越精细，因此，亟待开发出经济、适用的专用新型上光版材。

目前国外有三种适用于局部上光的上光版材，一种是美国杜邦公司的柔性上光版材（图4-18），另两种是美国Technoplast公司开发的新型橡皮布。

美国杜邦公司开发的柔性上光版材有涤纶版基和金属版基两种选择，在使用时，按照柔印版的制版方法进行制版，可得到精细的上光图案，而且耐印力高，其上光效果非常精细，甚至可以用于防伪。

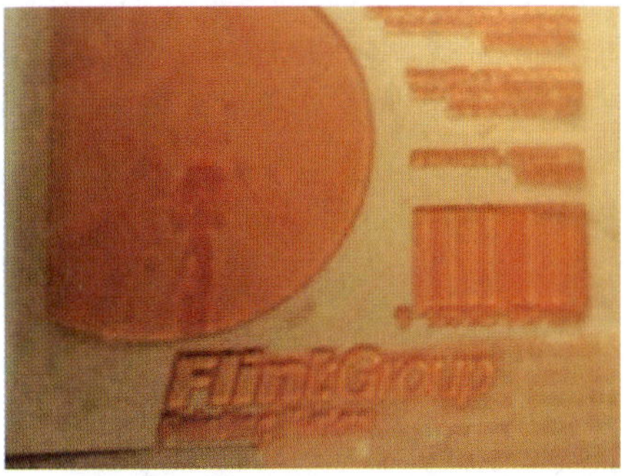

图 4-18　柔性上光版材

2. 上光橡皮

美国Technoplast公司开发的橡皮布有：①绘图雕刻型橡皮布——利用计算机与绘图雕刻机进行雕刻，从而可得到精细的上光图案；②重氮感光型橡皮布——制版时首先要将胶片附着在揭去保护层的橡皮布的重氮感光层上，然后进行曝光，而后用水显影，其制版过程类似于一般的胶印制版。这两种新型橡皮布可同其他印版一样，在装版夹上固定，其耐印力约为10万印。

（四）上光干燥装置

干燥装置由烘道和热源组成。烘道是长方体形箱体，热源种类较多。

用于上光机的干燥装置主要有热风干燥装置、红外线干燥装置、紫外线干燥装置和电子束干燥装置。这几种干燥装置可以单独使用，也可以组合使用。组合使用的工艺流程安排一般为：① 涂布上光油→紫外线固化→红外线干燥；② 涂布上光油（底油）→热风干燥→涂布UV油→紫外线固化；③ 涂布上光油（底油）→红外线干燥→涂布UV油→紫外线固化；④ 涂布上光油→热风干燥→红外线干燥。

1. 热风干燥装置

热风干燥是用电热管或煤气等加热烘道中的空气，使烘道达到需要的温度，上光油（涂料）中的溶剂挥发，废气从排气管道中排除，达到干燥目的。

2. 红外线干燥装置

红外线干燥是用红外线管状石英灯做为辐射器，向涂布上光油的印刷品表面辐射光波。这种干燥装置可安装在机器的任何部位，也易于调节功率。对人体无害，使用周期长，耗电少，但辐射利用率低。

辐射器必须与反射器配合才能提高辐射效率。

反射器的作用是使辐射器产生的能量定向辐射到印刷品表面。反射器一般用陶瓷或用抛光的方法使表面发亮的铝材制成，表面光亮度越高，反射率越大。常用反射器的基本外形为半椭球面形、非聚焦形和抛物面形。

半椭球面形反射器与辐射器组合在一起横放在印刷品表面上方，灯光在上光涂料表面形成聚焦的光束。聚焦使发射的能量集中，形成高的光通量温度，达到最大的固化效率。这样的反射器灯管与纸面的距离较严格，否则聚焦点不在纸面上。

非聚焦形反射器可以是多种形状，安装在灯管上方，多个灯管和反射器配合，反射的光是发散的，在纸面上相互交叠。灯管与纸面的距离无关紧要。红外线干燥装置通常使用这种反射器。

抛物面形反射器反射平行光束，它产生的光的强度约为半椭球面形反射器的10%。

3. 紫外线干燥装置

紫外线干燥也称紫外线固化或UV固化，主要由紫外线光源、反射器和辅助设备构成。

紫外线光源包括汞蒸气灯（金属卤化物灯和无极灯）和氙灯两种。

汞蒸气灯是用于固化上光涂料最为普通的光源，有低压汞灯、中压汞灯和高压汞灯。用于UV固化的汞蒸气灯一般是一根内部注有汞，密封透明的石英管，两端装有钨制成电极。当两极间通过电流时触发电弧。通常使用交流电。汞蒸气灯依赖汞的蒸发和汞原子与具有足够动能的电子撞击而电离，放出光子能量。汞蒸气灯管是用高纯度石英制成，这种物质能透射紫外光，而一般的玻璃是吸收紫外光的。石英外壳耐高温，灯源的工作温度一般在700℃左右。

UV固化广泛使用中压汞灯，它的输出功率比低压汞灯高，一般为40～300W/cm。工作时表面温度达到700℃。为了保持恒定的光谱输出，必须依靠冷却来控制温度。可以将灯管与适当的排风设备相连，把产生的臭氧全部排放出去。

装有常规电极的中压汞灯需用15～30min预热时间才能达到其完备的光谱输出，这时汞在石英管内气化。如果这种灯在工作期间不留神被关掉了，汞会迅速凝结，不能立即重新启动，仍需预热。中压汞灯使用寿命一般为1000h，最高可达到2000h，它的辐射输出随使用时间的增加逐渐衰退，在运行的生产线上不易引起注意。使用中应随时对产品质量进行检查，可以确定中压汞灯的使用效果。

为了有效利用中压汞灯的输出功率，UV固化设备应具有反射器、冷却器、排气系统等。

氙灯是充入高压氙气的灯管，用电容充电，使灯管两端达到实现点火所需的高电压。每隔输入电源的1/2周相发生一次点火或闪光，辐射到UV上光油上，使UV上光油固化。

紫外线干燥用反射器与红外线干燥用反射器相同。辅助设备包括光闸、通风、冷却系统和屏蔽装置。

高强度的光源会使印刷品点燃或熔化，光闸用于加工可燃性或热敏性基材时，可以瞬间切断UV光源，防止出现事故。光闸闭合时，灯管转换成半功率输出，并可在极短时间内恢复全功率工作。

中压汞灯需要通风冷却灯管表面，控制灯管表面温度，防止灯管过热而缩短使用寿命，并造成不规则的光谱输出，影响固化效率；通风冷却系统把短紫外波长区的谱线与空气作用产生的臭氧排除。

受到用于固化的强紫外线光源辐射是有害的，会对人的眼睛造成损害，甚至失明，人的皮肤也会受到损害，所以必须安装屏蔽装置以防止受到意外照射。

红外线干燥和热风干燥的烘道较长，一般为6～9m，而紫外线干燥烘道较短，一般为0.9m左右。

4. 电子束干燥（固化）装置

电子束干燥装置主要用扫描束加速器或直线阴极加速器产生高能电子束流，对上光涂料进行固化。高能电子与物质碰撞时产生X射线，X射线穿透性强，必须给予充分屏蔽和配备自动保险装置，以防辐射泄漏。电子束干燥装置还附有氮气或惰性气体发生器，在固化区通入氮气或惰性气体，降低氧含量，氧的存在抑制游离基引发丙烯酸的聚合。

（五）传送装置

传送装置有带式传送装置和链式传送装置。

1. 带式传送装置

带式传送装置是由传送带、传送辊和张紧装置组成。

传送带一般是由帆布或化纤织物制成的环形带。周长根据上光机烘道的长度确定，它能够把涂布了光油的印刷品从涂布机构送到干燥装置再送到收纸装置。传送带的宽度根据上光机所能上光的印刷品的宽度确定，传送带比印刷品宽度略宽一些。

传送辊装置在烘道两端，传送带套在传送辊上，一端的传送辊为主动辊，驱动传送带运动；另一端传送辊为从动辊。主动辊由调速电机通过传动系统带动旋转。

张紧装置主要由2～3根导辊组成，导辊的位置可调节。传送带安装在传送辊上以后，还不能张紧，张紧导辊有的安装在传送带内侧，有的安装在外侧。导辊上下错动位置，内侧辊向外运动，外侧辊向内运动，把传送带张紧。

2. 链式传送装置

链式传送装置主要由链条、链轮和咬纸牙排组成。

链条为套筒滚子链，上光机两侧各安装一条，两条链条同时进行。链轮安装在链条的两端和转弯处。其中一端的链轮为主动链轮，带动链条运行。为了保证链条运行平稳，滚子和销轴磨损后造成链条伸长而不影响传动精度和平稳性，链条在特定的导轨中运行。

咬纸牙排有两根轴，一根轴为咬纸牙轴，咬纸牙轴一端安装开牙滚子，可以使咬纸牙与牙垫张开和闭合，另一根为牙垫轴。两轴互相平行，两端安装在机器两侧的链条上，轴和链条靠托架连接起来。咬纸牙排根据链条结构的长短有多组。咬纸牙排在链条运动中，当固定在收纸链轮轴处的开牙凸轮与咬纸牙排的滚子相遇时，凸轮顶动滚子，带动咬纸牙开牙放纸。链条转过凸轮，咬纸牙排闭牙。当咬纸牙排转到输纸端时，收纸牙排的滚子与固定在机架上的凸轮相碰，咬纸牙开牙，从输纸装置处咬住涂布了光油的印刷品，进入干燥装置。

（六）输纸装置和收纸装置

上光时，输纸有手工续纸和自动输纸两种。

手工续纸是由人工将需上光的印刷品一张一张送入上光机。有的机器输纸部分只有工作台，用手工的方法把印刷品直接送入涂布机构，由涂布机构转动的涂布辊将印刷品带入并涂布上光油；有的机器输纸部分有传送线带，将印刷品按正确位置放在运动着的线带上，由线带将印刷品送入涂布机构。

自动输纸采用自动输纸机，印刷品预堆在输纸机上，由输纸机自动送入上光机的涂布机构，涂布上光油，再由传送装置送入干燥装置进行干燥固化，最后送到收纸台上。

自动输纸机的结构和工作原理与印刷机使用的自动输纸机相同，这里不再叙述。

收纸装置有人工收纸和自动收纸两种。人工收纸是用手工把传送装置传过来经干燥固化后的纸摆放到收纸台上，堆放到一定高度后移走。人工收纸须和手工续纸、带式传送装置配合使用。自动收纸采用自动收纸装置，它与自动输纸机和链式传送装置配合使用。自动收纸装置与印刷机自动收纸装置基本相同。有的UV上光机还安装有纸张清擦装置，可以清除印刷品表面的喷粉和杂质等物。

五、上光工艺

（一）一般性上光工艺与要求

常见上光油的涂布方式通常有两种方式。

1. 专用上光涂布机上光

目前应用最普遍的方法是采用专用上光涂布机涂布。上光涂布机安装有印刷品传输机构、涂布装置和干燥装置，适应上述各种类型上光油的涂布工艺，涂布中可实现涂布量的控制、涂布速度的控制、干燥能量的调节。因此涂布质量稳定可靠，适合各种档次印刷品（尤其是高档印刷品）的上光涂布加工，以及批量大、时效性强的印刷品的上光涂布。国内上光涂布机的生产技术成熟，有各种红外、紫外涂布机供应。

2. 印刷上光

印刷上光是指利用印刷机进行上光油的涂布。实际上是用上光油代替油墨，贮放在墨斗中，经输墨传递系统至印版，通过印版将上光油印至印刷品上，采用印刷机涂布上光可以不需购置专用上光涂布机，印刷机既可用作印刷，又可以用作上光涂布，一机两用，简便易行，适合于中、小型印刷厂上光涂布加工。

印刷涂布上光时一般采用溶剂型上光油，因为该类上光油通过挥发干燥，干燥速度快，性能比较好。上光涂布时，印版采用实地版，根据被上光印刷品的不同要求，印刷一次或两次上光油，使印刷品表面获得一层比较均匀的上光油。

印刷上光基本上属于印刷范畴，工艺处理与普通印刷工艺大致相同，但印刷上光的原料是无色透明的亮光浆，其印刷适性与普通油墨存在着差异，故印刷上光时，也要进行相应的工艺处理。

（1）墨辊的处理　印在印刷物图案表面的亮光浆不应带有任何颜色，才能突出复制品原有的色彩，如果亮光浆稍有偏色，印品就会灰平，这样不仅没有给印品增加美感，反而影响了印品的质量。故印刷之前，必须将墨斗、传墨系统，以及印版系统全面反复清洗，直至无任何墨渍，才可上光。

（2）色序的处理　印刷上光的质量好坏与印刷品的色序有很大关系，选择正确合理的印刷色序，使油墨可以从里向外充分干燥，在良好干燥的印刷品上，再印刷亮光浆就不会有粘脏、掉色等弊病，并使原有印刷品色彩更鲜艳、更富有光泽。如果纸张印刷适性良好，不论是凸版印刷还是平版印刷，先印大面积底色、浅色，后印深色和小色块，最后印亮光油。这样印刷的油墨可以得到充分干燥，亮光浆再印上去，不仅附着力强，而且光泽度好。因为光泽层覆盖在彩色墨层的表面，使墨层表面更趋光滑平整，光线的反射由原来的“漫反射”变为“镜面反射”，从视觉上感觉到色彩鲜艳、质地饱满。如果纸张的印刷适性不好，出现拉毛、掉粉现象时，就需先印刷上光（俗称打底色），将纸毛拉掉，再以小色块、深色、浅色、大色块印刷，拉毛掉粉情况就会好得多，同时也不影响光泽度。因为先印刷上光不仅将纸毛拉掉，而且还将纸表面毛细孔封住，再印其他色块时，纸张印刷适性增强，拉毛掉粉现象就少多了。且此时油墨为氧化结膜性干燥和挥发性干燥，印品更富有光泽。

（3）墨量的处理　印刷上光的目的是为了使产品富有光泽，增强质感。如果墨量小、墨层薄就达不到预期效果。掌握好墨斗的下墨量和印制的着墨量，是操作者印刷上光一定要注意的问题。因为亮光浆和亮光油皆属无色透明的油墨，操作者不可能像印刷有色油墨那样通过观察印品色彩的深浅来判断下墨量和着墨量的多少。根据实践经验，在印刷压力适中，水墨保持基本平衡的状态下，墨量一般通过观察墨辊在转动中拉出的亮丝的长短、疏密程度来判断。如果丝头长而密，说明下墨量相对大些，墨层厚实一些；如果丝头短而疏，说明下墨量小，墨层相对薄一些。还可以通过手指轻触印品表面，凭手感来估量膜层的厚薄，如果感觉“湿而不黏”，则说明膜层正常。墨量的大小对印刷质量影响很大，若膜层太厚且不及时充分干燥，则容易使印品粘连，分开时，能将印好的图文一并粘下来，出现重大质量事故。

（4）添加剂的处理　干燥情况的好坏直接影响印刷上光的效果。如果亮光浆在最后一道印刷，一般亮光浆或浆与油的混合体，需加放一定的干燥剂，加速亮光浆里的树脂与空气中氧气的氧化作用使亮光浆结膜而迅速干燥，防止印品因黏性大、涂层厚出现互相黏着，而破坏其完整性。一般加放量占亮光浆3%～4%为宜，如果亮光浆在第一道色序印刷，亮光浆就不需加放干燥剂，甚至不能用快干亮光浆，因为亮光浆或亮光油的干燥性能很好，很容易在印刷过程中就干燥结膜。如果表面彻底结膜，再印其他色时就会出现“晶化”现象，油墨印不上去，造成难以挽回的质量事故。亮光油的膜层容易出现泛黄倾向，影响印品白度，因此调配时，也要因产品、纸张而异，适量为宜。

（5）纸张的处理　纸张质量与印刷上光的效果关系很大。被上光的材料，一般是质地较好、平滑度较高的铜版纸、白板纸、卡纸等。平滑度较高的纸经过上光加工后，表面光亮、图文更清晰、质量更优良。但是有的国产纸在印刷时掉毛、掉粉现象严重，若某种白板纸因黄、品、青印刷版全为网线满版，纸张掉粉糊版无法印刷，则可将纸张表面先进行上光处理，将纸毛拉掉，再印黄、品、青、黑，掉毛、掉粉现象可通过这种方法解决。

前面提到由于亮光浆较稠厚，容易出现粘纸现象。若小批量上光印刷，除需加入适量干燥剂，控制墨斗的下墨量和印品的着墨量外，上光后的印品还需晾格架错开，少量堆放，以减少相互黏着的可能性。若大量印刷，无法进行错开、少量堆放等处理，就需对纸张作好透风处理。产品印好后，根据季节、温湿度的情况，每间隔一定时间进行透风处理，一次不行，可进行两次。透风处理的目的是为了加速亮光浆的干燥速度，通过透风，使空气中的氧气与亮光浆中的树脂接触，加速氧化结膜。

（二）压光工艺与要求

印刷品涂布上光涂料之后，仅靠涂料自然流平，干燥后还不能达到理想的光泽，对于一些光泽度较高的印刷品在上光涂布后通常还需要经过压光机压光。

涂布底胶的目的在于增加油墨层与压光涂料的附着力。

垫压过程是在压光不锈钢带上进行，压光带内的压印辊温度控制在150℃左右，印压在29.4Pa・s。

涂布工艺条件的选定，通常的规律是：环境温度高、空气湿度低，适于选用黏度值小的上光涂料；上光产品需要经过烫金或裱糊加工的，应选用化学性能相对稳定的上光涂料；涂布机速高，应选用干燥性能好的上光涂料。其次是控制好涂布量同干燥温度和干燥时间的关系，涂布量同干燥温度和干燥时间的关系是：在相同的干燥温度下，涂布量同干燥时间成正比；而在相同的干燥时间下，涂布量同干燥温度成正比。即涂布量增加时，为获得同样（涂布量增加前）的干燥效果。工艺中可以改变的控制条件可归纳为：干燥时间不变，提高干燥温度（工艺条件允许范围内）；温度不变，延长干燥时间（在机器设备允许范围内）；或干燥时间和干燥温度同时改变。

（三）水性上光工艺与要求

1. 柔性版水性上光工艺

（1）设备条件　水性上光采用柔版转移上光，可以使用各种柔印树脂版材，但不能使用水洗树脂版，也可以用上光辊涂，不过经验显现其展墨性不如树脂版。

网纹辊水性上光的墨层厚度取决于网纹辊的线数，网穴深度及载墨量。通常水性上光建议使用80～140L/cm（200～350L/in）的网纹辊。

由于使用刮刀，可使上光墨层表面光滑均匀，充分展示光泽，所以建议上光时最好使用刮刀。

（2）干燥速度　水性上光的干燥速度取决于光油自身干燥速度、网纹辊、印刷材质、烘道的温度及周围环境的湿度。光油pH太高、网纹辊线数太低、纸张pH值高或含水指数高，烘道温度低、热风不足及空气湿度大，都会降低光油的干燥速度。

通常水性光油的印刷速度在40～80m/min，如果速度太高，光油不能充分转移，反而会使上光效果受到影响。

2. 胶印水性上光工艺

（1）上光版的选用　如果需要整体上光，把橡皮装上即可，若需要局部上光，则采取挖橡皮的方法。具体做法是将气垫橡皮布装到机器上，在套准各色组之后，选择无需上光部分图文的一个色组和上光机组一起合压，再走几张白纸，使色组图文从纸上转移到上光橡皮布上，然后拆下橡皮布，把橡皮布上无需上光的部分用刀片划开表面两层（注意不要划破橡皮布底层），再用螺丝刀挖掉，挖好后再把橡皮装上即可。

（2）水性上光油的选择

六、上光技术常见问题及排除方法

（一）龟裂

在对着墨量大的印张进行湿–湿上光时可能出现龟裂，这种现象表现为油墨表面的上光膜断裂，在整个上光面上出现各个方向的细微裂纹。其原因在于上光涂料结膜过快，以至于当其下面的印刷油墨在收缩时上光涂料已经干燥。这种现象在纸堆中不易发现，只有在取出后才会暴露出来。可以改用结膜速度慢的上光涂料，使用红外线干燥以降低温度或关闭干燥装置，在上光油中添加一些阻尼剂来排除龟裂现象。

（二）边缘光油堆积和溅射

在用水性上光涂料上光时，在上光装置辊子的非上光部分经常会出现上光涂料堆积现象。当印版上出现边缘上光涂料堆积或挤压边缘趋向时，一般随着黏度的下降上述问题会随之改善。有时橡皮布滚筒/印版滚筒，或橡皮布滚筒/压印滚筒之间压力过大也会导致挤压边缘现象，因此压力的掌握以尽可能小为原则。

（三）上光涂料在橡皮布上堆积

如果出现油墨连同上光涂料在橡皮布上堆积的现象，则说明调节的上光涂料量太小。有效解决的办法是加大上光涂料涂布量和降低黏度。

（四）光亮度低

（1）光亮度在很大程度上取决于所涂布的上光涂料量。水性上光涂料在一般涂布黏度为20～50s，涂布量4～6g/m^{2}时可达到最佳光亮度。

（2）光亮度受印刷品纸张表面平滑度影响。当纸张结构疏松或表面粗糙时，对上光涂料吸收量增大，影响结膜，最好先上一遍底油，用二次涂布方法解决。

（3）光亮度还与纸张含水量大或油墨干燥不够有关。当纸张含水量大或油墨印迹不干时，将影响上光涂料的干燥、固化结膜。这是由于相当一部分能量被湿组分吸收，并使其排湿与上光涂料的溶剂蒸发互相争夺逸出途径和时间而影响上光涂料的干燥和固化结膜。

（4）光亮度还与印刷油墨的密度有关。当印刷油墨密度低时，或者油墨颗粒直径大时，都需要上光涂料给予充填补平，致使涂层平均厚度发生变化，影响对光的透射和反射。

（5）与上光涂料的用料选择有关。在对刚印刷完的印品进行湿–湿上光时，原则上不可使用结膜速度过快的上光涂料。具有良好排风系统的热风干燥装置被证明是最有效的干燥装置。印刷油墨以及上光涂料的结膜状态在很大程度上还取决于承印材料的质量。

（6）与UV涂布操作不当有关

① 水打底部分

a. 涂料在加水时必须要注意水分控制在20%附近。

b. 洗车水不能流回涂料桶内，以免影响底涂料的水分含量。

c. 打底后的纸张必须要干透才能过UV油，否则遇UV油后会不亮。

② 涂布UV涂料部分

a. 涂料内不能随便加入任何溶剂，如操作有误，将使UV油质变化，从而影响亮度。

b. 在开UV机前，先将UV涂料桶的保温打开，把涂料温度控制在40℃。但需注意，加温后的涂料其贮存寿命较短。

c. UV橡胶辊轮无需经常清洗，但若清洗时，不要把溶剂流回到涂料桶内，因为这些溶剂会造成涂料桶内UV涂料的黏度和固含量过低，影响涂料的品质和上光亮度。

d. UV灯有效使用寿命为1000h，超过则会降低紫外光效率，从而影响固化效果，使涂膜不亮，故每次更换UV时都要记录使用时间。

e. 输送带的速度必须和UV灯的效能配合，完好的UV灯适用速度25～35m/min。如速度不当，将影响固化效果，出现结膜亮度低的情况。

（五）上光油剥落

故障的原因在于油墨/上光油不同的界面和表面张力关系。表面活性材料游离在油墨表面，从而使油墨/上光油不能理想结合。经验表明，承印材料对上光油剥落也会产生很大影响。一般当涂布量大于5g/m^{2}时才会出现上光油剥落，有时降低上光油涂布量便可解决问题，有时将上光完毕的印张存放一段时间或略微加热，这种剥落现象也会消失。

（六）涂膜表面不匀

上光涂料温度过低（<10℃）或过黏，对涂布辊的附着力和黏弹性加大。当涂布过程向印品表面转移时，因印品表面油墨印迹分布、叠印次数、残留喷粉、水分含量等的不同而产生转移面上涂层不匀。

提高上光涂料的温度（≥20℃）并保持涂料适当黏度，有利于上光涂料涂布转移的均匀。

（七）涂层发花

当印刷品表面存有喷粉微粒或油墨晶化时，会影响涂料对印品表面的润湿附着，造成结膜收缩或脱空，对光的透射和反射不一致而显得发花。

应对印刷品进行上光前的表面净化预处理，使表面平滑度和表面张力都得以提高，以改善涂料的分布和附着。

（八）涂层有条痕

条痕一般有竖线条和横道之分。竖线条是因为涂料中混有细微杂质，其颗粒的存在造成涂布量减少而显出与其位置、直径相对应的条痕，或者刮刀片有损伤、涂布辊表面不光滑时，均会有此相应情况出现。

使用针状、刀状离纸装置的涂布设备，会因该装置造成对涂布面的划痕，这是机械设计原因。改用风刀吹纸，即可消除此竖条形痕迹。

横道的形成主要有以下两个原因。

（1）涂布辊转速与印刷品运行速度不匹配，造成向印品表面转移的涂料量有规律的增加或减小（正确的线速度匹配应控制在1∶1～1∶1.2）。

（2）涂布机构的机械部件有故障，一般有下述几种情况。

① 涂布辊运转不圆，做规律性的跳动，应检查滚动轴承、压力供应、辊子平直度。

② 涂布压力不平衡，造成涂布工作界面上的线压力时重时轻，应检查压力控制的稳定性与辊面的光滑、清洁情况。

上光 实训指导书

（一）实训目的

1. 掌握联机上光装置的操作流程
2. 掌握网纹辊与上光滚筒间压力的调节
3. 掌握腔式刮刀与网纹辊间压力的调节
4. 熟悉上光油的循环系统
5. 了解联机上光干燥装置

（二）设备、工具和材料

1. 设备：高宝利必达105上光装置
2. 工具：扳手、套筒
3. 材料：水性上光油、上光橡皮布

（三）实训内容

1. 联机上光油的选用
2. 上光橡皮布的选用
3. 腔式刮刀与网纹辊间压力的调节
4. 网纹辊与上光滚筒间压力的调节
5. 上光滚筒与压印滚筒压力的调节
6. 上光油循环系统的控制
7. 联机上光干燥装置

（四）实训步骤

1. 检查上光装置性能是否良好（如图4–19）
2. 选择联机上光所需的上光油

图 4–19　联机上光装置

上光油分为溶剂型上光油、油性上光油、水性上光油及UV上光油。联机上光一般采用水性上光油或UV上光油，根据干燥方式的不同，这里采用水性上光油（如图4–20），因为水性上光油以水为溶剂，无毒无味，消除了对人体的危害和对环境的污染，具有干燥速度快、膜层透明度好、性能稳定、上光表面平整度好、印后加工适性宽、热封性能好、使用安全可靠等特点。它越来越受到食品、医药、烟草纸盒包装印刷企业的重视。但在胶印机上印刷、上光时，要注意油水不相溶的原理，选择水性光油要注意与油墨的适应性。

3. 上光橡皮布的选用

根据上光面积的大小可以分为满版上光与局部上光，满版上光比较容易实现，用胶印橡皮布都能够实现，而局部上光则由于要体现图案的细节而对上光版的要求比较高。目前常用的有柔性上光版和上光橡皮布，本联机上光装置采用在上光滚筒装上普通的胶印印版，再在印版的表面粘贴上光橡皮布（根据印刷品上光部分的面积裁切相同面积的上光橡皮布）（如图4–21）。

图 4-20　水性上光油

图 4-21　粘贴在印版表面的上光橡皮布

4. 调节腔式刮刀与网纹辊间的压力

腔式刮刀上光方式采用网纹辊来计量上光油，其两片刮刀形成一个密闭的腔，由一个专门的上光油循环箱对该腔供应上光油，多余的上光油则经另一管道流回循环箱。腔式刮刀上光油路短，上光油不与外界大气接触，减少了光油的挥发，也避免了与空气中的氧气发生化学反应。

腔式刮刀与网纹辊间的压力会影响网纹辊表面上光油层的厚度，光油层过厚，会发生光油的飞溅，造成浪费；光油层过薄，影响光油传递的量。我们可以通过调整腔式刮刀与网纹辊间的间距来改变它们之间的压力，具体调节如下：

（1）合压刮刀离合键（如图4-22）。

（2）观察上光油层的厚度，调节控制腔式刮刀的气阀（如图4-23），改变腔式刮刀的位置，如：要增大上光油层的厚度，既增大腔式刮刀与网纹辊间的间距，可提高气压；反之，降低气压。

图 4-22　腔式刮刀与网纹辊合压键

图 4-23　腔式刮刀控制气阀

5. 调节网纹辊与上光滚筒间的压力

网纹辊与上光滚筒间的压力决定网纹辊传递到上光滚筒上的上光油的量，通过观察上光产品上光油层的厚度，来调节网纹辊与上光滚筒间的压力。具体调节如下：

（1）合压网纹辊与上光滚筒、上光滚筒与压印滚筒离合键如图4-24所示，右边两黄灯表示网纹辊与上光滚筒合压、上光滚筒与压印滚筒合压。

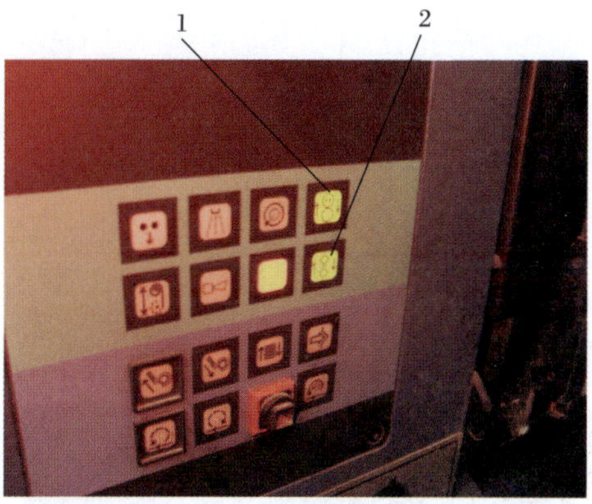

图 4-24　合压键

1—网纹辊与上光滚筒离合键
2—上光滚筒与压印滚筒离合键

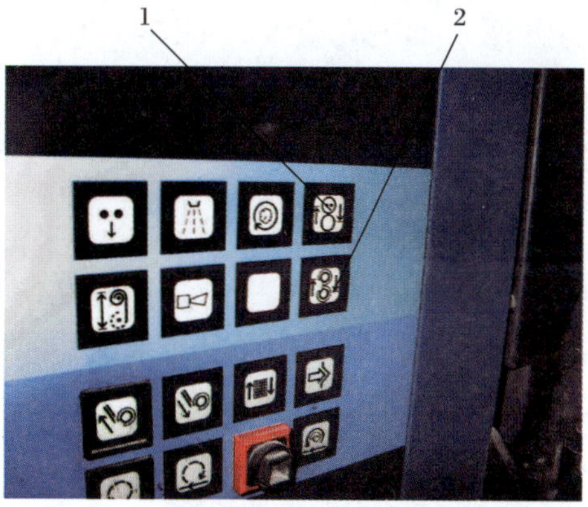

图 4-25　离压键

1—网纹辊与上光滚筒离合键
2—上光滚筒与压印滚筒离合键

（2）离压网纹辊与上光滚筒、上光滚筒与压印滚筒离合键，离合键如图4-25所示。

（3）点动机器，观察上光油的“油杠”宽度（一般为7～8mm），如图4-26所示。

（4）若“油杠”的宽度过小，则顺时针调节机组两边的旋钮，加大压力；反之，逆时针调节机组两边的旋钮，减小压力，如图4-27所示。

图 4-26　“油杠”

图 4-27　调节网纹辊与上光滚筒间距的旋钮

6. 调节上光滚筒与压印滚筒间的压力

上光滚筒与压印滚筒间的压力决定印刷品表面上光的效果，具体调节如下：

（1）通过千分尺测量印刷品（纸张）的厚度。

（2）根据纸张的厚度，调节前台电脑里控制上光滚筒与压印滚筒间距，如图4-28所示。

7. 上光油循环系统的控制，如图4-29所示。

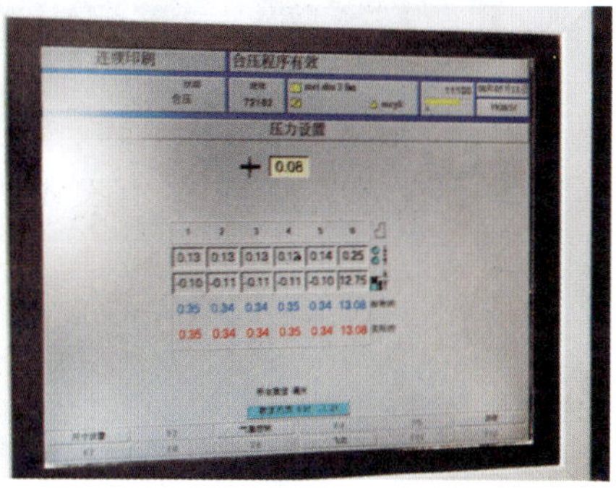

图 4-28　控制上光滚筒与压印滚筒间距

具体操作如下：

（1）将两根上油管与回油管同时插入光油箱，打开两个抽气真空泵，如图4-30、图4-31所示。

（2）打开两个出油阀（干流阀A，支流阀B），如图4-32所示。

（3）若要增大上光油流量，可增大干流阀A，减小支流阀B，反之，减小干流阀A，增大支流阀B，两出油阀配合使用。

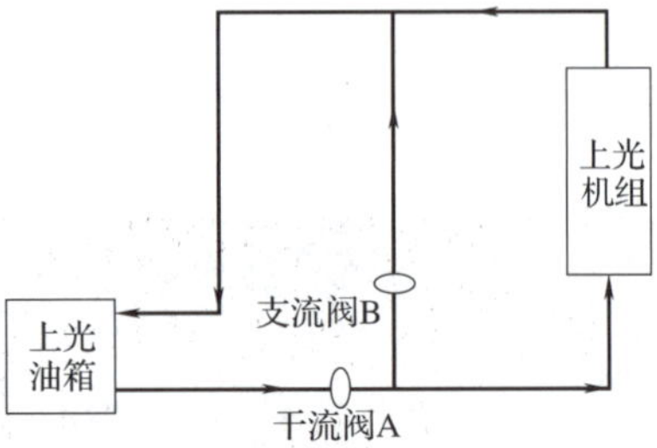

图 4-29　上光油循环系统是控制上光油的出与进

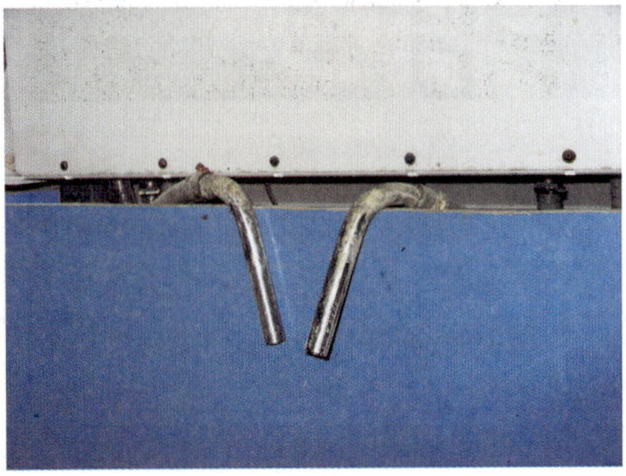

图 4-30　上油管与回油管

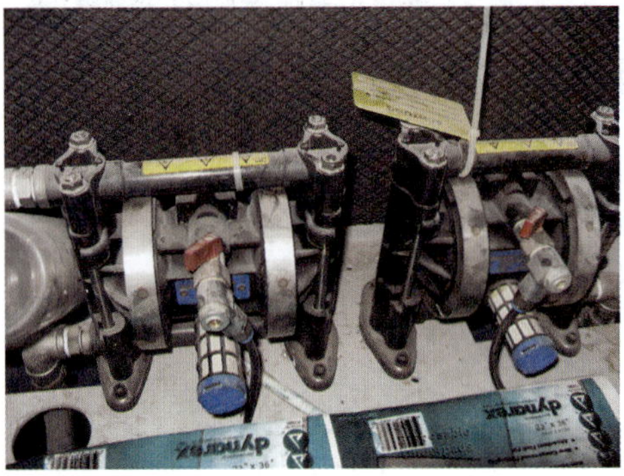

图 4-31　两个抽气真空泵红色旋钮

8. 联机上光干燥装置

上光机的干燥装置主要有热风干燥装置、红外线干燥装置、紫外线干燥装置和电子束干燥装置等。本联机上光干燥装置采用热风干燥装置和红外线干燥装置。热风干燥采用加热烘道中的空气，使烘道达到需要的温度（30～40℃），上光油中溶剂挥发的废气从排气管道中排出，达到干燥的目的。红外线干燥是采用红外线管状石英灯作为辐射器，向涂布上光油的表面辐射光波，使上光涂层干燥固化，如图4-33所示。

图 4-32　两个出油阀蓝色旋钮

图 4-33　联机上光干燥装置

（五）考核方法

考试由现场操作及现场问答两部分组成。

（1）现场操作包括腔式刮刀与网纹辊间压力的调节、网纹辊与上光滚筒间压力的调节、上光滚筒与压印滚筒压力的调节。

（2）现场问答主要考查操作者的分析问题、解决问题的能力，并能考查操作者的现场应变能力。

第二节 烫　印

烫印是用加热的方法将黏合剂熔融、把金属箔片或色片烫印到纸张或其他材料表面，以形成特殊的装饰效果。

烫印也称烫金、烫箔。烫印有金属箔烫印、电化铝烫印和粉箔烫印。目前大部分采用电化铝烫印。电化铝烫印是以电化铝箔或颜料箔通过热压转印到印刷品或其他物品表面上的特殊工艺，可以得到金色、银色等多种颜色的装饰效果。

一、烫印的特点和作用

随着市场经济的发展，对商品包装、书籍封面等印刷品提出了更高的要求，既需要光谱色彩，又需要金属色彩。金、银墨印刷极大地增强了商品包装和书籍封面等装饰效果，但金、银墨长时间与空气接触会发生氧化反应，使金、银色逐渐变暗、变黑，影响外观效果。后来采用金箔在印刷品表面烫印图文，效果良好，烫金一词由此而来，但纯金成本太高，限制了它的使用。后来研制出的电化铝箔可以代替金箔，电化铝箔烫印出的图文色泽鲜艳，晶莹夺目，起到了很好的装饰作用。

电化铝箔化学性质稳定，可以经受长时间的日晒雨淋而不变色，长期接触空气不氧化、不变暗发黑，可长久保持金属光泽。

电化铝箔色彩丰富，适合印刷各种印刷品主色，其材料来源广泛，成本不高，烫印工艺简单，易于掌握，经济效益好，广泛用于印刷书刊封面、产品说明书、宣传广告、包装装潢、商标图案、挂历、信笺及各种书写工具、塑料制品、日用百货、家居装饰品等，为各种商品及日用品增添了光彩，提高了产品档次。

电化铝烫印颜色有金色、银色、红色、蓝色、绿色、橘色等多种颜色。

二、烫印材料

烫印材料主要有金属箔、粉箔、电化铝箔等材料和辅助材料。

（一）金属箔

金属箔是将一些延展性好的、带有光泽和外观好看的金属经过压延而成的极薄的箔片，一般都在其一面预先涂布上黏合剂，然后就可用于烫印了。这一类金属有金、银、铜、铝等。

1. 金箔

金箔外表十分华丽，不容易与空气中的氧结合而失去光泽，最主要的是它是金属中延展性极好的金属之一，能做成厚度仅为100 μm的箔片。烫金时，可以把裁好的箔片贴在事先已刷过黏合剂的地方，然后进行烫印，这种方法速度慢、质量不高；另一种烫金方法是把金箔粘贴到蜡质纸基上，在金箔的另一面涂上黏合剂，使其能在烫金机上进行持续操作，这种方法比上一种方法烫印速度高、烫印质量好。

金箔颜色偏红，也叫赤金箔。金箔柔软细腻，光泽好，不氧化而能长久保持其颜色和光泽，烫出的产品光洁美观，但金箔价格昂贵，限制了它的使用，只限于在一些经典的、珍贵的高级画册和书籍上烫印，进行装饰。

2. 银箔

银也是延展性很好的金属，碾压而成的箔片比金箔略厚，颜色为银白色，有闪烁的金属光泽。银箔质地也较柔软，可长期使用而保持良好的外表，光洁美观，价格比金箔便宜，但仍为贵重金属，因此，银箔的使用范围也很有限，一般只是较高级的书籍画册才用银箔来烫印。

3. 铜箔

铜箔是以浸蜡的透明纸或塑料薄膜（如聚酯薄膜）为片基，涂上一层蜡或树脂，再撒上铜粉制成。撒铜粉时，用橡胶辊在蜡或树脂仍在熔融状态时轧均匀，这层铜粉有足够的厚度，经橡胶辊挤压之后呈鳞片状，可反射出光来，然后将多余的铜粉用刷子除去，再在铜粉层上涂一层黏合剂。由于铜的外表很像金子，因此又把铜箔称为假金箔。不过，铜在大气中会氧化发黑，烫上的铜层经过一段时间会失去原有的光泽。铜粉在使用时，也容易因摩擦而脱落。因此，常把铜箔烫印在封面的凹处，以减少摩擦，保护铜粉不脱落。

4. 铝箔

铝具有银子一般的色泽，所以铝箔也称为假银箔。铝箔质地不如银箔柔软，最大的缺点是容易氧化而发黑，不过其价格便宜，也得到了一定的应用。

（二）粉箔

粉箔是在片基上涂布一层由颜料、黏合剂、高分子助剂（如聚醋酸乙烯乳剂）及溶剂混合而成的涂层，这一涂层可在烫印压力作用下转移到烫印物体上，形成带色的印迹。

粉箔的片基是一些抗拉力较好的薄片，如半透明纸、用蜡浸过的纸或者是聚合物片基，如涤纶薄膜等。它的作用是支持粉箔涂层，便于取卷、贮藏和运输。在片基和颜色涂层之间要涂布一层隔离层，这也是蜡或树脂一类的物质，既要保证颜色涂层与片基结合，又要在烫印时能使颜色涂层与片基分开。颜料是粉箔的主体，颜色涂层里的颜料有各种颜色。为使颜料能与被烫印材料紧密结合，需有连接料把颜料包裹起来，连接料是一类聚合物，有醇溶性和水溶性两种，如水溶性聚醋酸乙烯乳胶等。有些醇溶性聚合物则需加酒精稀释，以利于涂布。由于颜色涂层本身就有黏合剂，因此一般不必再涂一层黏合剂，不过也常有再涂一层虫胶的情况，以增强颜料的附着能力。颜色层涂布较薄，厚度约为10μm，过薄则印迹不饱满，过厚将增加成本，也影响烫印效果。

粉箔的烫印温度较电化铝烫印温度低，对材料适应性较弱，某些型号的粉箔只适应某几种材料的烫印。

（三）电化铝箔

1958年，库尔兹公司利用真空镀铝方式制成首卷金/银电化铝箔后，相继开发出颜料印箔、图案烫印箔和特种烫印箔等电化铝产品。电化铝箔是目前烫印技术使用最广泛的材料，它适用于在纸张、塑料、皮革、人造革、有机玻璃等材料上进行烫印表面整饰

（见表4–2）。

表 4–2　　库尔兹电化铝产品的种类及应用领域

系列名称	应用范围	系列名称	应用范围
LV/AL（金/银系列）	印刷品、塑料制品等的表面整饰	Chrome（铬箔系列）	汽车及室内外装饰用品
Light Line（激光系列）	印刷品、塑料制品等的表面整饰	Magnetic（磁带系列）	存折、信用卡、会员卡、登机证等
Colorit（颜料箔系列）	印刷品、塑料制品等的表面整饰	Hologram（全息防伪）	用于商品防伪
Brust（拉丝箔系列）	电器用品及一般塑料制品的表面整饰	TX/TXV（纺织/皮革系列）	布料、皮革用品
Touchwood（木纹系列）	家具、地板等		

1. 电化铝箔的结构

电化铝箔由两个主要的薄层组成；聚酯薄膜片基和转印层。这两个主要的薄层又可分解为5种不同材料组成的层次，见图4–34所示。

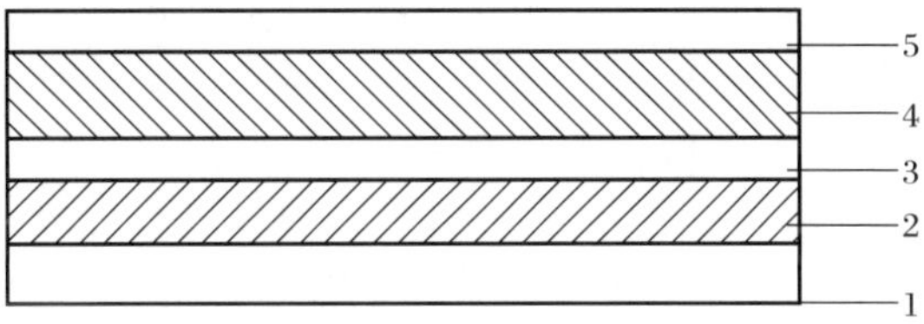

图 4–34　电化铝箔的结构

1—聚酯薄膜片基12 μm　2—隔离层（片基层0.01 μm）
3—染色层（1.00 μm）　4—镀铝层（0.02 μm）
5—胶黏层（1.50 μm）

（1）聚酯薄膜片基　片基层是转印层的载体，常采用有很好拉伸性的双向拉伸聚酯薄膜为基膜片基（也有使用双向拉伸涤纶薄膜）。片基厚度为12～25 μm，用于向印刷品表面转印的其他各层物质依此黏附在片基表面上。

对片基性能的要求是：① 耐热。在烫印工作温度作用下，不能产生收缩变形和因温度升高而熔化的现象；② 抗拉强度大。在烫印过程电化铝箔放料—烫印热压合—烫印成品收料的拉伸—热压—拉伸综合作用力下，不产生超出标准的尺寸变化、张力不一致的变形，也不允许有断裂现象发生。

（2）隔离层　隔离层也称为脱离层、剥离层。它的作用是隔离镀铝转印层与片基层形成直接亲和，保证在烫印时镀铝转印层能完整与片基层脱离。

隔离层一般采用有机硅脂溶液，也可用黏附力较小的连结料均匀地涂布在片基层表面。

（3）染色层　染色层也称为颜色层，是电化铝箔的色彩层。在烫印热压力共同作用下，染色层因有机硅脂的隔离作用，迅速从薄膜片基上全部转移到印刷品基材表面。染色层经烫印后表面光滑明亮，以自身具有的颜色覆盖在图文表面。

染色层由合成树脂和颜料组成。常用的合成树脂有聚氨基甲酸酯、硝化纤维素、三聚氰胺甲醛树脂、改性松香酯等。将树脂和颜料溶于有机溶剂中配成染色层涂料，因树脂有较好的透明度和成膜性，当染色层涂料涂布到片基已预先涂刷的有机硅隔离层上后，随着烘干过程染色涂料中有机溶剂的挥发，即结为具有耐热性的透明色层。各种颜色的染色层在铝层衬托下，各自发出不同颜色的闪光。如用黄色颜料，就金光闪闪；如用能全部反射入射光线的颜料（颜料在形成晶格时，有两种情况：一种是阳离子和阴离子的电子轨道半径大小相等或接近，在空间分布时形成对称晶格，这种物质对光线不发生选择性的吸收，投以白光，反射白光，投以红光，反射红光；另一种是阳离子和阴离子的电子轨道半径大小不等，在空间分布时形成不对称晶格，故它对光线的吸收就有选择性，可随晶格的不对称情况而显出不同的颜色），则呈底衬镀铝的银色光辉；加入其他红、绿、蓝、紫等颜料，则五彩缤纷，绚丽夺目，起到金属箔没有的多彩效果。

（4）镀铝层　镀铝层的作用是给染色层一个能产生金属光泽的底衬。利用铝具有高反射率，能较强地反射光线的光学特性，使与染色层反射出的色光综合成为有金属光泽参与和烘托的彩光。镀铝层的产生机理是在真空条件下，染色层载体对铝气化分子的自动吸附。

（5）胶黏层　胶黏层是把甲基丙烯酸甲酯与丙烯酸的共聚物热塑性树脂、古巴胶或虫胶、松香溶于有机溶剂，或经表面活性剂作用，制成溶剂型或乳液型黏合剂，通过涂布机均匀涂布在真空镀铝层的表面，经烘干后形成。

烫印加工时，胶黏层受热熔融，产生良好的亲和力，在烫印机的热压力作用下完成转印层从隔离层向印刷品载体表面的转移，把电化铝箔黏结到被烫印整饰加工的印刷品表面。

2. 电化铝箔的分类

电化铝箔可根据颜色和型号进行分类，并依生产厂家提供的技术指标参数和应用范围，根据烫印加工印刷品材质和整饰技术要求而进行选择应用。

（1）按颜色分类　电化铝箔呈现颜色的能力在于染色层中不同的颜料。颜料有3种状态：第一种是“原生颗粒”（晶体直径均$<1\times10^{-12}$m），这是真实的单晶体，颜料的最小基本组成单位；第二种是原生颗粒互相紧密地结合在一起的所谓“聚结体”，它们彼此互相结合在一起，故聚结体的总表面比各个原生颗粒表面之和小；第三种是原生颗粒和（或）聚结体的疏松联结成团状，不是面与面的紧密结合，而是以边、角联结在一起的“聚集”，它的表面实质上与各个单组分的表面总和没太大差别。当颜料和树脂一同被有机溶剂溶解时，不仅具有内表面，且能吸附气体的“聚集体”（本就比聚结体易于分散）和彼此以表面相结合的“聚结体”的状态被改变，连原生颗粒由于溶剂的溶解，其结晶会按新的路线进行排列，原来的结晶在溶液中出现更丰富、更多变、更清澈的间色、复合色，这是用其他加工方式无法制造出如此类同的鲜亮色彩。

（2）按光泽分类　电化铝箔按光泽可分为高光泽类、雾度消光泽类、压线折光泽类和全息射散光类等几种。

（3）按纹理分类　电化铝箔按呈现纹理可分为平滑镜面类、线条纹理类、网格纹理类和仿生（动物皮革、直物木纹……）纹理类四种。

（4）按烫印基材分类　电化铝箔以对纸张印刷品进行烫印装饰为主。随着新工艺、新技术、新材料的发展，现已能扩大到对皮革、人造革、棉布、绒布、绢绸、塑料、覆膜制品、上光制品、金属、木材、玻璃等多种基材进行表面整饰。

3. 电化铝箔的型号和规格

（1）电化铝箔的型号　电化铝箔因烫印性能和烫印材料的不同而分为不同的型号。如上海产电化铝箔就按1～18号分出18种不同用途的型号（见表4-3）。常用的电化铝箔有1号、8号、12号、15号、18号等。

表 4-3 电化铝箔型号示例

生产厂家	型号	烫印基材
上海	1号	油墨印层色浅、质地较松的纸张、皮革、丝绸
	8号	油墨印层色深的印刷品、木材、漆布、皮革
	15号	塑料薄膜及软塑料制品
	18号	底色是金、银墨和粗线条或大实地的纸张印品、皮革
浙江	8	油墨印层为深色的印刷品
	通用型	油墨印层为浅色、质地较松的纸张、皮革、塑料
日本中井金丝株式会社	NV	纸张、粗面纸、日本纸及布
	NA	纸张、油墨印刷品
	NS	一般纸、油墨印刷品、涂料纸

（2）电化铝箔的规格

电化铝箔的规格分为片基厚度和长宽尺寸。

① 片基厚度。12μm、16μm、18μm、20μm、25μm。

② 长宽尺寸。450mm×60000mm；日本产电化铝箔为600mm×60000mm。

使用时可按加工产品规格的实际需要，进行需要宽度的分切。

4. 电化铝箔的质量要求

对电化铝箔的质量要求是有适应烫印基材的特性，烫印转移的图文光亮、牢固，持久不变色。

（1）光亮度和外观　染色层色相纯正；涂色均匀，无条纹、色斑和色差；镀铝层密实一致；表面无发花、砂眼、皱折、划痕等；收卷张力一致，幅面平展；烫印时，工作温度≤90℃，烫印后再覆膜（≤115℃），都保证色泽鲜艳，光亮度高。

（2）附着牢固　电化铝箔的胶黏层应有极好的亲和力，在烫印工作条件（要依据烫印基材的性质、印刷效果、加工环境的温湿度，合理掌握烫印工作温度、压力、速度等技术参数）下，能有与被烫印基材有良好的润湿、渗透的分子交错运动，使染色层与烫印基材形成牢固附着，烫印时没有连片现象，烫印后使用100g砝码作用2000～3000次，也不会发生脱落。

（3）箔膜性能稳定　染色层的制备要科学，保证合成物料的化学性能在固化后二次受热、受压和再次接触有机溶剂时，均有不可逆转与分解的稳定能力。涂布要注意染色层与隔离层的附着适应度，适应电化铝箔成品收卷的张力影响与缠绕外力作用和放料、烫印时的正常分离、转移。

烫印后的染色转移层应具有较长期的耐热、耐光、耐湿、耐磨蚀等性能。

（4）隔离层易分离　电化铝箔制作、运输、储存过程中，隔离层应与片基有好的附着力，不得脱离。当在烫印工作条件下，受热受压部位即刻与片基层彻底分离，使烫印印版图文部分的镀铝层与染色层顺利、完整地转移到烫印材料表面，形成清晰的图文。与没有受热受压仍与片基黏附亲和，不能转移部分的脱离分割界限分明、整齐。

（5）图文清晰光洁　烫印后转移到印刷品或纸张表面上的图文要完整、清晰、光洁、明亮。线条笔画之间不得有连片或短缺、毛刺（烫印四号字可略有连片）。

当使用工作温度下限值时，可能出现转移不良现象；当使用工作上限制时，容易丧失金属质感。

（四）复合箔

1. 复合箔的结构

复合箔是没有隔离层、胶黏层，而直接将染色层、镀铝层与箔片膜基组合为一体的烫印材料，如图4–35所示。

2. 复合箔的应用

复合箔没有隔离层，是让箔片基膜连同染色层、镀铝层一同转移压印到烫印基材表面。先在复合箔上涂黏合剂，然后用热压复合机完成复合箔的烫印转移，其工作原理如图4–36所示。

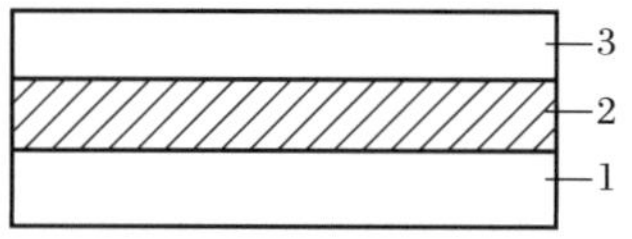

图 4–35　复合箔结构

1—箔片基膜　2—染色层　3—镀铝层

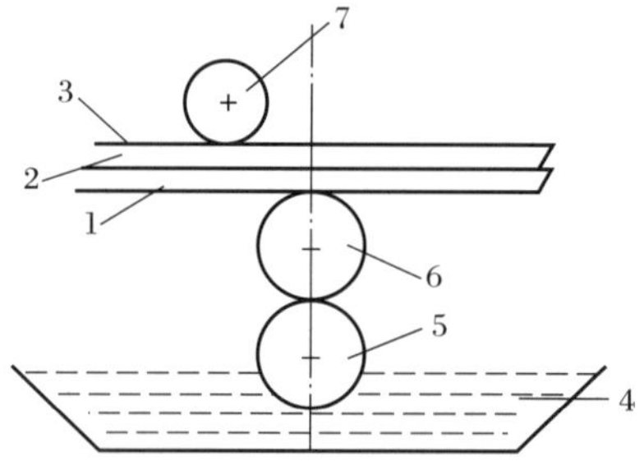

图 4–36　复合箔的涂版与烫印

1—复合箔镀铝层　2—复合箔染色层　3—复合片基薄膜　4—黏合剂　5—施胶机构　6—涂布机构　7—涂布施压机构

（五）全息烫印箔

全息烫印箔是对具有烫印功能的薄膜箔进行全息激光处理，以其二维、三维、二维/三维、点阵、旋状、合成全息等具有高光泽、五彩缤纷并可变幻的色彩二维、三维全息图、线性几何全息图、分色阴影效果全息图、线状勾勒全息图、双通道效果全息图、旋转全息图等图像，对印刷品或纸张进行表面整饰。不同的全息效果之间可以互相组合，同时还可以加上双通道、部分镀铝、分色效果、微刻字、隐藏信息等多种防伪元素，在对印品和纸张进行表面整饰的加工中，以有效的高等级防伪手段达到其独特的版权保护。

全息烫印箔画面进行的技术处理，既可为定位的独立图案，也可为不需定位可有自由空间位置的连续性图案，应用范围已从早期政府文件和钞票的防伪扩大到价值较高、生产量较多的印刷品。

（六）辅助材料

1. 色片

色片因制作和操作都比较简单，所以是一种受欢迎的烫印材料。它是以颜料为主体，与有黏合能力的联结料、适当比例的填料等组成的共混溶液，涂在表面平滑的玻璃、不锈钢等平面媒体上，干燥后成品的片状厚度约为0.02mm，晾干后按一定规格分割、剥离得到的有颜色的片状物。

这种以共混物料制成的色片质地轻而松，色泽柔和，可以直接烫印在加工基材上。因强度不高，操作时要轻拿轻放。

2. 烫印黏合剂

由于有些金属箔、金属粉末以及粉箔没有黏合剂涂层，其本身并不具有与被烫印物相黏合的能力，需在烫印时使用对烫印物和箔粉都有一定亲和力的黏合剂。烫印黏合剂主要有蛋白、松香粉、虫胶等。

使用时，将上述黏合剂物料涂布或洒在烫印物的加工位置表面，再把金属箔粉末覆于其上，然后加温加压，使黏合剂物料固化或熔融，将烫印材料黏结在被烫印基材表面之上，完成烫印加工。

三、烫印设备

能将电化铝箔烫印材料经过热压转印到印刷品上去的机械称为烫印机。烫印机的发展经历了手动、半自动到自动的发展过程，从平面烫印发展到了线接触烫印，从而使劳动强度减轻、烫印质量提高、烫印幅面扩大。目前，烫印机正向大尺寸烫印幅面发展，烫印温度和进箔控制正向电脑控制发展，续纸正在实现自动化。

1. 烫印机的类型及特点

（1）烫印机按烫印工作基本原理可以分为以下三种类型：

① 平压平烫印机。其烫印方式为平面对平面，如图4–37所示。

② 圆压平烫印机。其烫印方式为烫印轮对平面，如图4–38所示。

③ 圆压圆烫印机。其烫印方式为烫印辊对承压辊，如图4–39所示。

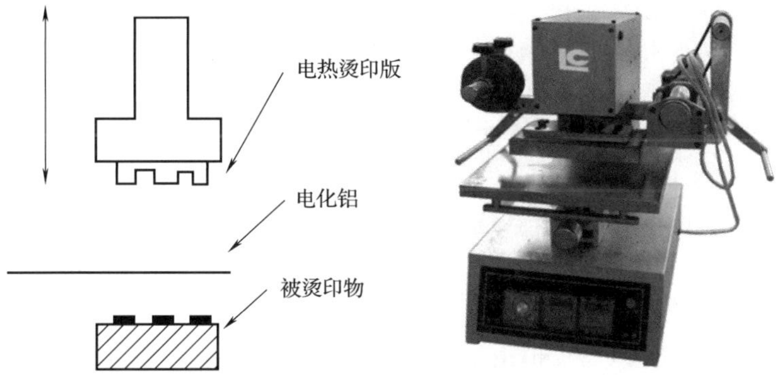

图 4–37　平压平烫印机

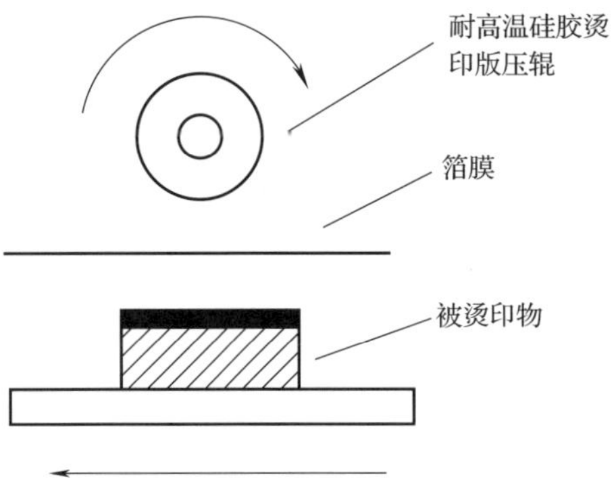

图 4–38　圆压平烫印机

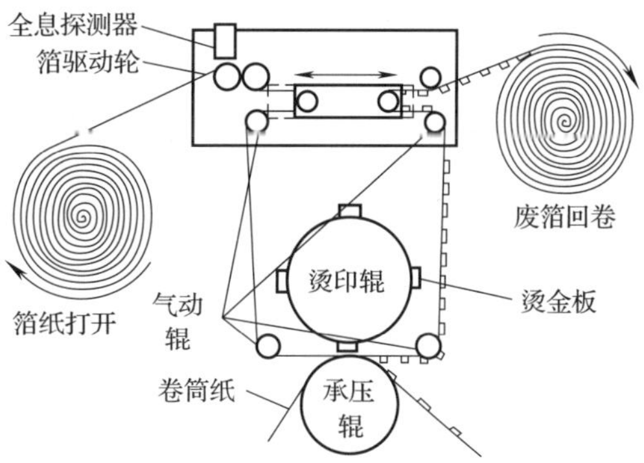

图 4–39　圆压圆烫印机

平压平烫印机是目前装机数量最多的机型。平压平烫印机的烫印幅面可以从信用卡大小到1050mm宽，定位烫印速度为1000～6000张/h。采用平压平烫印机进行大面积烫印或烫印表面光滑无孔的基材时，因烫印箔与基材之间的空气无法排出，阻止了烫印箔与基材很好地粘合，所以会产生无法烫印或出现气泡的现象。

圆压平烫印机属于大中型机器，大多由圆压平印刷机改装而来。其定位烫印速度为1000～3000张/h，一般使用小直径的箔卷，因此很少用于高速大批量生产。但因其在烫印时烫印箔与基材之间是线性接触，因此可以用于烫印无孔材料，如聚酯材料或上过光油的平滑表面，也可以从事大面积烫印等平压平烫印机很难完成的烫印加工。

圆压圆烫印机代表着高速烫印机的最新发展方向，圆压圆烫印机可以很好地解决烫印速度要求。

（2）按自动化程度分，烫印机又可分为手动、半自动及自动三种。根据整机的形式不同，烫印机又可分为立式和卧式两种。

手动式（手输纸）平压平式烫金机的机身结构与平压式凸印机的结构大同小异，区别是去除了墨斗、墨辊装置，改装了电化铝箔上下卷辊。手输纸平压平烫印机的特点是操作方便、烫印质量容易掌握，机器体积小，但机速受到一定限制，每小时为1000～1200张。

自动平压平烫印机，其机身结构和装置与手动平压式烫印机基本相同，区别是输纸和收纸都是由机械咬牙递送。特点是自动化程度高，劳动强度低，时速可达1200～2000张。

自动圆压平式烫印机的机身结构与一回转凸印机类似，不同的是去除了墨斗、墨辊装置，改装了电化铝前后收卷辊。由于烫印机与烫印部位为线接触，其压力大于平面接触的烫印方式，同时，它的往复旋转速度大于平压平的往复直线运动，一般时速可达1500～2000张。

自动圆压圆式烫印机，烫印方式为“线接触”的连续旋转运动。

手动及半自动机多用于短版及交货期短、数量不太大的产品；精细高档且批量大的产品可采用高精度的卧式平压平自动机；立式自功烫印（模切）两用机可用于量大、调版较频繁的产品；圆压平自动机精度较好。但由于压力不是太大，因此，选用时要注意印品的要求。

2. 烫印机的基本结构

烫印机的基本结构，以目前国内大多数印刷厂所采用的立式平压平烫印机为例，其主要由下述几部分组成。

（1）机身机架包括机身及输纸台、收纸台等。

（2）烫印装置包括电热板、烫印版、压印版和底板。电热板固定在印版平台上，电热板内装有功率为600～2500W的迂回式电热丝；底板为厚度约为7mm的铝板，用来粘贴烫印版；烫印版是腐蚀铜版或锌版，特点是传热性好、不易变形、耐压、耐磨；压印版通常为铝版或铁版。

（3）电化铝传送装置是由放卷轴、送卷辊和助送滚筒、电化铝收卷辊和进给机构组成的。电化铝被装在放卷轴上，烫印后的电化铝在两根送卷辊之间通过，由凸轮、连杆、棘轮、棘爪所构成的送卷进给机构带动着送卷轴间歇转动，从而带动了电化铝的进给，进给的距离设定为所烫印图案的长度。烫印后的电化铝卷在收卷辊上。

一般的烫印机基本上都具有上述结构，较先进的烫印机则除了上述共同的部分外，还具有一些特殊的装置和功能。如P801-TB型手续纸平压烫印机，还可以一次装上三组不同的电化铝，其中一组有间隔跳步功能，由集成电路计算控制跳步装置，荧光数码管显示，使跳步精确，误差极小（小于1mm），压印板作一开一合的摆动，即完成一次烫印行程。

3. 几种烫印机的操作规程

（1）圆压平烫印　圆压平烫印方式的操作规程为：设定加热温度—安装烫金纸—烫金辊专动并下压—工作台带动承印物横向移动完成转印—烫印辊上抬—卷纸辊按照设定卷纸时间莹纸。

（2）圆压圆烫印　圆压圆烫印方式主要实现对圆柱体工件圆周上的转印，其烫印方式的操作规程为：制作承印物转动夹具并安放工件—安装烫金纸—设定加热温度—烫印辊转动并下压—摩擦力带动工件转动完成转印—烫印辊上抬—卷纸装置按照设定卷纸时间卷纸。圆压圆烫印中，工作台不发生横向的移动。

（3）平压平烫印　其烫印方式的操作规程为：制作定位夹具并安装承印物—黏接烫金版设定加热温度—烫印装置下压完成烫印—按照设定时间在承印物表面停留—烫印装置上抬—卷纸装置按照设定的卷纸时间卷纸。

平压平烫印方式动作程序比较简单，工作台不移动，烫印装置也不转动。

四、烫印工艺

（一）常规烫印

1. 烫印箔烫印前的检查

电化铝箔品种多，制造工艺、批次、性能各有不同，除正确选用外还应注意烫印箔烫前的质量特性，因为烫印箔直接影响产品的档次。

烫印某一新的加工物或其一种新型号的电化铝箔前，应先进行电化铝箔简单的外观检查，其方法是：看型号是否正确；然后将复卷的电化铝打开，观察薄膜表面是否有划痕、砂眼、皱褶及手感是否平整；观察电化铝的亮度是否合乎要求，质量好的电化铝反射光线应较强，晶莹闪亮。如使用仪器测量，可得到准确的数据，电化铝箔光反射率应均匀达到85左右。如无条件可用目测确定。

2. 烫印箔的裁切使用

合理使用电化铝箔，对充分利用材料、减少浪费和降低成本都有很重要的意义。必须在图文设计时就考虑到要使用合理，既要美观，又要节约。电化铝烫印前，一般要精确计算用料，根据产品烫印面积的需要，留有适当的空隙（越小越好），确定横切面的电化铝箔条形规格尺寸的裁切，而纵切面规格尺寸按材料成卷的长度，对产品实用电化铝箔需要面积进行调节。

充分利用电化铝箔可以采用如下方法：

（1）一次烫印一个印面，能够比较充分利用电化铝箔。

（2）多块烫印一个印件有几个块面需烫印，使用整张电化铝箔会出现较多空位，采用分块分段裁切的方法，几条电化铝箔同步烫印。

（3）多次烫印一个印件有几个块面需要烫印，不能采用几条电化铝同步烫印，可采用分块每次烫印。

（4）侧斜烫印不规则印面，如果直条烫印，耗用电化铝较多，可按实际可能将平板规矩改成侧斜角度，使电化铝箔得到充分利用。

（5）复合烫印两个以上横向印面有规则间距，可取其移动1/2间距复合套印，充分利用电化铝箔。

（6）扣套烫印对已经进行一次烫印的电化铝箔，尚有较多余时，选择适当产品再次烫印复用。

3. 烫印版的准备

烫印电化铝的版材一般有铜版、锌版和镀铜锌版三种。铜版效果最好，因为铜版耐热性强，有一定弹性，比其他版材耐久，烫印效果好。如果烫印单张纸类或小批量工作物，可用锌版（价格比铜版便宜），烫印大批量工作物，就应用铜版。锌版质地过软，经受不住烫印次数过多或压力较大的加工，版材易变形，烫印效果不佳。烫印版材的厚度，一般为1.5～2.5mm。要根据被烫物质地、厚度的具体情况，选择适当厚度的版材。烫印版过薄会出现烫后图文模糊发花、脏版等现象，过厚则会造成浪费。

烫印使用的烫印版一般均是外加工，使用前应先检查版面是否有毛刺不平、棱角不整齐、图文不清晰等弊病，要将不合格的地方腐蚀修整后再上版烫印。

4. 装版

将制好的铜版或锌版牢固地粘在机器上，并将规矩、压力调整合适的过程。

印版应粘贴、固定于机器底板上，底板通过电热板受热，并将热量传给印版进行烫印。印版的合理位置应该是电热板的中心位置，因为中心位置受热均匀；印版的安装还应根据电化铝的合理使用和烫印操作的方便而定。印版固定的方法是：把130～180g/m^2牛皮纸或白纸板裁成稍大于印版的面积，均匀地涂上牛皮胶或其他黏合剂，使其糊在电热板上；再在纸板的另一面涂上牛皮胶或其他黏合剂，并把印版粘贴上，然后接通电源，使电热板加热到80～90°C，合上压印平板，使印版全面受压约15min，印版便平整地粘牢在底板上了。印版固定后，即可校正印版压力，对局部不平处进行垫版调控，以使各处压力均匀。方法是：在平板上用粘胶带粘贴一张100g/m^2以上的铜版纸，并用复写纸碰压得出印样，操作者根据印样轻重调整平板压力，直至印样清晰、压力均匀。可根据烫印情况在平板上粘贴一些软硬适中的衬垫。试印时，若发现局部烫印不上或花、麻，应采用薄纸在平板该处上进行调整。烫印规矩也是依据印样确定的。

5. 烫金定位装置的安装

（1）安装要求　平面的烫金定位装置和移印定位装置的形式相同，但又有特殊的要求：① 耐温度性较好，材料以金属和热固性树脂为主，尽量少用有机玻璃；② 能承受更大的压力，不能变形损坏位移，烫金压力要加在合适的位置；③ 曲面烫金定位装置要与上模吻合性好；④ 圆面的烫金定位装置和丝网印刷定位装置原理相同；⑤ 转动灵活；⑥ 径向跳动不超过0.2mm，轴向窜动不超过0.1mm；⑦ 下压后中心线向下偏移量不超过0.2mm。

（2）安装烫印定位装置：① 安装位置尽量在中间靠外，便于拿放承印物；② 位置固定，不能发生移动；③ 圆压圆承印物的安装要保证圆形工件中心线与工作台横向移动方向平行，压印线与烫印装置平面接触且垂直于工作台移动方向。

（3）安装上模　除了转印机，烫金机均需在烫印装置上面安装上模，小型的上模只需用高温胶纸粘贴在烫印装置平面；平面的烫金上模只需粘贴在定位装置上方；曲面的烫金上模要先将工件放置在定位装置上面，再把上模放置在工件上面，剪取合适的高温胶纸覆盖在上模上平面，启动压印按钮使烫印装置压在高温胶纸上，高温胶纸融化后就会将上模粘贴在烫印装置上面。黏接剂也可用环氧树脂加硬化剂配置高温胶制成。

大型的上模用粘接的方法承受力不够，要用螺钉将它固定在烫印装置上面。

6. 烫金机的调整

（1）平面烫金　主要是设定电化铝输卷时间和烫印时间，输卷时间决定电化铝箔输送的长度，输送长度调节应保证不糊版，烫迹清晰光亮；烫印时间调节应保证烫印图文牢固不脱落、不发花。如果在同一块版上，烫印两种面积大小悬殊的图文时，要掌握好单位面积压力的相等，烫印面积越大，烫印压力应越大，反之则小。

在整个烫印过程中存在着三个方面的力：一是电化铝从基膜层上剥离下来时产生的剥离力；二是电化铝与承印物之间粘接在一起的粘接力；三是承印物（如印刷品墨层、白纸）表面的固着力。因此，烫印电化铝所需的烫印压力要比一般印刷的压力大，为25～35kg/cm^2。

对烫印压力有影响的因素主要有：烫印温度、机器速度、电化铝本身的性质、被烫印物表面的情况（如印刷品墨层厚薄、印刷时白墨的加入量、纸张的平滑度等）。所以，在设定和调整烫印压力时要对上述因素进行综合考虑。一般来说，在烫印温度低、烫印速度快、被烫印的印刷品表面墨层厚以及纸张平滑度低的情况下，要增加烫印压力，反之则相反。

烫印机压力的调整方法有两种：一种是自动的，另一种是手动的。自动的可根据被烫物厚度、性质进行调整；手动的主要调节接触被烫物以后的压力，这在操作中是十分重要的。自动烫印机调整烫印压力，是受数据控制的，比较方便，但遇到被烫物厚度不等时，会出现质量问题；而手动虽笨重，但压力可以自由掌握，不受被烫物厚与薄的影响。

（2）烫印温度的掌握　烫印温度是依据被烫物的质地与烫印形式等决定的。烫印温度过高，则会出现糊版、图文不清晰等弊病，反之则会出现烫印不上、烫后脱落、无光泽、发花等问题。

确定最佳烫印温度所应考虑的因素是：电化铝的型号及性能、烫印压力、烫印速度、烫印面积、烫印图文的结构、印刷品底色墨层的颜色、厚度、面积以及烫印车间的温度。在烫印压力较小，机器速度快，印刷品底色墨层厚、车间温度低的情况下，烫印温度要适当提高。烫印温度的一般范围为70～180℃。当最佳温度确定之后，应能够自始至终保持恒定，温度差尽量不超过±2℃，以保证一批产品的质量稳定。

当遇到在同一版面上有不同的图文结构时，选择同一烫印温度往往使两者无法同时满足烫印质量要求，这种情况有两种方法可以解决：一是在同样的温度下，选择两种不同型号的电化铝；二是在版面允许的条件下（如两图文间隔较大），可采用两块电热板，用两个调压变压器控制，以获得两种不同的温度，满足烫印的需要。

有些烫印机比较陈旧无温度显示，操作者全凭感觉掌握，如滴水方法、手触方法等以测试温度的高低，因此应增加温度显示装置，力求科学生产。

（3）烫印时间的掌握　烫印时间是电化铝与承印物的接触时间，接触时间与烫印牢度在一定条件下是成正比的。烫印速度稍微慢一点，可使电化铝被承印物粘接牢固，有利于烫印。当机速增大，烫印速度太快，电化铝的热熔性膜和脱落层在瞬间尚未熔化或熔化不充分，就导致烫印不上或印迹发花。烫印时间必须与压力、温度相适应，过快、过慢都有弊病。

在实际操作中，操作人员通常把烫印时间当作一个常量，不轻易改变它。固定了烫印时间后，去调整烫印温度与压力会使变量减少、操作简化，容易控制质量。一般来说，只有在条件特殊时才考虑改变烫印时间。此外，如果不用任何烫印材料，只在烫印凹凸印痕时，温度可适当降低10%～20%，时间要增加1～2s，烫印时间与温度的关系如表4-4所列。

表 4–4　　烫印温度、时间参考值

材料	PVC涂布面料		纺织品、皮、纸张		漆布		软塑料薄膜	
	时间/s	温度/℃	时间/s	温度/℃	时间/s	温度/℃	时间/s	温度/℃
赤金箔	1 ~ 2	100 ~ 140	1 ~ 2	120 ~ 150	1 ~ 2	100 ~ 140	2 ~ 3	80 ~ 110
银箔	1 ~ 2	110 ~ 145	1 ~ 2	130 ~ 160	2	120 ~ 145	2 ~ 3	90 ~ 120
电化铝箔	0.5 ~ 1	110 ~ 145	1	120 ~ 150	0.5 ~ 1	110 ~ 140	2	90 ~ 120
色箔	0.5 ~ 1	110 ~ 145	0.5 ~ 1	120 ~ 145	0.5 ~ 1	110 ~ 140	1.5	90 ~ 120
色片	1 ~ 2	100 ~ 140	2 ~ 3	120 ~ 150	2 ~ 3	100 ~ 140	2 ~ 3	80 ~ 110
铜箔	1 ~ 2	110 ~ 145	1 ~ 2	120 ~ 150	2	120 ~ 140	2 ~ 3	90 ~ 120

总之，上述三个工艺参数确定的一般顺序是：以被烫物的特性和电化铝的适性为基础，以印版面积和烫印时间来确定温度和压力，温度和压力两者首先要确定最佳压力，使版面压力适中，各处均匀；在此基础上，最后确定最佳温度。

从烫印效果来看，以较平的压力、较低的温度和略慢的车速烫印是理想的。因为较平的压力可使电化铝每个点都与被烫物粘结牢固；在能够充分粘结的基础上适当采取较低的温度有利于保持电化铝所固有的金属般的光泽；较低的车速则是为了适应略低的温度。

几种塑料的烫金温度情况如表4–5所示。

表 4–5　　常见塑料的烫印温度

材料名称	烫印温度 / ℃	材料名称	烫印温度 / ℃
PP	180	PS	150
PE	170	PVC	155
ABS	150	PA	170

在正常进行烫印工作时，要随时检查烫印效果，发现问题及时处理，以保证烫印质量。另外，在具体烫印某种承印材料时，还应注意以下几个问题：

① 烫印软塑料封面的立体图文时，为了突出立体感，烫印时要作两次压烫：第一次先烫料；第二次在印迹上再烫压，位置与第一次相同，不可有丝毫偏移。用这种方法就可烫出立体图文。

② 烫印绒面特别是丝绒面时，因绒的表面有耸立的绒毛，一次烫压是无法成功的，故要作两次烫印。第一次烫印时先将助黏粉涂撒在所烫印迹上（不加烫印材料），用烫压方法让印迹上的黏料粉将耸立的绒毛压倒粘平；第二次再将烫料烫在压倒的印迹上，第二次烫印不得有丝毫偏移，不然将造成绒料的浪费。这样的烫印方法，印迹平整牢固，未被烫的绒毛耸立在印迹的周围，很有立体感和艺术性。

③ 烫印版是凹形，而所烫图案高凸时（如头像等），要将下版垫好，以突出印迹的主体效果。

（二）立体烫印

立体烫印即烫印加工成的图文有明显的高度立体层次，高于印刷品表面之上。它既不同于平面烫印，也不同于凹凸压印，实质上是烫印与压凸两种技术同时作用于印刷品。

立体烫印的技术关键在于有制作精密的立体烫印版和与之相对的底模及易合定位系统。

1. 立体烫印版

（1）立体烫印版材的选用　常用的烫印版材有黄铜、钢、红铜、锌、镁。黄铜因其具有较高的硬度（优于红铜，锌。烫印100万次后仍能产生完美的烫印效果）和理性的加工性能（优于钢）而成为图形复杂的立体烫印版的首选材料。

（2）电脑数控雕刻制版（CNC）　采用电脑数控雕刻制版（CNC），将设计图文扫描录入计算机后，通过专用软件，将其改编成专用术语数据，并以此系统控制版基表面清理、图文部位确定、激光能量控制及供给、特殊要求的定性定量处理等，进行三维雕刻，这样可使制作的印版达到以下性能。

① 烫印质量稳定，保证大批量烫印加工效果一致；② 有精密确定的切边和准确的定位，减少烫印开机前的准备时间；③ 边角精细完美，保证烫印凹凸图案可获预期的清晰边缘；④ 数控模具制作的重复性一致可靠，不会因更换印版而改变烫印质量；⑤ 印版的版基厚度固定（7mm），公差<0.001mm，装版可以程序化；⑥ 起凸边缘有适应各种加工条件需要的不同层次过渡形状。

2. 底模

立体烫印的底模与凹凸压印的底模有相似之处，其根本区别在于立体烫印过程中一直保持加热。

立体烫印版在温度升高过程中将会产生一定的膨胀变量，而底模的温度仍保持在与室温近似，这将造成实际生产中立体烫印版与底模的不匹配。

立体烫印要求采用精确的计算和新材料及特殊的底模制作技术，使制作的底模能与热压加工产生膨胀变量的立体烫印仍有精细完美的匹配。

3. 易合定位系统

相对于凹凸压印，立体烫印的精细度更为严格，效果反映更为明显。为改变压印版和底模装配过程中的反复调整，立体烫印采用由标示孔及位置显示器组成的易合定位系统，以缩短压凸模具的安装、调整时间，保证加工效果精美。

4. 立体烫印机

（1）立体烫印机的特点　由德国专业化工程设计技术和现代化制造加工技术支持的斯托拿烫印技术，25年来已成为印刷及印后加工领域中高技术的代名词。无论是包装、标贴、钞票的烫印，还是普通的商务印刷后加工，斯托拿Foil-jee都可提供相应的解决方案。独创的单张纸轮转烫印技术，加工速度高达12000张/h；极高的全息电化铝烫印精度，为高质安全的印钞业提供了有效的防伪手段；模块化系统的立体烫印装置，使多层压凸与烫印一次完成，立体造型在产品上即刻闪烁出宝石般的光辉。

（2）立体烫印机的型号

① 斯托拿Foil-jee烫印设备有单张纸的轮转烫印、圆压平烫印、卷筒纸轮转烫印等形式。

② 斯托拿Foil-jee烫印设备有：FOIL-JET FBR104型、P2104型、PZ90型、PZ82型、RPM100型和FOIL-JEF WEB型。

（三）冷烫金

冷烫金技术是丹麦Nilpeter公司发明的新工艺。如图4-40所示，在印刷表面需要烫金的部位上印上UV胶，烫金箔是无热熔胶的专用电化铝。在压印滚筒无热量的情况下，依靠黏合剂的黏度和滚筒间的压力实现烫金箔的转移。

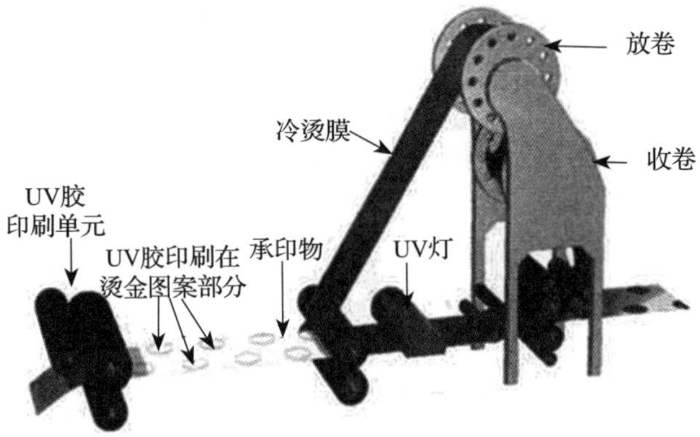

图 4-40　冷烫金工艺流程图

冷烫金技术的优点如下：① 不需要价格昂贵的烫金版辊，由普通金属辊代替，费用大大降低；② 由于不使用热滚筒，降低了能源消耗；③ 由于不存在普通烫金箔热熔胶熔化时间，所以UV冷烫金适合高速印刷。

冷烫印技术的缺点是烫金箔的表面强度比普通烫金箔表面强度差，一般要以上光或覆膜方法保护。

冷烫金技术是用冷压技术转移电化铝箔而完成对承印物表面的电化铝烫印的新技术，是近年欧美印刷行业的一项最新科技成果。目前市场上供应的新型柔印机都带有冷烫金工位或相应的选购部件。国外已有一些油墨供应商、电化铝箔制作厂家专业生产冷烫金用的PV黏合剂和专用于冷烫金的电化铝箔。

冷烫金技术的运用，打破了烫印依靠热压转移电化铝箔的传统工艺，解决了过去热压合烫印难以解决的问题，节约了能源，避免了制作金属印版过程使用腐蚀法产生的废气、化学腐蚀废液等对环境产生的污染。

将冷烫金技术用在窄幅轮转印刷机上加工不干胶印刷品时，只需在原有设备上附加一些装置即可。

（四）全息定位烫印技术

全息烫印技术是一种新型的防伪技术，问世至今只有几年的时间，但在国内外已得到了广泛的使用，主要用于各种票证、信用卡、护照、钞票、商标、包装的防伪。根据全息图烫印标识的特点，全息烫印又分为连续图案烫印和独立商标烫印。连续全息标识烫印是普通激光全息技术烫印的换代产品（普通激光全息技术目前多用于不干胶标签），由于全息标识在电化铝上呈有规律的连续排列，每次烫印时都是几个文字或图案作为一个整体烫印到最终产品上，对烫印精度无太高要求，一般烫印设备均可完成。而高档产品为了使全息标识烫印能产生更好的防伪效果，大多数采用独立图案全息标识烫印，即电化铝上的全息标识制成一个个独立的商标图案，且在每个图案旁均有对位标记，这就对烫印设备的功能和精度提出了较高的要求，既要求设备带有定位识别系统，又要求定位烫印精度能达到±0.5mm。否则，生产厂商所要求的高标准商标图案将出现烫印不完全或偏位现象，以致达不到防伪与增加产品附加值的效果。正由于独立图案全息标识烫印具有直观性和技术难度高等特点，到目前为止，是一种最好的包装防伪手段。

1. 全息烫印箔

高质量的全息烫印箔很薄，其厚度刚刚可以满足模压对厚度的基本要求，但其结构相当复杂，一般由载体薄膜、剥离层、转印层、镀铝层和黏胶层组成。通常转印层又由2～3层组成，而且每一层的特性又因对颜色、表面耐磨性和耐化学腐蚀性有不同的要求而有所不同。

全息图案是由转印层表面微小的坑纹（光栅）形成的，这是全息烫印箔与普通电化铝在结构上最大的不同。烫印时，在烫金版与烫印箔相接触的几毫秒时间内，剥离层氢化，黏胶层熔化，通过施加压力，转印层与基材粘合，在载体薄膜与转印层分离的同时，烫印箔上的全息图以烫金版的形状烫印在基材上。

2. 分条精度

即使是生产全息图的小型设备，其幅面宽度也在150mm以上。因此，需要使用分切机将烫印箔按照图案宽度分切成小卷。由于绝大多数型号的烫印机只有纵向定位装置，图案的左右烫印精度要靠分条精度来保证，因此分条精度和回卷松紧度是决定烫印时能否准确定位的重要因素。

3. 定位装置

对于独立图案的全息烫印箔而言，无论全息图案在烫印箔上的位置多么精确，烫印中误差仍会被逐步积累。即便我们能将烫印箔上全息图案之间距离的误差缩小到0.01mm，在烫印1000个图案后，仍会出现1cm的误差。因此，独立图案全息烫印箔需要用定位光标及时修正全息图案在间距上的误差。

每一个烫印箔上的全息图案都需要有一个与之相匹配的光标，图案与其光标的相对位置必须恒定。光标必须是方的，其边长最小为3mm，其中心线最好与全息图案的中心线一致，与全息图案之间的距离至少为3mm。为保证光标的准确性，光标的边缘应该很直，光学特性敏锐且一致。

目前在单张纸上烫印多个图案的应用越来越多，其中最有代表性的是烟标、药包以及化妆品的外包装盒。出于大批量生产对效率的要求，通常每条烫印箔需要一次烫印3～5个图案。于是，对烫印箔上独立全息图案的位置精度有了更高的要求，要求全息烫印箔的生产商有能力严格控制全息烫印箔上独立图案的排列精度和箔卷的分条精度。

为了将多个独立全息图案一次烫印在基材上，需要预先计算出全息图案的排列方式。

其次是光滑的铝复合纸、PET卡纸一类的烫印基材。对于较硬、光滑无孔的表面，可以通过提高烫印压力来排出气体。当基材表面有纹路或较粗糙时，会降低全息图的立体效果和亮度。

（五）扫金技术

包装品上采用仿金效果，从而提升产品的档次。目前常用的工艺有印金、烫金、仿金属蚀刻（俗称磨砂）。印金虽然快，但是光泽等效果不太佳；烫金虽然光泽度好，但是成本较高，速度较慢；而磨砂则有违环保。扫金是精品印制中的一个特殊的工艺过程，在商品包装或标签印品上的指定部位附着特种金属粉末，借此实现金光闪烁的仿金效果。扫金工艺需借助扫金机来完成，德国著名的Edmond Dressig公司是世界上唯一一家生产扫金机的厂家，它生产的扫金机，主要由输纸部、涂布部、抛光部、清洁部和收纸部5部分组成。加工范围从薄纸到卡纸，从四开、对开至全开的印张，同时，速度可达到7500张/h。

通常需要一台平张双色胶印机与扫金机连接。利用印品的分色底片，制作出用扫金机用的PS版，安装在胶印机上，通过调整胶印机的规矩，可方便地完成套准工作。利用PS印版在印品需要上金粉的部位印上一层薄而均匀的底胶（俗称“扫金涂底”）。印有底胶的印品，通过扫金机传纸器，送到扫金部分的吸气式橡皮传送带上。涂布装置由金粉填充器、涂布器、匀粉辊和涂布辊组成。涂布辊很缓慢地转动，当涂布辊上吸附金粉的一面转到纸张上方时，该部分由吸气转为吹气，将金粉均匀地喷洒在纸张整个表面。然后，使用4根特别的抛光器，与纸张上的金粉相擦、抛光，使纸张上印有胶部分的金粉牢牢地粘住。扫金机又采用4根特殊揩金带，进行相互之间转向相反的往复运动，并且后面两根带有强办吸气管道，再加上后面的高真空吸附多路清扫循环系统，因此可干净迅速地扫清纸张上多余的金粉，印张上扫金部位金粉黏附不牢，掉粉。

五、烫印常见故障及排除方法

（一）烫印不上（或不牢）

烫印不上或烫印不牢，即电化铝不能理想地转移到承印物表面或电化铝不能同承印物很好地黏附，这是电化铝烫印中最常见的故障之一。

导致烫印不上或烫印不牢的原因主要有：印刷品底色墨层中含有蜡类物质、底色墨层太厚、底色墨层晶化、电化铝型号选用不当、烫印温度不够以及烫印压力不够等。

（1）印刷品底色墨层含有蜡类物质　电化铝烫印不上或烫印不牢，首先要从烫印的印刷品底色墨层上找原因。烫印工艺要求，被烫印的印刷品油墨中不允许加入含有石蜡的撤黏剂、亮光浆之类的添加剂。因为电化铝的热熔性黏合剂即便是在高温下施加较大的压力，也很难与这类添加剂中的石蜡粘合，因而导致烫印不上或不牢。调整油墨黏度最好加放防黏剂或高沸点煤油，若必须增加光泽可用19号树脂代替亮光浆。

（2）印刷品底色墨层太厚实践表明　油墨层薄的印刷品烫印电化铝比较容易，厚重的墨层表面则很难烫印。这是因为，厚实而光滑的底色墨层会将印刷纸张纤维的毛细孔封闭，阻碍电化铝与纸张的吸附，使电化铝的附着力下降，因而导致电化铝烫印不上或烫印不牢。所以，在工艺设计时，要为烫印电化铝创造条件，使烫印电化铝部位尽量少叠墨，特别要禁止三层墨叠印。对于深色大面积实地印刷品，印刷时可采取深墨薄印的办法，即配色时，墨色略深于样张，在印刷时，墨层薄而均匀，也可以采取薄墨印两次的办法，这样既可以达到所要求的色相，同时又满足了电化铝烫印的需要。

（3）印刷品底色墨层晶化　印刷过程中，由于油墨干燥速度过快，在纸张表面会结成坚硬的膜，轻轻擦拭会掉下来，这种现象称为“晶化”。墨层表面晶化是印刷时燥油加放过量所致。尤其是红燥油（溶液状钴燥油），会在墨层表面形成一个光滑如镜面的墨层，无法使电化铝在其上黏附，所以需烫印电化铝的印刷品，在印刷时应避免使用红燥油，必须使用时，其用量不得超过0.5%。目前，被烫印的物质大致可以分为四类：白纸、印刷品、漆布及塑料。其中，又具体可分为大面积烫印、实地、网纹、细小文字、花纹烫印等几个档次。在选用电化铝材料时，除了要参照电化铝的适用范围，同时要对上述被烫印物质的具体情况进行考虑。

（4）烫印温度及压力不够　如前所述，只有当烫印温度、压力合适时，才能使电化铝热熔性膜层胶料起作用，从而很好地附着于印刷品等承印物表面。反之，压力低、温度不够必然会导致烫印不上、烫印不牢。

上述是导致烫印不上或烫印不牢的几个因素，操作中到底是哪一或哪几个原因引起的故障应予以确认。当发生烫印不上的故障时，首先应调查、检查印刷品墨层中是否含有蜡类物质，若有，只能采用991号亮光撤淡剂加2%白燥油（分散型钴燥油）再罩印一次的被动方法去解决，以使油墨层表面改性。

如果印刷时没有加入含有蜡类物质的添加剂，就要检查电化铝选用的是否合适，若不合适，要及时更换上黏附力强、质量好的电化铝箔，例如把1号、8号的换成15号的等。

若电化铝箔选用合适，则应适当提高烫印温度和增加烫印压力。

避免烫印不上或烫印不牢故障发生的根本措施是预防，即从印刷品印刷时就要为下一步的烫印打下基础。首先要保证印刷过程中不使用撤黏剂、亮光浆等含有石蜡的附加剂；二要避免使用红燥油；三是要避免印刷墨层太厚和多次叠印。因为这些原因引起的烫印不上、不牢，解决起来也是被动的，不一定奏效。

（二）反拉

反拉也是较常见的烫印故障。所谓反拉，是指在烫印后不是电化铝箔层牢固地附着在印刷品底色墨层或白纸表面，而是部分或全部底色墨层被电化铝拉走。在生产实际中，反拉与烫印不上从表面上看不易区分，反拉往往被误认为烫印不上，但两者却是截然不同的故障，若不加分析地将反拉判断为烫印不上或烫印不牢，盲目地提高烫印温度和压力，甚至更换黏附性更强的电化铝则会适得其反，使反拉故障愈发严重。因此须首先把反拉与烫印不上严格区分开来。

区分的简单方法是：观察烫印后的电化铝基膜层，若其上留有底色印墨的痕迹，则可断定为反拉。

产生反拉故障的原因：一是印刷品底色墨层没有干透；二是在浅色墨层上过多地使用了白墨作冲淡剂。

烫印电化铝不同于一般的叠色印刷，它在烫印过程中存在着剥离力，这种剥离力要比油墨印刷时产生的分离力大得多。印刷品上的油墨转印到纸面后，只有充分干燥才能在纸面上有较强的附着力，在墨层没有完全干燥之前，电化铝烫印分离时的剥离力要远大于墨层的固着力，这样底色墨层便会被电化铝拉走。因此，电化铝烫印工艺要求印刷品表面的油墨层必须充分干透，以保证其在纸面上很好地固着。

深色墨层比淡色墨层容易烫印，因淡色墨多用白墨冲淡调配而成，由于白墨的颜料颗粒较粗，它们与连接料之间的结合力很差，印刷后油墨的连接料易被纸面吸收，而颜料易浮在表面产生粉化，常常用手便可擦掉，这种状况是很难烫印的，电化铝不能被分离下来黏附于纸面，反而，粉化层会被电化铝带走。

预防反拉故障的根本措施：一是掌握印刷品印刷后到烫印电化铝的间隔时间，这就要求印刷时要控制好燥油的加放量，需烫印的印刷品，在印刷时燥油的用量要比不需烫印的印刷品适当增加（比如，红燥油的用量可控制在0.5%左右），但不能过量，以防墨层出现晶化和乳化，同样会给烫印带来麻烦；二是禁止印刷时单独用白墨作冲淡剂，由于白墨的冲淡效果不错，完全不使用是不可能的。折中的办法是，可以把991号撤淡剂与白墨混合使用，但白墨的比例应控制在60%以下。

当然，在工艺允许的情况下，为避免反拉（包括烫印不上）故障的发生。最好在底色墨层的烫印部位在制版时就留出空白，使烫印电化铝不与墨层粘合，而与留出的空白粘合。

当烫印出现反拉故障时，如果是由于产品墨层不干所致，解决的办法是将产品置于通风、干燥处，适当推迟烫印时间即可。如果是由于底色墨层粉化或白墨加放过量所致，可以用991号亮光撤淡剂加3%白燥油先罩印一遍再进行烫印。

（三）烫印字迹发毛

烫印字迹发毛是温度过低所致。应将电热板温度升高后再进行烫印，若调整后仍发毛则多因压力不够，可再调整压印板压力或加厚衬垫。

（四）烫印字迹、图案失去原有金属光泽

字迹、图案光泽度差多为烫印温度太高所致。此时，应将电热板温度适当降低，同时，要注意操作时尽量少打空车和减少操作过程中不必要的停车，因空车、停车均会增加电热板热量，需要停车时应该将电热板开关闭合。

第三节 凹凸压印

凹凸压印也称压凸、压凹凸、轧凹凸、凹凸印刷等。凹凸压印是利用压力在已经印好图文部分或在未印图文的纸或纸板表面压成具有立体感的凸形图案或文字，凹凸压印不用油墨和胶辊。凹凸压印出的成品一面凸，另一面凹，凸面接触印版，凹面接触凸模（凸版）。

一、凹凸压印的作用和特点

凹凸压印是包装装潢中常用的一种印刷方法，有些书封面也采用凹凸压印的方法。凹凸压印主要用于印刷各种高档包装纸盒、商标标签、请柬、贺年片、书刊封面、证件、人物图案、动物图案、风景图案等。

凹凸压印是一种特殊的印刷加工工艺，它是浮雕艺术在印刷上的移植和应用，能在面积不宽、厚度不深的平面上凸起图案形象，使平面印刷品产生类似浮雕的艺术效果，使画面具有层次丰富、立体感强、透视角度准确、图像形象逼真等特点，是纸制品和纸容器表面装饰加工方法之一。

凹凸压印在我国运用和发展已有半个多世纪，我国是世界上凹凸压印用得比较广泛的国家，处于领先地位。

凹凸压印的承印物主要是纸张及其制品，一般能够承受凹凸压印的纸张厚度为0.3 ~ 1mm。

凹凸压印的印版与压印机构是由凹面和凸面两部分组成，凹面是印版，凸面是将印版图文在压印机构表面进行复模制成的凸模，再运用压印机构进行压印。

二、凹凸印版的制作

1. 凹版的制作

一般采用铜板作版材，厚度在1.5 ~ 3mm，雕刻刀具按不同用途分为尖刀、平刀、圆刀、排刀四种。刀具宽度0.3 ~ 0.5cm、长度10cm，雕刻深度需根据纸张承受压力程度到不破为宜，一般深度控制在版厚50%左右。厚纸，过细的刻纹压印效果差；薄纸，过深的图面压印易碎。雕刻两个块面衔接之处，要有一个坡度，从而达到整个印面和谐统一、主体突出、层次丰富、立体感强。

为提高制版效率，降低劳动强度，往往采用腐蚀与雕刻结合的方法制作凹版，通常先采用照相深腐蚀的方法，即以感光性物质涂于铜版面，用阳图软片药膜面相对密合曝光后，浸于三氯化铁的溶液中腐蚀到一定深度。由于腐蚀后图文深度是一致的，轮廓不明显，层次较差、版口呈毛糙状，所以需要进一步雕刻加工，根据具体图文要求，采取相应的雕刻手法，例如画面图案呈圆形（水果、动物等），雕刻时需将版口修成圆形；若是文字线条图案，则版口宜修成直边，为了突出立体造型，有时把版口修成斜面。

凹版的制作过程中，凹陷图文的立体形态和深浅层次是否准确、逼真，反差是否适宜，总体效果是否符合压印要求，采用目视检查一般很难直接看出。这时可借助橡皮泥根据需要对凹版局部或全部进行检查。

2. 高分子材料凸版的制作

材料的选择，要求必须机械强度好，成型快速方便，能使用一般的双面胶粘合。根据以上要求，高分子合成材料中的热塑性塑料是一个很好的选择。综合比较各种材料的性能，聚氯乙烯和聚苯乙烯都是比较理想的，但聚苯乙烯质脆、裁切不便，因此来源丰富、价格低廉的聚氯乙烯成为首选材料。

（1）高分子凸版成型工艺　热塑性塑料的成型方法常有注射成型、挤出成型、真空成型等。模压成型属二次成型，即将塑料板材与模具重合后，放入具有加热及冷却系统的压机内，通过调节温度与压力，得到与模具形状一样、凹凸相反的制品。这种成型方法模具可变性大，控制简单，操作方便，具体工艺如下。① 将裁切好的聚氯乙烯板进行表面清洗，去除毛点、油污，阴模版和模框也作同样清洗；② 在阴模板、聚氯乙烯板的接触面涂刷脱模剂。常用的脱模剂有硅脂、硅油及两者的混合物；③ 将阴模板、聚氯乙烯板装入模框内，盖上盖板，送入压机。必须将聚氯乙烯板置于阴模版的上方，阴模板四周与模框壁之间应留有适当空隙，以便让多余的熔融状料液流出；④ 升温前适当加压使被压物密合，当温度达到预定值后加压。压力大小应视版面大小、图纹深浅、线条粗细有所变动，一般应控制在10～30MPa；⑤当温度冷却至室温后卸压、脱模；⑥ 将图纹以外的边角裁切后，经检查无缺陷，即告完成。

（2）凸模装版　新凸模是用双面胶布固定在压印机上的，具体方法以平压型烫金机为例。① 将阴模板用双面胶固定在比它大一些的铝板上，并用螺钉将铝板定位于电热板上。阴模板图纹重心应处在电热板的中轴线上，以使压力均衡；② 将双面胶裁切后粘贴在新凸模的背面。凸模四角处的双面胶应适当剪去四个角；③ 将新凸模吻合在阴模版上，用玻璃胶固定四角；④ 开机合上平板，在压力作用下，新凸模通过双面胶转移固定在平板上。至此装版结束。

（3）影响新凸模质量的主要因素

① 模压时的温度和压力，温度太低，凸模强度差，表面不好；温度过高，聚氯乙烯发生降解，表面焦黑。压力太小，料液达不到凹模底部，凸模产生缺陷；压力过大，容易损坏设备；② 厚度，压制的凸模基底厚度一般控制在0.5～1mm，其数值主要由模框深度

和阴模版的厚度决定。聚氯乙烯板的厚度要适当，应根据阴模版的深度改变。阴模深，聚氯乙烯板要厚，反之亦然；③ 在压制凸模时，可在阴模版与聚氯乙烯板之间垫一层至数层薄型纸。垫多少可视凹凸印件纸张的厚薄、质地、图纹粗细、凹凸深浅而定。这样既有利于脱模，又能避免印件破裂。

（4）新工艺的主要优点

① 从凸模的压制至装版结束总共才30min左右。一般压制20min，装版10min；② 新凸模压制、装版都很方便。由于用双面胶固定，没有熟练技术的工人也能进行；③ 一般说来，轮廓的饱满程度由凹凸版本身的形状决定，但由于石膏强度低，每次压印，都会因挤压而往下塌。虽然在初期印件上看不出来，但随着压印的继续，塌的程度会越来越严重，以致后期印件明显地不如前期的轮廓饱满。而聚氯乙烯强度要比石膏大得多，压印时虽有形变，但属于瞬时的弹性形变。这种形变来自高聚物分子链的链角和链长受拉伸，应力除去后，会立即复原。所以在通常的印刷压力作用下，印件在相当的制印数内，能始终保持轮廓饱满挺括；④ 耐印力高；⑤ 从前的凹凸版都是先制好阴模版，再在压印机上用石膏当场复制出凸模。现在凸模可以快速方便地预制，这就使商品化得到可能；⑥ 凹凸版的商品化，使一些缺乏技术工人的小厂也能压制出精良的凹凸产品，有利于凹凸印刷的发展。

三、凹凸压印设备

由于凹凸压印所需的压力大，宜采用四开或对开模切压痕专用设备。这类机器只有简单传动和压印装置，没有传墨设置，各部分铸件都是加固设计的，压印平板都由双臂齿轮拉动，其压力大小可由偏心套调整实现，并设有安全杆以保护操作者的生产安全。

（一）平压平型与圆压平型

平压平式压印机和圆压平卧式压印机是我国目前主要采用的两种机型：平压平式压印机压印产品轮廓层次丰富，但效率低；圆压平卧式压印机效率高，但凹凸轮廓层次不够丰满。

（二）圆压圆型

在卷筒纸制品的印后加工单元均采用圆压圆压凸工艺，即采用一对对滚的圆柱形模具（一个阴模，一个阳模）。根据不同的工艺要求和使用寿命，有的采用都是钢模，有的用一个钢模（或其他金属模）、一个硬塑料模。纸张经过阴阳模对滚加压成型，成型深度在0.14mm左右。模具装置于滚筒上，滚筒的结构分整体式和装配式两种。装配式便于更换不同的压凸模具，整体式更能保证压凹凸的精度。整体式压凸钢模的制作方法一般有两种：第一种方法是在凹版电子雕刻机上对腐蚀层进行雕刻（可运用专用计算机软件进行无软片雕刻）、然后进行腐蚀，刻印深度达到1～1.2μm；另一种方法是先机械雕刻，后经人工修整精加工制成压凸钢模。组装式压凸模具在大批量生产（上千万件）时，使用钢模，一般生产（几万到十几万）时使用铜模或镀铬铜模。

铜模制作方法是，先设计好图案，制胶片，再腐蚀、修整加工。有平版和圆弧版腐蚀两种方法，平版腐蚀后需在专用夹具上弯成圆弧版，然后将圆弧铜版用强力胶粘在弧形钢板上即成组装式铜模。使用塑料阳模的加工方法是将塑料模毛坯的圆柱表面用火焰喷枪加热后与金属模对滚加压制成。

卷筒纸印后加工设备，除要设有走纸控制装置、前后收纸卷及放纸卷的张力控制之外，还有走纸方向控制。压凸加工要求压凸图案套准烫金或印刷图案的误差小于0.2mm。解决方案有压凸前纸带要经过电子图像监视系统并从显示屏上观察套准情况，用电钮调整压凸位置的机构；也有在生产线上安装类似三菱SUNX光电传感器、放大器和自动调整前置辊子位置的机构等。

四、凹凸压印工艺

1. 装版

结合上一小节所述，凹凸压印印版与一般凸版印刷印版的装版方式基本相同。由于凹凸压印印版版材厚度不一致，选用底板的厚度也不一致。装版时，要使印版的实际高度符合印刷高度。

凹凸压印使用的底板应具有耐压性能好、不变形的特点。目前大多数生产厂家采用金属底板。金属底板分为普通金属底板和电热金属底板两种。电热金属底板是专供某些特殊产品使用的，采用电热金属底板压印时，底板先进行加垫。压印时，印版与纸张接触，纸张受热可塑性增大，容易变形而不易破碎，压印效果能得到明显改善。但因金属电热底板造价较高，耗电量大，成本比高，故使用尚不广泛，目前只有少数高级产品采用。

（1）粘版　把凹凸压印版的凹版配上合适的金属板，中间衬入一层卡纸粘牢，检查印版高度。

（2）定位　凹凸印版尽量装在版框的中间位置，压印时受力均匀。把版框放大版台后定位，将锁紧螺丝旋紧，防止松动。凹版定位要准确，并要垫平，否则压印时会套压不准。

（3）校验印版高度　用印版高度规或活字检查，测量凹凸压印印版的高度，使底板与凹凸印版的总厚度略低于压印标准高度。

（4）压印机构糊纸板　在压印平板或压印滚筒表面糊上一张8号黄纸板。黄纸板的面积以四周各超出版面2 ~ 3cm为宜，用胶水涂匀、粘牢，使其平整无凸起。

（5）调整压印力　凹凸压印印版版面凸出部分处在同一平面时，观察凹凸压印的印刷压力，印版各部分的压力应均匀。调整时，可用墨辊在印版表面均匀地涂布一层油墨，用一般调整压力的方法，垫平版面，按版面凹凸层次在压印机构作细垫，在凹面印版背部基本垫平后，再在平板部位匀垫。

（6）轧凸面纸型　对版面轮廓层次较多部分按层次深浅程度，用宝塔型垫法按层剪贴垫实。将裁切成与版面规格一致的黄纸板粘贴在垫纸的表面，洒水浸湿后，开机连续轧印成凸面纸型。

（7）做石膏凸版　在垫版面层基本形成的基础上，铺上石膏层。石膏层厚度以拿起不会掉下为宜，版面小用量少则可厚些，版面大用量多则可薄些。石膏浆容易干燥，用较薄石膏层时，应使干燥时间适当延长。版面压印时，石膏层不粘连，便于版面大的印件进行操作。按凸版制作方法经过试压、修整，做出凸版。然后校正规矩位置，在凸版上覆上一层牛皮纸，便于输纸压印。

2. 压印

凹凸压印的方法与一般印刷方法相同，以平压印、手工输纸较为普遍。有的凹凸压印工艺与模切压痕工艺和烫金工艺安排在一起，在同一台机器上完成，实现程序控制。

凹凸压印时，将印刷品放在两个印版之间——凹版和石膏凸版之间，用较大压力直接压印。压印较厚的硬纸板时，利用电热装置将凹版加热，可以取得较好效果。压印一般采用如下步骤。

（1）开机试印　开机要注意由慢到快，逐渐进入正常运转状态，发现不正常情况，立即停机检查。试印没有问题，即可进入正常压印。

（2）定位与防双张　压印前，输纸装置或用手工方式把纸输送到规矩处定位，防止双张进入。若双张纸进入会加重压印负荷，使凸版石膏层压缩或压碎，影响以后凹凸压印质量。

（3）检查印版　压印过程中，经常检查印版松动和移位情况，尽量不要移动印版和版框，防止套印不准。

（4）清理印版　压印过程中，经常清刷印版上的杂质，防止垃圾碎粒压入，损坏凹凸印版和石膏层。

（5）检查承印物　压印过程中，承印物出现折角、杂质、双张、多张或混有纸浆块等现象，将会给石膏版带来损伤，影响压印质量，造成图文立体感不强、线条不清晰等，要随时检查排除。

（6）修补石膏版　压印过程中，某些图文或图文的某些部分压力不够理想，图文的某个部位、某个笔画不够丰满，立体感不强，一般是石膏版损坏或石膏版未修整好，可以用石膏浆进行修补。石膏版每次修补后，必须在修补的部位平整地粘贴一层薄型纸，作为石膏层的保护衬。

3. 凹凸压印的技术要求

凹凸压印产品要整体和谐统一，重点突出，层次丰富，立体感强。人物图案要表现面部和衣服特点，五官位置正确，层次清楚，头部端庄，不呆板；动物图案主要表现体形和表皮特点，抓住特点充分表现；花朵图案主要表现花瓣特点，注意花瓣之间衔接的深浅层次，有分有合，务使每片花瓣有不同的表现方法，防止千篇一律、生硬呆板；建筑物图案主要表现轮廓结构、景深层次，分清主次，按照近深远浅、大深小浅的要求来表达，突出主要线条轮廓；日用品图案主要表现物体的真实感和立体感。

文字主要表现轮廓的艺术感。汉字有严谨的结构和艺术性，运用凹凸压印工艺可以更加增添它的艺术光彩。文字表现方法有线条形、平方形、胖圆形等几种，可以根据各种需要采用不同的方式。一般文字较小的采用线条形较多，字体轮廓方正的采用平方形较多，难度较高的手写体粗笔字采用胖圆形效果好。雕刻时运用粗细深浅手法进行艺术加工，充分反映文字的笔触笔锋，务使字迹精神饱满，颇有特色。凹凸印时，压力要调节合适，以保证文字最终浮凸效果。

花纹图案是凹凸压印工艺常用的表现方法，有的是不规则的花纹，有的是有规则的花纹，它们的表现方法基本与文字表现方法类同，根据需要采用线条形、平方形、圆形。

4. 凹凸压印的工艺方法

凹凸压印根据最终加工效果的不同，一般常用的工艺方法有以下几种：

（1）单层凸纹　即印刷品经压印变形之后，其表面凸起部分的高度是一致的，没有高、低层次之分，并且凸起部分的表面近似为平面。

单层凸纹压印设计及加工中应根据被加工印刷品的性能统筹考虑，承印纸张厚，拉伸强度大时，图文凸起高度可适当大一些；承印纸张薄，拉伸强度低时，图文凸起高度可适当小一些。另外，印刷品的表面是否经复合后处理、复合材料的种类性能以及采用何种方法、凸起图文的疏密程度和线条粗细等也应同时予以考虑。

（2）多层凸纹　即印刷品经压印变形之后，其表面凸起部分的高度不一致，有高、低层次之分，并且凸起部分的表面近似于图文实物的形状。

多层凸纹压印工艺，必须根据印刷品的图文性能，以及实物的基本结构关系，做到压印后的图文层次清楚、深浅适宜，既能满足人们欣赏的视觉和心理要求，又不失真实，重点醒目、突出。

（3）凸纹清压印刷品经压印变形之后，凸起部分同印刷品图文边缘相吻合，中间部位的形态、线条则可稍微自由一些，不必完全重合。

凸纹清压加工时，要从总体效果考虑，边缘轮廓线一定要准确清晰，中间部位的繁简处理要适当，图文凸起后应能使被加工印刷图文重点突出，做到局部与整体和谐统一。

（4）凸纹套压　印刷品经压印变形之后，凸起部分同印刷品图文不仅边缘相吻合，中间部位的每一个细部也要相吻合。所以印刷中，印刷品的套印程度、整批产品的规矩和规格、承印纸张的环境适应性以及阴阳版的制版误差、机器的设计精度等都应同时考虑，如果稍有欠缺，则很难达到理想的加工效果。

压印时凸起部分同印刷品图文的结合形式，通常采取以下几种。

① 完全重叠在一起，凹凸的层次和形状以印刷图文为基础的直接结合形式。直接结合通过凹凸部分的层次和形式，增加了印刷图文的立体感和真实感，效果直观形象。

② 两者虽处于同一印刷品表面，但没有任何重叠部分的间接结合形式。间接结合的凹凸部分与印刷图文互相补充，相应生辉，给人以新颖之感。

③ 凸起部分有一部分同印刷图文重叠，而另一部分则单独存在的混合结合形式。混合结合的凹凸部分同印刷图文主辅相依、巧妙衬托，增加了产品的变化感，丰富了产品的表现能力。

④ 凸起部分所在表面，只有压凹凸图文，而没有任何印刷图文的素凸。

五、凹凸压印常见故障及处理方法

凹凸压印过程中，经常出现一些故障，影响凹凸压印质量，常见故障及处理方法如下：

1. 图文轮廓不清

（1）装版时垫版不实，剪贴垫层的层次处理不当或压力过轻，这些都会造成图文线条轮廓不清。压印时，印版必须垫好、垫实、垫平整，垫贴层次要仔细调整，适当增大压力，这是提高凹凸压印质量的重要条件。

（2）石膏层分布不匀，薄厚不一或铺石膏层时厚度不够，以及在压印过程中，机速过快，冲力过猛，使石膏层厚度发生变化或变形，都会造成压印的图文轮廓不清。压印过程中，压印机的运转速度要保持均匀，冲力平稳。石膏层厚度不够、变形、薄厚不匀时，必须及时修补，使印版受到合理的压印力，保持图文清晰。

（3）压印机精度差也是造成图文轮廓不清的原因。压印过程中，由于压印机精度差，凹版与石膏凸版不配合，发生位移，使压印质量受到影响。发现这种情况应对压印机进行修理，并修正凹版与石膏凸版的配合。.

（4）印数过多，石膏凸版经过多次压印后，产生压缩变形或磨损，使印刷压力发生变化，影响图文压印质量。如果印数过多时，必须定期对石膏凸版进行修补加层。

（5）承印物厚薄不均或双张、多张压印，使压印力消耗在摩擦和挤压上，压印力显得不足，特别是压薄型产品时，易出现这种情况，影响压印质量，造成图文轮廓不清。如发现承印物厚薄不均时，应对承印物挑选分档。

2. 图文套印不准

图文套印不准是指压印凸出的图形与图文位置有误差，一般是以下原因造成的：

（1）印版雕刻位置、规格、精度与图文不符。当凹凸印版规格比所需压印面积小，可在印版上重新雕刻修正；当凹凸印版规格比所需压印面积大时，误差过大，必须重新制版，误差较小，可以将石膏凸版进行修正，使其与凹版相配合。

（2）规矩位置不准确，使压印位置与图文套印发生有规律的误差时，可调节规矩的准确位置，使图文压印准确。

（3）同一版面由多块印版组合而成，图文分布多处，各个图文无法一一套准时，可将凹凸压印版分为两次压印，石膏凸版不同部位分两次铺压而成，减少印版之间的误差，改善压印效果。

（4）印版版框位移，使凹版与石膏凸版的位置不合适，造成图文轮廓不准。要随时检查，防止出现这种故障。

3. 图文表面斑点

凹凸压印的凹凸图文表面有斑点主要是石膏层和承印物表面有杂质所致。

（1）制作石膏层的石膏粉或胶水含有杂质，没有清除干净，使石膏层表面不光洁，造成压印的图文表面产生斑点。因此，调制石膏浆之前，应将石膏粉、胶水等材料进行精选。

（2）承印物表面不光洁、有杂质、质量差，压印时损坏石膏凸版，造成压印后的凹凸图文不光洁。压印凹凸图文的承印物要保证一定的质量，一旦发生石膏层压坏，应及时修补。

（3）凹版表面粘上石膏颗粒、纸毛或其他杂质，压印时会将石膏凸版压坏、压出小孔，或把杂质直接粘到凹凸图文上，影响图文质量。压印过程中，及时检查印版表面的清洁程度，随时清理即版。

4. 纸张压破

纸张压破的主要原因是纸张质量出现问题或印版边角过渡坡度大。凹凸压印产品质量要求较高，对使用的纸张的要求也较高，纸张不能太脆，纸张太脆容易压破。凹凸压印印版图文的边角过渡应尽量缓和一些，一般情况下，应避免尖角、直角、锐尖，以免把纸压破。

第四节 裱纸工艺

裱纸也称覆面、贴面，主要用于高档卡纸纸盒与彩面瓦楞纸箱加工。当面纸、底纸均为卡纸时，称为卡纸裱纸；当面纸为卡纸，底纸为单面瓦楞纸板（一般以微瓦楞为主）时，称为瓦楞裱纸。

一、裱纸设备

裱纸设备，如图4-41所示，是由输纸部分、上胶部分、压辊、传送带和收料部分构成。裱纸机的工作主要有以下两种基本流程：

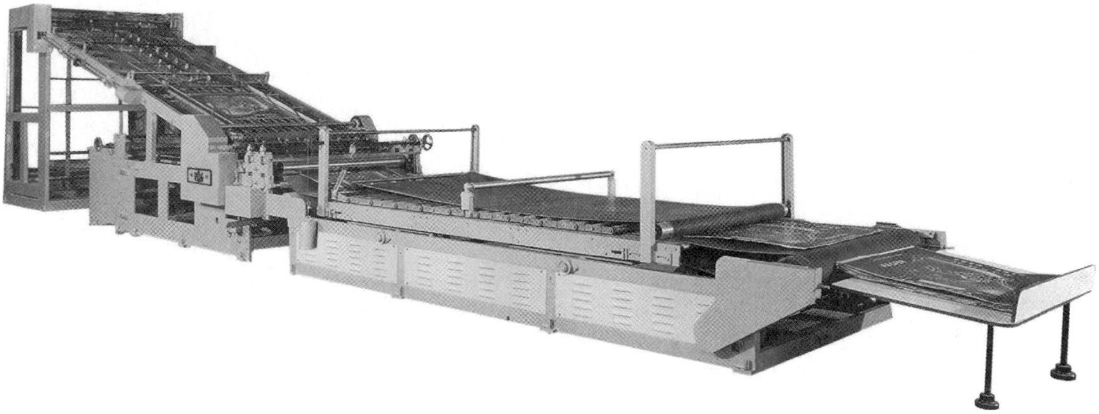

图 4-41　裱纸设备

“涂胶→输纸→覆合”形式的工艺流程具体为：

面纸输纸→传感器发出信号
底纸输纸→上胶 ］→定位→裱合→压平→收纸

“输纸→涂胶→覆合”形式的工艺流程具体为:

面纸输纸→传感器发出信号
底纸输纸 ］→定位→上胶→裱合→压平→收纸

覆合精度是覆面机的主要技术性能指标之一。对覆合精度起主要影响的是面纸及底纸在覆合前的定位准确程度。覆合不同的纸板（如单面瓦楞纸板与卡纸、覆合卡纸与卡纸覆合），应该选用不同的定位机构与之相匹配，定位机构一般可分为移动式及固定式。

1. 移动式定位机构

由于这种定位机构是可以移动的所以还起到运纸作用，按定位钩在纸的前后位置分挡规式及推规式两种型式。

（1）挡规式定位机构　又称追规式定位，该机构由上下各三副定位钩、输纸皮带、轴流风机等部件组成，如图4-42所示，面纸及底纸分别凭借轴流风机的吸力被贴紧在各自的输纸皮带上，并随输纸皮带向前运动。定位钩则被安装在两侧的链条上，由链条以小于输纸皮带运动速度所驱动。工作时面纸及底纸的前端分别追上前面的定位钩而被挡住，随定位钩继续向前移动。覆合前，面纸定位钩与面纸渐渐脱开，将面纸的前端递送到底纸的定位钩上，形成面纸与底纸被同一定位钩所挡，同时向前移动到上下覆合辊之间进行覆合、压平。这种形式的覆面机是将纸板从输送部套经过定位钩，直接送往覆合辊，在此过程中间无法对底纸进行涂胶，必须在底纸到达定位钩前先行对其进行涂胶，形成“涂胶→输送→覆合”形式的工艺流程。这拉长了从涂胶到覆合之间的间隔时间，对于卡纸覆合卡纸恰恰是一种有利的流程。因为卡纸的密度大，表面细密，胶糊不易渗入纸内，涂胶后经过一段时间，不仅可使胶糊渗入纸内发挥其黏性，还可以避免将胶糊从卡纸边缘挤压出来，玷污产品及覆合辊，导致产品报废。但若底纸是单面瓦楞纸板，采用这种流程，瓦楞原纸很快将胶糊吸干，造成降低粘接强度，甚至脱胶现象。所以这种挡规式定位机构基本上是用于卡纸覆卡纸（俗称对裱）。面纸与底纸被挡在同一个定位钩前，其前端的覆合精度可达到0.5 mm，可以满足覆合正反两面都有模切规矩要求的纸板。

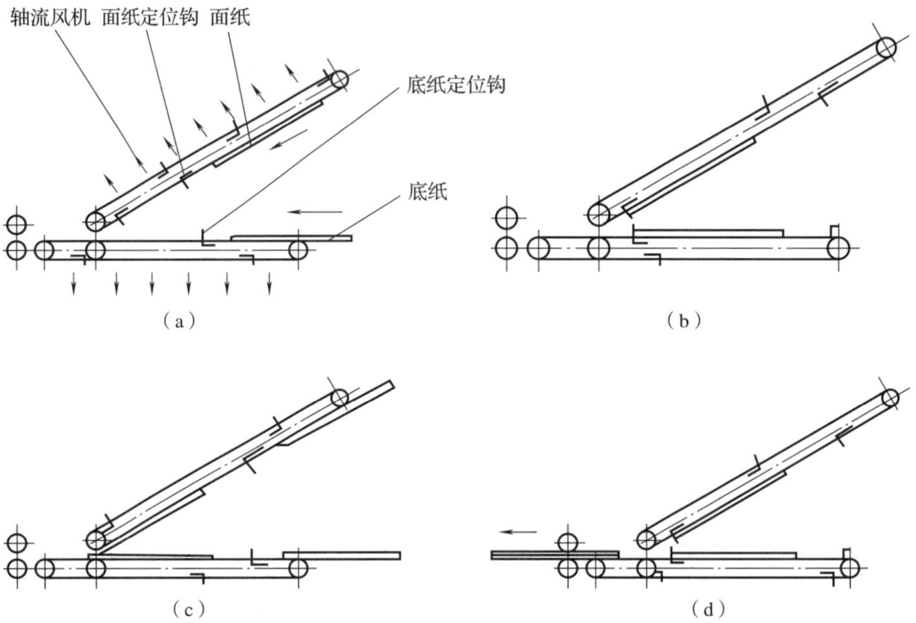

图 4-42　挡规式定位送纸示意图

（a）送纸追规　（b）挡规定位　（c）面纸递送到底纸定位钩　（d）裱合

（2）推规式定位机构　该机构上下各有三副推爪，如图4-43所示。工作时，上下各一副推爪分别位于面纸及底纸的后端，面纸在推爪的推动下向前移动，经过咬纸轮直接进入覆合辊，而底纸在进入覆合辊前的瞬间，要经过涂胶再与面纸覆合。采用这种定位机构的覆面机执行的是“输送→涂胶→覆合”型式的工艺流程。只有边涂胶边覆合，才可以避免瓦楞原纸将胶糊吸干而降低粘接强度。在推爪遇到纸板，并将纸板推入覆合辊的整个过程中，面纸及底纸的前端始终没有受到任何规矩的制约和定位。而推爪恰起到了两个作用：既是将纸板向前推的动力，又是决定纸板位置的后规。这就使得覆合精度受到多个因素影响，主要是纸板长度的误差、高速时纸板向前运动的惯性，造成面纸或底纸先进入覆合辊。操作者为此不得不经常调整上下推爪的相位及放大面纸长度尺寸，以避免底纸前端冲出造成模切规矩被破坏。

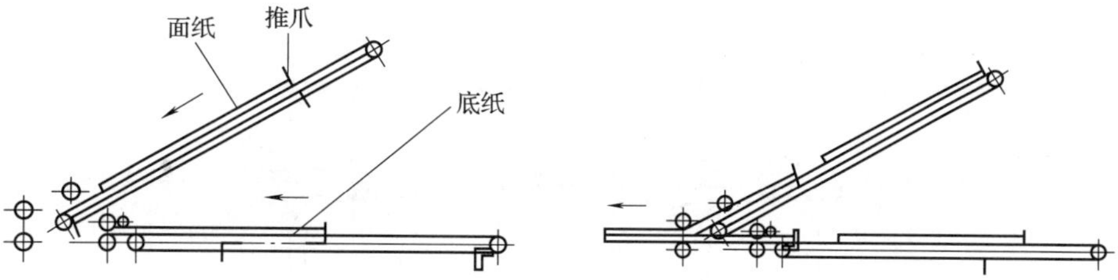

图 4-43　推规式定位送纸示意图

2. 固定式定位机构

定位钩让纸动作方式的不同，固定式定位机构分为翻转式、气动翻转式和凸轮杠杆翻转式三种。

（1）翻转式定位钩　如图4-44，这种型式的定位机构主要由12～15组定位钩、复位弹簧、定位板等组成，上下覆合辊分别开有与定位钩数量相等的槽，定位钩装在槽中间。其工作原理是：面纸在输送过程中对一光电传感器发出讯号，使底纸相应迅速输出并进行涂胶。当面纸刚到达定位钩前并被定位钩挡住，涂过胶的底纸也送到覆合辊前。由于预先将上下覆合辊之间的间隙调整得比面纸加上底纸的厚度小，底纸的输进将对覆合辊产生一股楔入力。凭借此楔入力带动已被挡住的面纸，在底纸尚未碰到定位钩时，面纸的前端已将纸板门幅宽度内所有定位钩撞转90°。随着覆合辊的旋转，使面纸及底纸一同越过被撞转的定位钩完成覆合动作。随后，再凭借拉伸弹簧使定位钩自行复位。调节定位钩偏移覆合辊轴心线前后位置，可以使面纸前端跟着同步偏移，而底纸产生楔入力驱动面纸的具体位置只与上下覆合辊间隙大小有关。通过调节定位钩偏移位置，可以达到控制面纸前端与底纸齐平或稍微比底纸冲出的要求，如图 4-45。当覆合产品变更时（如面纸定量或瓦楞楞型的变动），相应调整上下覆合辊的间隙。间隙一般比面纸加上单面瓦楞纸板的厚度小0.2～0.35mm。这种型式的定位机构结构简单，调整方便，覆合精度较高，其前端的覆合精度可达到1mm。STOCK公司、GRASSI公司、TUENKERS公司的覆面机均采用这种原理的定位机构。

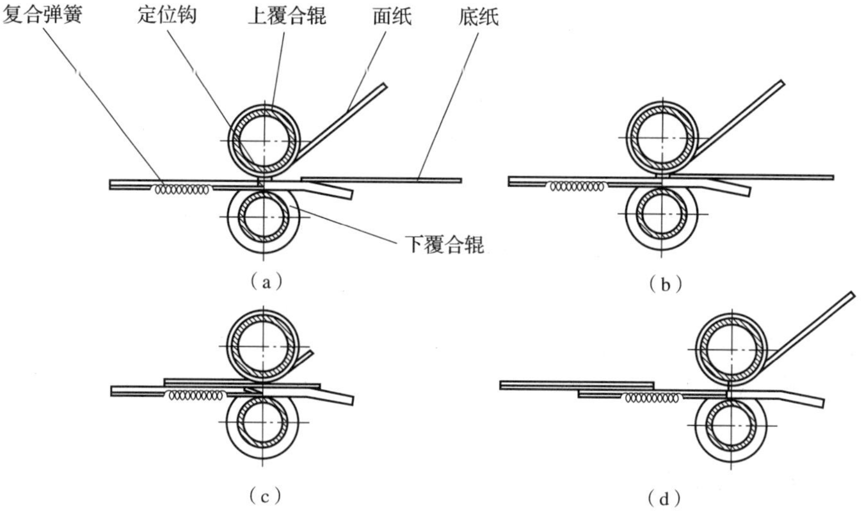

图 4-44　翻转式定位示意图

（a）面纸到定位钩　（b）底纸输入　（c）定位钩翻转、覆合　（d）定位钩复位

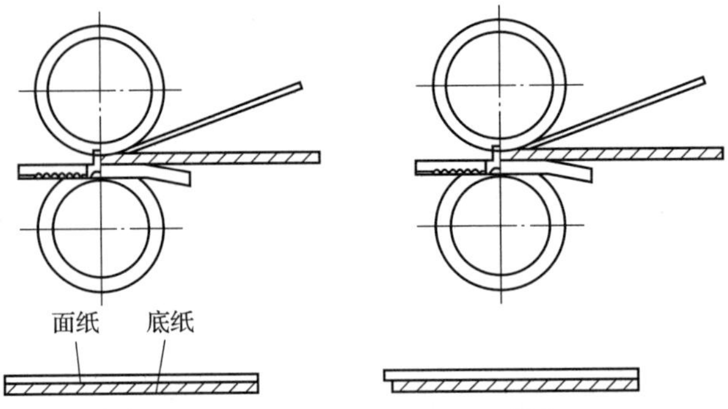

图 4–45　面纸前端位置调节示意图

（a）定位钩在轴心线上面纸与底纸前端齐平　（b）定位钩偏移轴心线面纸前端超出底线

（2）气动翻转式定位钩　如图4–46所示，这是一种用手工摆放面纸的半自动型式覆面机，其前端定位机构是由两组气缸、压板、连杆、推杆、定位钩等组成，侧面装有顶杆。涂过胶的底纸被橡胶带输送中，先被侧顶杆纠正左右两侧位置，到达呈L梯形定位钩的底板上，然后手工将面纸摆放在底纸上。在压板气缸驱动下，压板压向定位钩，使面纸与底纸的前端有2mm被压紧粘牢，然后压板再迅速回升。定位钩气缸通过连杆和推杆，翻转定位钩，让纸板被咬入覆合辊，完成一次覆合过程。Autobond公司的PB Laminating就是采用这种型式的定位机构。

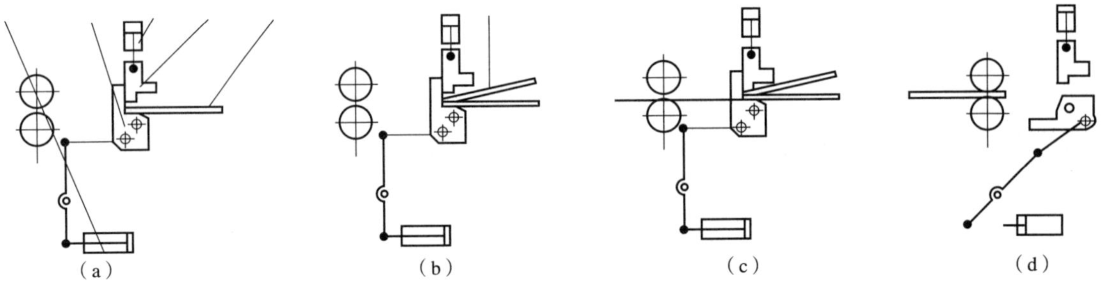

图 4–46　翻板式定位钩示意图

（a）底纸到定位钩　（b）面纸到定位钩　（c）压板预压紧　（d）定位钩翻转、覆合

（3）凸轮杠杆翻转式定位钩　这种型式的定位机构是采用两组凸轮副分别驱动上咬纸辊下压及定位钩翻转，再由上下咬纸辊驱动面纸及面纸共同越过定位钩输向覆合辊，完成覆合动作。由于上咬纸辊下压过程不是纯垂直下降动作，而是一个摆动过程，在压到面纸的瞬间，上咬纸辊的摆动动作中有一个切向分力。生产速度越快，切向分力越大，有时会将面纸向后推，露出底纸的前端，覆合精度不易控制，目前采用这种翻转式定位型式的覆面机已不多见。

二、设备调节与操作

（1）为避免瓦楞高度在裱纸复合过程中遭挤压、损伤破坏，一方面要求纸板不能太软，所以将纸板的含水分控制在14%以下；另一方面压合机部位的压力、角度和速度调到适中。

（2）控制好粘合强度　粘合强度与裱合的工艺有关，也与裱合用的胶黏剂有关，粘合强度是裱纸质量的重要指标，应合理使用胶黏剂，正确调节裱纸工艺参数，以提高裱纸粘合强度。

（3）控制好胶的成分　裱纸所用的胶分为淀粉胶和化学胶。淀粉胶又有两种：黄胶和白胶。胶水在使用前需检测黏度，复合过程中不仅要察看粘合效果，而且也要注意胶水的快干性能。化学胶包括无机类胶粘剂硅酸钠溶液（水玻璃），常用于外板纸与内芯板间的粘接，pH为11～13。

（4）使用和保养

① 生产操作的控制。当裱贴彩印的面纸较薄并且有卷曲的情况下，机器的速度不可过快。装面纸和瓦楞纸板时，它们左右相对的位置要对准，以免因为出纸定位出现偏向误差，产生横向裱贴不准。为了确保面纸和瓦楞纸板裱贴位置准确无误，机器的生产速度要根据面纸的特点合理掌握；装纸时要将面纸和瓦楞纸板的相对位置对准；上、下链条的行程必须准确；上、下纸对准后要将堆纸台的挡纸限位装置固定好。

② 送纸和定位机构。机器若调整或保养不当，也容易造成面纸和瓦楞纸板裱贴出现误差。其主要原因有：送纸链条机构存在松动现象，使上、下链条工作配合不一致或不稳定；上、下链条上的前规出现松动，使送纸时对纸边产生撞击现象；压纸钢板条对面纸的接触位置不适或间隙太大，没有起到减缓纸板高速运动时惯性冲力的作用；上、下滚压辊因没有经常清洗而聚积着一定量的胶液；阻滞了面纸和瓦楞纸板的同步滚压输送。所以，机器的链条应适时进行清理、清洗，并保持良好的润滑；对于出现松动的前规，应该及时采取相应的措施进行处理；调整压纸钢板条的位置，使之与纸板保持一定的摩擦力以防止输纸过猛而超前，还应经常清除干净上、下滚压辊上的胶液或脏污。

③ 覆面机的正确使用和保养。平时要注意做好机器的正确使用和保养工作，这是防止机器非正常磨损和损坏的重要环节。新机器采购后，若由于工厂自身技术条件的限制，不能自行培训生产操作人员的话，应请设备供应厂家派技术人员上门培训设备操作者，确保机器在采购后能够得到正确的使用和正常的发挥。在设备起初使用的磨合期，机器的生产速度不要开得过快，一般要控制在300张/h左右。在设备试生产过程中，要注意通过“观、闻、摸”等方法检查机器是否保持正常状态。观，就是要注意看看机器有关部件的工作状态、动作有没有异常；闻，就是要注意听机器有没有不正常的声响；摸，就是在机器刚运行的一段时间内，要适时停机去摸摸机器的一些转动轴、齿轮等转动件，是否出现明显温升而产生异常发热现象。如发现不正常现象，应立即停机进行检查，发现问题及时处理。机器在使用过程中，一定要严格按设备说明书的要求进行操作，并做好机器的润滑和定期保养工作，这是确保设备保持良好的精度，提高生产效率和质量的有效保证。

覆面机作为预印纸箱生产的重要配套设备，是纸箱生产加工质量不可忽略的生产要素之一，只有深入实际全面了解覆面机的市场动态，根据工厂的实际情况和产品的特点合理选购适合本工厂厂情的机器，并正确地进行使用和保养，才能使所采购到的设备在提高生产效率和产品质量方面发挥最佳的作用。

三、裱纸质量

1. 贴合精度

所谓贴合精度，是指进行贴合加工的底纸（即瓦楞纸或卡纸）与面纸（既彩面纸张）贴合后，面纸与底纸边缘相对距离的最大范围值，贴合精度一般应在±1mm。

影响贴合精度的因素一般有两个，第一是机械故障，第二是人为因素。机械部分各生产厂家的贴合精度基本都可以达到要求，但是，由于国内市场上最常见的裱纸机仍然是以半自动裱纸机为主，因此操作人员的熟练程度和操作技巧，会在很大程度上影响操作的质量。

由于市场销售的机型不同，要求也有不同。如玉田县泰戈尔印刷机械厂出产的SDM103A型裱纸机，它的前规为斜面式挡规，因挡规最低原点位置为面纸位置，这样可以使底纸不超前，故对操作人员的要求就是准确送至原点位置，并保持到点轮送纸加压之时底纸也由点轮送出，经圆带传送部送至点轮压合部的前档处，为增加翘纸与圆带的摩擦力，在圆带下面还加了可调速风箱，以改善底纸的滞后时间，使底纸在输送过程中达到稳定，准确到位。因其工作速度不同，对风箱的风力要求也不同。吸力大会造成底纸送到前档远离其档规后处，因其弹性会使底纸离开前挡规向后移动一段距离；吸力小使得底纸滞后过大，造成面纸大距离超前底纸。另外，底纸不能克服与面纸结合底纸曲翘度和机器工作速度时，调整风力，使底纸刚好稳定送至前规处，以保证精度在其要求的范围内。

2. 贴合质量

贴合质量是指成品纸板的抗冲击度与粘合度。这两个指标都与黏合剂有直接关系。现以使用速干胶粉为基础，对此做详细讲解。

粘合度即底纸与面纸的粘合强度。好的粘合成品是底纸与面纸互相浸入的混合体。而浸入程度过深将造成显楞；浅了将造成粘接不实，也就是我们经常说的炸口；过浅即开胶。这就要求要把胶水均匀布的涂在楞纸上，还要保证足够的面纸浸入深度。

在此介绍一套简单的验证方法。首先将胶水匀在楞纸楞锋上，即楞高的1/3以上要保证用手在楞纸涂胶面上划，有明显的抚胶感。其次楞纸与面纸粘合，施压后进输送压合之前，将半成品取出，完全分离面纸与底纸，观察面纸上的胶迹，在各输送辊压力适合的情况下，此胶迹应为一条连续的胶柱线。较大时此胶迹为一条具有一定宽度的胶痕；过大时将有两条具有较小宽度的胶痕；过小此胶迹将呈现为一条不连续的胶柱线。

瓦楞纸的明显度就是我们所说的透楞程度。严重的在贴合表面显波浪状。在保证以上所述的胶线完整形状前提下面纸的纸纤维排布方向，对此标准起决定性作用。也就是横丝、竖丝贴合时应注意面纸丝向与楞纸的楞向应为垂直相交贴合。如没有注意到面纸的丝向问题，可能出现透楞现象，所以在要切纸过程中注意，可以完全避免上述现象。

（1）“搓板”故障　在面纸裱合到瓦楞纸板上有时经常会出现一道道向内凹陷的沟槽形状如同搓衣板。这种故障的产生，既影响了瓦楞纸箱的美观，又影响了纸箱的强度、厚度。形成的原因可能为：面纸和瓦楞纸板在对裱的过程中，黏合剂涂布不好，集聚到楞峰两侧的黏合剂余量过多。判断方法：开机贴面前要检查黏合剂的涂布量。若在面纸上出现一条条很细小的线，则说明涂胶正常，不会出现“搓板”现象；若在面纸上出现粗重的双线则说明涂胶过多，会出现“搓板”现象，特别是定量低的面纸更为严重。

解决方法：

① 更换面纸。将低定量面纸换成高定量面纸，这是最简单的方法，能够明显消除“搓板”现象，但这样会增加生产成本。② 充分利用纸张的纹理特性。面纸的纵丝缕应与瓦楞纸板瓦楞的方向垂直进行裱合，这是最基本也是最有效的方法。③ 提高黏合剂的黏度，由于黏度的提高从而可大大减少楞峰上的涂胶量，进而减少“搓板”现象的产生。④ 对纸张进行适当的调湿处理。让纸张吸收适量的水分，避免因面纸太干燥而对黏合剂吸收过多，引起“搓板”现象。

（2）塌楞故障　塌楞是指瓦楞纸板在裱合后不久，楞的两边伸长展平。如果黏合剂质量好，还可以黏合；如质量不好，就会产生开胶现象。

形成原因：瓦楞原纸施胶度不够，瓦楞原纸伸长率大，使得胶液还未在瓦楞芯纸上形成胶膜就渗进面纸纤维中，纤维伸长，造成塌楞和大面积开胶。解决方法：在生产中使用合格的瓦楞原纸。

第五节 复合工艺

各种承印材料有各自的优点和缺点，但由于包装内容物的不同，对外包装的要求不尽相同，一种承印材料往往不能满足，因此需要对多种材料进行复合。所谓复合，是指通过某种工艺方法，把两种或两种以上的材料层合在一起，形成新的一体材料。经过复合后的材料保持原有单一材料的优点，又弥补彼此间的缺点，做到取长补短，同时材料本身又具备新的特性。例如，BOPP的强度好、阻隔性优良，但热封性差，而LDPE的热封性好，将这两种材料复合后得到强度好、阻隔性优良、热封性好的复合材料，可满足包装行业的需求。

常见复合材料的种类有以下4种。

（1）纸塑复合材料　纸张的印刷性能好、透气性好、但耐水性差，遇水变形；塑料薄膜的耐水性好、气密性佳，但印刷适性差。两者复合后，形成塑-纸（塑料薄膜为面材）、纸-塑（纸张为面材）、塑-纸-塑等复合材料。纸塑复合后的材料可提高防潮性，同时具有一定的热封性。可采用干式复合工艺、湿式复合工艺、挤出复合工艺等方法。

（2）塑塑复合材料　塑塑复合材料是最常见的一类复合材料，各种塑料薄膜有各自的优点和缺点，将它们复合后，可赋予新材料同时具有耐油性、防潮性、热封性等优良性质。塑塑复合后，可形成二层、三层、四层等复合材料，如OPP-PE、BOPET-PP-PE、玻璃纸-PE-EVOH-PE。

（3）铝塑复合材料　铝箔的气密性和阻隔性比塑料薄膜好，所以有时使用塑-铝-塑的复合，如PET-AL-PE。

（4）纸铝塑复合材料　纸铝塑复合材料是利用纸良好的印刷适性，铝良好的防潮导热性，某些薄膜良好的热封性，把它们组合在一起，可得新的复合材料，如纸-A1-PE。

无论是哪种复合材料，都要求外层印刷适性好、机械性能好，内层热封粘合性好，中间层具有内容物要求的性能，如阻光性、阻隔性、防潮性等。材料的复合方法主要有干式复合法、湿式复合法、热熔复合法、挤出复合法和无溶剂复合法等。

一、干式复合法

干式复合工艺流程如图4–47所示。

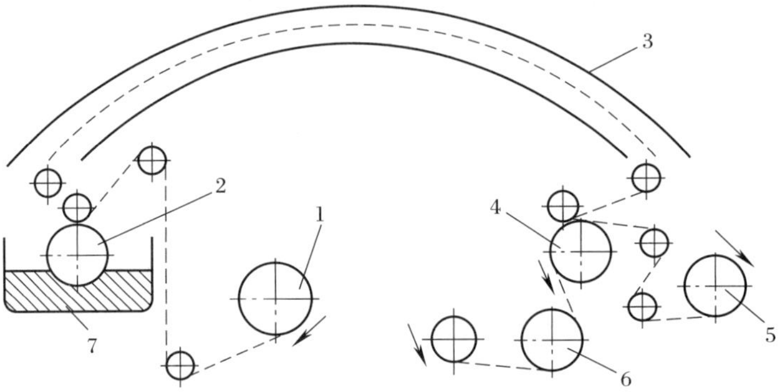

图 4–47　干式复合工艺流程

1，5—复合基材　2—涂胶辊　3—烘道　4—复合辊　6—复卷　7—黏合剂

干式复合法是复合工艺中常见的方法之一。它是在复合基材上均匀涂布一层溶剂型黏合剂，经烘道除去黏合剂中溶剂后干燥，在热压状态下与其他复合基材层合后形成复合材料。使用这种方法进行复合的材料可以是塑料薄膜，也可以是纸张、铝箔等其他材料，根据商品包装的需要选择相适应的材料进行复合。干式复合法主要有以下4个优点：

（1）可选择的复合基材广泛　塑料薄膜、纸张、铝箔甚至无纺布间均可进行复合。

（2）复合薄膜可进行表印，也可进行里印　印刷面如放在复合层里面，能提高图像色彩的光泽度，同时能防止图像被擦伤或被溶剂破坏，起到保护印刷面的作用。

（3）根据复合材料的耐热、耐冷、耐油、耐药品性、耐高温蒸煮等性能要求，黏合剂种类和涂布量可自由设定。

（4）生产效率高，操作简单。

干式复合法的主要缺点是：由于使用溶剂型黏合剂，存在有污染环境和残留溶剂毒性的问题；容易产生气泡、皱纹、层合等不良现象。

原则上，各种黏合剂都可用于干式复合法，只要它具备以下6个特征：① 适应型良好，这里包括与干式复合机适应性好，与基材、油墨适应性好；② 黏合力良好；③ 耐油性、耐水性、耐高温性、耐冷性等性能优异；④ 溶剂残留量要少，溶剂挥发后毒性少；⑤ 透明性高，不会变色，展示效果优良；⑥ 价格适中、便宜。

聚氨酯黏合剂是使用较为普遍的黏合剂，它对塑料薄膜、铝箔、橡胶等材料具有较好的黏合性，固化后具有很高的凝聚力。聚氨酯黏合剂分为单组分（一液型）和双组分（二液型）两种。单组分聚氨酯黏合剂使用末端带有异氰酸酯基团的聚氨酯化合物。

此类黏合剂会吸附空气中的水分和复合基材表面附着的水分，并发生反应形成尿素而固化。在干燥状态下的复合基材、湿度低的环境和涂布量较多的情况下，单组分聚氨酯黏合剂容易出现固化不完全或需要较长固化时间，但它具有操作简便，不需要配合的优点，缺点是不能用于耐高温蒸煮复合材料的生产。单组分聚氨酯黏合剂的反应机制如下：

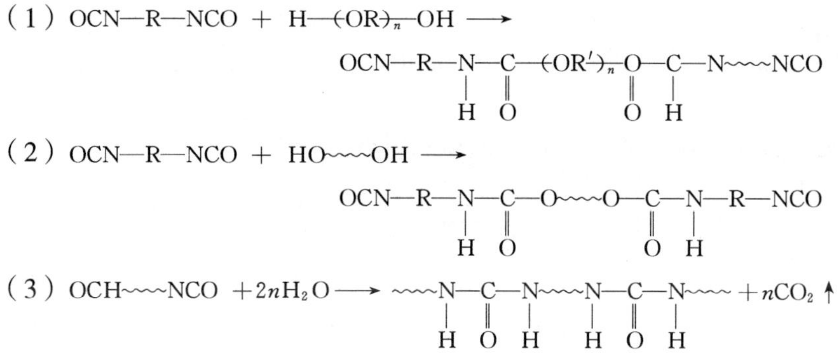

以高分子末端带有—OH的聚二醇类为主剂，异氰酸酯基团—NCO为固化剂配合使用的称为双组分聚氨酯黏合剂。作为主剂的聚二醇类主要有聚酯聚二醇、聚酯聚氨基甲酸酯聚二醇、聚醚聚氨基甲酸酯聚二醇等，化学方程式如下：

（1）聚酯聚二醇

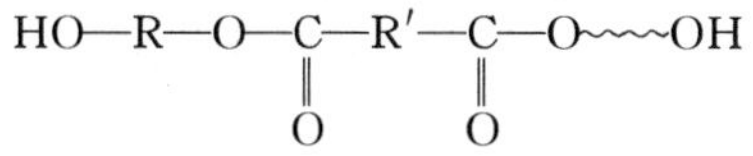

（2）聚酯聚氨基甲酸酯聚二醇

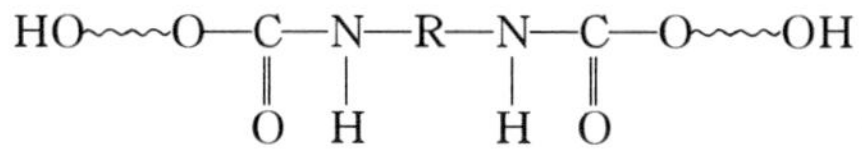

（3）聚醚聚氨基甲酸酯聚二醇

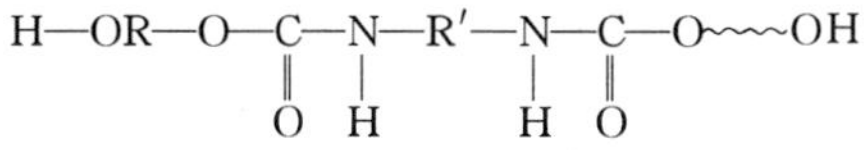

一般而言，聚酯类黏合剂比聚醚黏合剂要好，应用广，因为聚酯类可以在120℃或超高温蒸煮下使用，而聚醚类只能在120℃的场合下使用。

主剂和固化剂之间的反应机制如下：

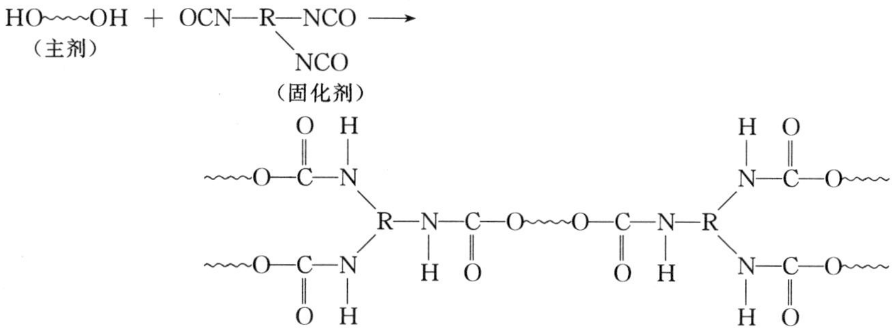

双组分比单组分使用广泛，粘合力强，粘接性能好，特别在高温蒸煮和超高温蒸煮复合材料的生产中双组分完全符合要求。原则上，双组分聚氨酯黏合剂必须随配随用，调配好的胶应及时用完。根据复合材料的不同，要调整主剂和固化剂的配比以获得最佳

的粘接力。在使用过程中可用稀释剂如甲苯、正丁烷、甲乙酮、乙酸乙酯等进行稀释，以满足不同涂布方式的黏度、固含量要求，一般黏度为12～20s（3察恩号杯），固含量为20%～30%，最高可达50%。

表4–6列出常见几种聚氨酯黏合剂主要指标和使用条件。

表 4–6　　　　常见几种聚氨酯黏合剂主要指标和使用条件

项目	新东方油墨集团PV–170		意大利Morton Thiokol S.P.A		东洋油墨株式会社AD1010		东洋油墨株式会社AD–503	
	主胶PV–170	固化剂	主胶 ADE–700	固化剂 ADE–700C	主胶 AD1010	固化剂 AD–RT	主胶 AD–503	固化剂 CAT–10
色相	无色或浅黄	无色或浅黄	微黄透明	浅黄透明	微黄透明	浅黄透明		
固含量/%	35±3	75±3	65	75	50±3	70	35	75
密度/（g/cm^3）	0.95～0.99	1.12～1.15					0.97	1.20
黏度（20℃）/MPa·s	750±250	2000±1000	3500	2000	3500±700	2300±1000	250	1400
主/固配比	100/（10～5）		100/10		100/7		100/4.5	
干燥温度/℃	50～80		80～85		100		100	
复合温度/℃	50～100		90		100		100	

干式复合法中黏合剂的涂布方式有3种，如图4－48所示。

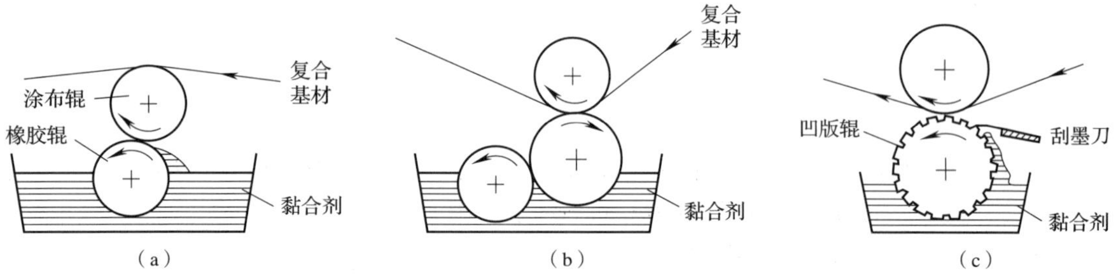

图 4–48　涂布方式示意图

图4–48（a）以橡胶辊和涂布辊之间的间隙及涂布辊与复合基材间的速度比来调整涂布量，这种涂布的长处是不需经常更换辊子，清洗方便，但涂布量不易控制，橡胶辊易膨胀变形。图 4–48（b）是依靠橡胶辊和涂布辊之间的压力及相互的速度差来控制涂布量，优缺点与图4–48（a）相似。图4–48（c）是现在最常用的方法，它使用凹版辊进行涂布，凹版辊的表面结构与柔性版印刷机中的网纹传墨辊结构相同，能定量、均匀地进行涂布。凹版辊表面凹孔形状有锥形、格子形和斜线形，主要使用格子形。这种方式涂布量非常均匀，但涂布量更改、黏合剂黏度改变时要更换凹版辊。

黏合剂采用凹版辊涂布法时，涂布量要根据复合基材的特点来选择，通常未经印刷或印刷面积较小的基材，涂布量在1.5～2.5g/m^2；纸张等基材或印刷面积较大的基材，涂布量在2.5～3.5g/m^2；包 装干燥类食品的基材，涂布量在2～2.5g/m^2；包装含水食品的基材，涂布量在2.5～3g/m^2；耐蒸煮的基材，涂布量在2.5～4g/m^2；铝箔蒸煮的基材，涂布量在4g/m^{2}以上。

选择好合适的黏合剂及稀释剂，还要选择合适的复合压力和温度，通常复合压力在0.4～1.2MPa，塑-塑复合温度控制在50～60℃，铝-塑复合温度控制在80～100℃，其余为70～80℃。复合后，可在50～65℃下放置3～5d进行熟化处理，以保证黏合剂充分交联固化，达到预期的复合强度和各项性能。

二、湿式复合法

湿式复合法是在复合基材的表面涂布水性黏合剂或水分分散型黏合剂，在黏合剂处于湿润状态下与另一复合基材进行层合，再经烘干通道干燥后制成复合材料，湿式复合工艺流程如图4-49所示。湿式复合法与干式复合法工作原理基本相似，其区别一是在于前者是先复合再干燥，后者是先干燥后复合；二是前者使用水溶性黏合剂，后者是使用溶剂型黏合剂；三是前者最少要求一层为透气性复合基材，后者对材料无特殊要求。湿式复合主要用于纸/纸、铝箔/纸、玻璃纸/纸、塑料薄膜/纸等材料的生产。

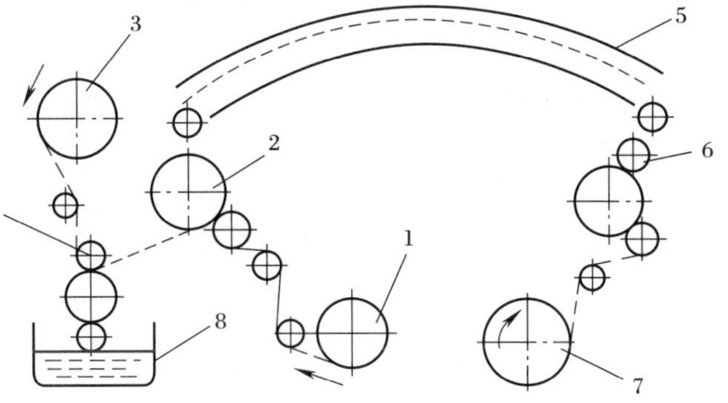

图4-49 湿式复合工艺流程

1，3—复合基材 2—复合辊 4—涂胶辊 5—烘道 6，7—复卷 8—黏合剂

湿式复合法中使用的黏合剂主要有：聚乙烯醇、硅酸钠、淀粉、聚乙酸乙烯、乙烯-乙酸乙烯共聚物、聚丙烯酸酯、天然树脂等。如今常见为水分散乳剂型黏合剂，有以下4种：

（1）聚乙酸乙烯　聚乙酸乙烯黏合剂以PVA胶体为主，适用于纸张、铝箔、PVA等极性较高材料间的复合。它调配好之后可放置较长时间，复合后粘接性好。

（2）乙烯-乙酸乙烯共聚物　由于聚乙酸乙烯的极性较高，但其T_g值仅比室温高，为30℃，因此，固化后的聚合物易发生塑化，并且无法与极性低的基材复合，故选用乙烯-乙酸乙烯共聚物。这类黏合剂的极性较低，除能与极性高的基材复合，还能与PS、PET等极性低的基材复合，拓宽了复合基材的使用范围。

（3）聚丙烯酸酯　丙烯酸酯的种类很多，能与乙酸乙烯、丙烯等单体进行聚合反应。与前两种黏合剂相比黏度调节更容易，对复合基材的适应性好。

（4）聚氨基甲酸酯　这是一类双组分黏合剂，适用较难复合的基材如LDPE、MDPE、PP等。它的黏度不大，且会随时间的增长而增加。

在进行湿式复合时，要求这些黏合剂的浓度控制在25%～30%，黏度性质接近于牛顿流体的性质，不易产生飞胶、结皮、泡沫等不良现象，和乙醇、甲苯等填加剂的互溶性好。

三、热熔复合法

热熔复合法是把不含水或溶剂的热熔性树脂加热熔融后，涂布在复合基材表面，然后立即与另一基材层合，经冷却后得到复合材料，热熔复合工艺流程如图4-50所示。

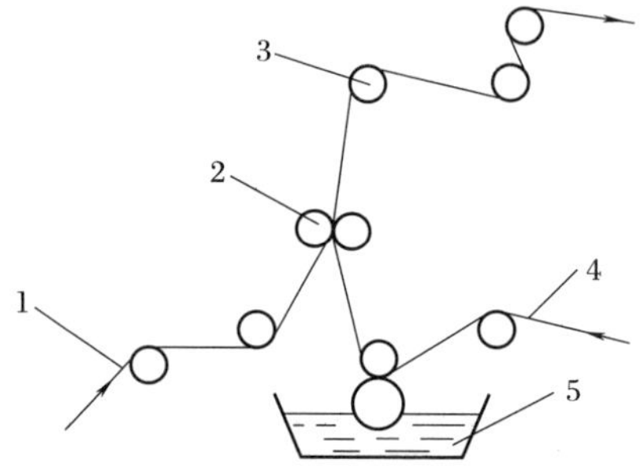

图 4-50 热熔复合工艺流程

1，4—复合基材 2—复合辊 3—冷却辊 5—EVA等黏合剂

热熔复合工艺与前两种工艺相比，优势在于工艺简单，复合时间短，成本低，无需溶剂，可进行特殊要求的复合。缺点是耐热性差，容易炭化和产生臭氧，复合材料的黏合力不强。热熔复合主要用于PT/PT、铝箔/PT、铝箔/纸等材料的生产。

用于热熔复合法的黏合剂应具备几个条件：加热熔融后分解物少；熔融后黏度较低；对复合基材的润湿性好；粘接力强。现在主要使用乙烯-乙酸乙烯共聚物（EVA）、乙烯-丙烯酸共聚物（EEA）、聚烯烃、蜡和少量的松脂类树脂、石油类树脂混合后的黏合剂，其中EVA的加入量达80%之多，聚烯烃包括聚异丁烯、聚丁烯，蜡包括石蜡、微晶蜡、聚乙烯蜡。

四、挤出复合法

挤出复合工艺流程如图4-51所示。

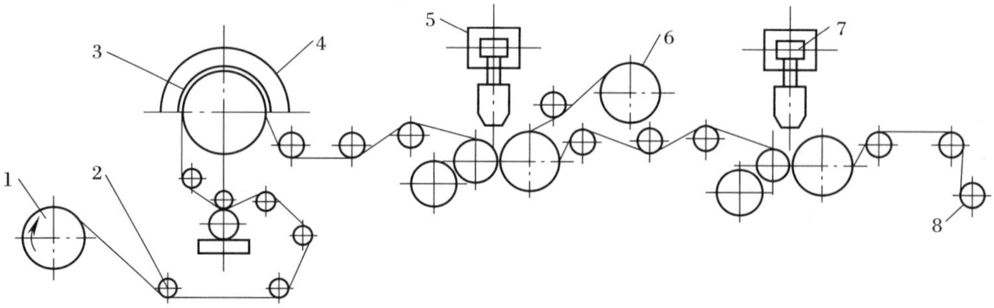

图 4-51 挤出复合工艺流程

1，6—复合基材 2—导辊 3—鼓形辊 4—烘箱 5，7—挤出机 8—复卷

挤出复合又称挤出涂布、淋膜等，它也是复合工艺中常见的方法之一，主要通过挤出机将某种热塑性塑料经加热熔融后作为黏合剂，与一种或几种复合基材通过压辊层合在一起，经冷却后形成。

它具有以下特点：① 黏合剂的涂布量少，仅为干式复合法的1/10；② 热塑性塑料既为黏合剂层，又为复合层，因此挤出复合材料价格便宜；③ 采用挤出复合的基材可进行里印；④ 环境污染小，复合后材料中残余量少。

挤出复合法使用的黏合剂主要是LDPE，除此以外还有PP、EVA、EEA、Surlyn等。为提高基材间的复合牢度，会预先涂布AC剂。涂布AC剂时可选用凹版辊涂布。

挤出复合机可涂布厚度在4～100μm的黏合剂层，它主要通过T形口模来完成的，T形口模的结构示意图如图4–52所示。

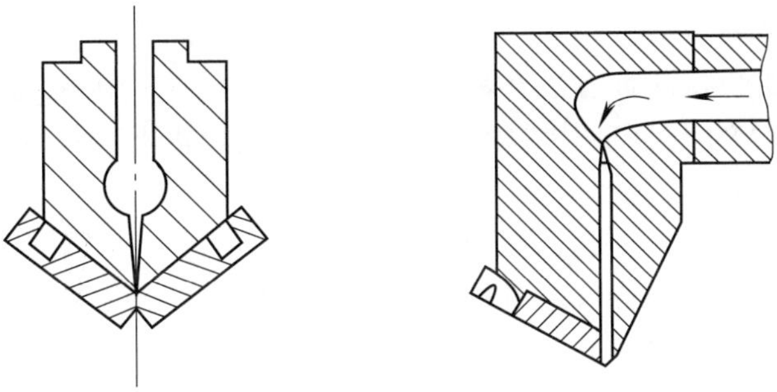

图 4–52 T形口模示意

T形口模有两种：衣架式和鱼尾式，它可控制热塑性树脂的流量，使其保持一致，并能使厚度均一。热塑性树脂经加热后进入T形口模，在到达冷却钢辊之前，与空气接触，在此完成氧化。与空气接触时间越长，氧化时间越长，它与复合基材间的黏合力越好，但材料的热封性下降。因此要根据实际需求来确定T形口模与冷却钢辊间的距离。

挤出复合工艺可以一台挤出机进行复合，也可以数台挤出串联进行复合，从而生成多种多层的复合材料。PVA、PVC、PT、PC、PVDC。纸、铝箔等都可以通过这种方式进行复合，有二层、三层、四层甚至五层、六层等结构。但纸张类吸湿性较大的复合基材与高温的塑料黏合剂进行复合时，会影响其黏合牢度，所以在用此类材料时要预先进行烘干。

五、共挤出复合法

除以上几种复合法外，还有共挤出复合法，这是采用两台或两台以上挤出机共用一个复合模头，生产出多层复合薄膜的工艺，它的主要特点是：① 只能选用具有相容性的热塑性塑料，如果塑料间不能相容，则需加入另一种与这些塑料都能相容的粘接性树脂；② 不使用AC剂，没有环境污染；③ 同干式复合法和挤出复合法相比，生产成本最低；④ 对各层薄膜厚度控制较困难；⑤ 生产出的复合薄膜只能进行表印。

共挤出复合与生产单层塑料薄膜工艺流程相似，也分管膜法和平膜法，即使用共挤圆筒形复合吹塑口模和共挤T形流延复合口模，最终得到管状薄膜和片状薄膜。表4–7列出常用塑料薄膜层合时的黏附特性。

表 4–7 常用塑料薄膜复合时的黏附特性

塑料品种	PE	PP	PVDC	PET	PVA	PA
PE	优良	优良	优良	无	无	无
PP	优良	优良	优良	无	无	无
PVDC	优良	优良	优良	良好	无	无
PET	无	无	良好	优良	良好	无
PVA	优良	无	无	良好	优良	优良
PA	无	无	无	无	无	优良

六、无溶剂复合

1974年，德国的Herberts公司对单组分无溶剂黏合剂的工业化生产，标志着无溶剂复合开始正式推广。如今，此种方法在复合材料的软包装中应用越来越多。所谓无溶剂复合，是采用100%固体的无溶剂型黏合剂，在无溶剂复合机上，将两种基材复合在一起的一种方法，又称反应型复合。

与需使用溶剂型黏合剂的复合方式相比，无溶剂复合因不使用溶剂，在复合后的材料中无溶剂残余量，符合环保要求，对身体无害；此外，涂布时的上胶量少，生产成本降低，因此它是一种很有发展前途的复合方法。

无溶剂复合使用的黏合剂，是100%的固体，没有挥发性物质存在。其种类主要有两种：单组分和双组分聚氨酯黏合剂。单组分聚氨酯黏合剂也称单组分潮气固化型黏合剂，其原理是聚氨酯的化学结构中含有异氰酸根基团遇到空气中的水分，会发生一系列的聚合反应，放出CO_2发生固化，因此必须在黏合剂处于液状时进行涂覆。双组分聚氨酯黏合剂固化原理为氨酯化反应，即含异氰酸根基团的预聚物和含羟基官能团的基料进行加聚反应，其反应只需极少量的水来催化。现在还有一类新型黏合剂——紫外固化型黏合剂，这种阳离子型固化黏合剂中含有光引发剂，在紫外光激发下，电子由基态跃迁至激发态，促使路易斯酸分解，引发黏合剂中的环氧嵌段交联聚合，最终固化。这种黏合剂比前两种反应速度要快得多，复合效率大大提高。

无溶剂复合机除无烘干装置外，其他与干法复合机大致相同。

习题

一、填空题

1. 上光是在印刷品表面涂（或喷、印）上一层________，经流平、干燥（压光）后在印刷品表面形成薄而匀的透明亮层的加工工艺。

2. 涂布上光的工艺分为____、____、____、____。

3. 上光涂料的基本要求体现在____、____、____、____、____。

4. 上光涂料的基本组成包括____、____、____。

5. 上光涂料的类型包括：____、____、____、____、____。

6. 烫印常采用的材料包括____、____、____等材料和____、____等辅助材料。

7. 烫印设备按照工作原理分为____、____、____等；按照自动化程度分为____、____、____、____等。

8. 电化铝箔按照光泽分类，可以分为____、____、____、____等。

9. 粉箔的结构包括____、____、____、____等层次。

10. 进行常规烫印时要完成____、____、____、____等工作。

11. 凹凸压印的承印物主要是纸张及其制品，一般能够承受凹凸压印的纸张厚度为____。

12. 凹凸压印的印版与压印机构是由______和______两部分组成。

二、不定项选择题

1. 印刷品上光的方法有（ ）
   A. 涂布上光、压光、UV上光
   B. 红外线上光、压光、UV上光
   C. 联机上光、三辊式涂布、逆向辊涂布
   D. 印刷机上光、上光机上光、逆向辊上光
2. 关于上光涂料的性能要求说法正确的是（ ）
   A. 光泽性：上光涂料被涂布在印刷品表面上经过干燥或固化后，其结膜应透明，并有较好的光泽感，以增强印刷品对光的透射力和反射力。
   B. 耐热性：上光涂料及其结膜要有较好的耐热适性，以保证其材料性能在较高温度环境中的稳定和成膜后再受热压力作用时不变质、不变形。
   C. 柔弹性：上光涂料结膜后应有一定的柔弹性，以适应上光印品的折叠、模压、卷曲时不发生碎裂伤痕。
   D. 防水性：为了防止印刷品表面受到潮气和水分的影响，要求上光涂料要有防水性。
3. 关于上光干燥装置以下说法正确的是（ ）
   A. 用于上光机的干燥装置主要有热风干燥装置、红外线干燥装置、紫外线干燥装置和电子束干燥装置。这几种干燥装置可以单独使用，也可以组合使用。
   B. 紫外线干燥也称紫外线固化或UV固化，主要由紫外线光源、反射器和辅助设备构成。
   C. 红外线干燥是用红外线管状石英灯作为辐射器，向涂布上光油的印刷品表面辐射光波。这种干燥装置可安装在机器的任何部位，也易于调节功率。对人体无害，使用周期长，耗电少，但辐射利用率低。
   D. 热风干燥是用电热管或煤气等加热烘道中的空气，使烘道达到需要的温度，上光油（涂料）中的溶剂挥发，废气从排气管道中排除，达到干燥目的。
4. 印刷机上光中，要做好的几项处理工作是（ ）
   A. 墨辊的处理　B. 色序的处理　C. 添加剂的处理　D. 上光版的处理
5. 关于上光涂料的说法正确的是（ ）
   A. 上光涂料的类型包括溶剂型上光涂料、油性上光涂料、水性上光涂料、UV上光涂料等。
   B. UV上光涂料可以省去其他烘烤设备，固化时间短，并没有挥发物质，有利于保护环境。
   C. 上光涂料基本包括主剂、助剂、溶剂等组成。
   D. 上光涂料被涂布在印刷品表面上经过干燥或固化后，其结膜应透明，并有较好的光泽感，以增强印刷品对光的透射力和反射力。
6. 关于电化铝箔的说法正确的是（ ）
   A. 按烫印基材分类，随着新工艺、新技术、新材料的采用，电化铝箔已经从纸张印刷品扩大到皮革、绒布、塑料、金属、木材等多种基材。
   B. 电化铝箔的纹理可分为平滑镜面类、线条纹理类、网格纹理类和仿生纹理类等。
   C. 电化铝箔在隔离层里有不同的颜料使之具有不同的颜色。
   D. 镀铝层的作用是给染色层一个能产生金属光泽的底衬。利用铝具有高反射率，能较强地反射光线的光学特性，使与染色层反射出的色光综合成为有金属光泽参与和烘托的彩光。

7. 关于烫印工艺说法正确的是 （ ）

A. 烫印前要进行相关项目的检查。

B. 烫印温度由烫印物的质地和烫印形式等决定。

C. 在实际操作中，操作人员通常把烫印时间当作一个常量，不轻易改变它。

D. 确定烫印工艺参数时以被烫物的特性和电化铝的适性为基础。

8. 下列说法正确的是 （ ）

A. 冷烫印技术是在压印滚筒无热量的情况下，依靠黏合剂的黏度和滚筒间的压力实现烫金箔的转移。

B. 在烫印的实际操作中，烫印时间通常作为常量，不轻易改变。

C. 烫印时间是电化铝与承印物的接触时间，接触时间与烫印牢度在一定条件下是成反比的。

D. 复合箔是没有隔离层、胶黏层，而直接将染色层、镀铝层与箔片膜基组合为一体的烫印材料。

9. 复合箔的结构包括 （ ）

A. 镀铝层 B. 染色层 C. 箔片基层 D. 隔离层

10. 关于电化铝的片基层说法正确的是 （ ）

A. 片基层是转印层的载体。

B. 片基厚度为12～25μm。

C. 用于向印刷品表面转印的其他各层物质依此黏附在片基表面上。

D. 对片基的性能要求包括在烫印工作温度作用下，不能产生收缩变形和因温度升高而熔化。

11. 凹凸压印中造成纸张压破的原因是 （ ）

A. 压印时会将石膏凸版压坏、压出小孔，或把杂质直接粘到凹凸图文上。

B. 装版时垫版不实，剪贴垫层的层次处理不当。

C. 纸张质量出现问题或印版边角过渡坡度大。

D. 规矩不准。

12. 凹凸压印中常出现的故障或者质量问题有哪些？ （ ）

A. 图文轮廓不清 B. 套印不准 C. 图文表面斑点 D. 纸张压破

13. 关于凹凸压印的装版工艺说法正确的是 （ ）

A. 定位：凹凸压印版尽量装在版框的中间位置，压印时受力均匀。

B. 用印版高度规或活字检查老校验印版高度。

C. 调整压印力：印版各部分的压力应均匀。

D. 做石膏凸版：在垫版面层基本形成的基础上，铺上石膏层。

三、判断题

1. 采用逆向辊涂布时涂布量由施涂辊与计量辊之间的间隙控制，应为纸厚的70%左右。（ ）

2. 印刷机上光时的顺序是先印大面积底色、浅色，后印深色和小色块，最后印亮光油。（ ）

3. 采用超级压光时印刷品进入热压区，温度一般控制在80～100℃，压力80～100kN/m。（ ）

4. 对印刷品进行上光处理可以增强印刷品表面的耐磨性能，是因为上光涂料有耐磨性。（ ）

5. 很多印刷机都配备了联机上光机组，采用这种联机上光设备能提高速度，提高效率。（ ）

6. 烫印机的基本结构包括机身、输纸台、收纸台、烫印版、压印版、电热板、底板、烫印箔传送装置等。 （ ）

7. 常规烫印的压力调节以不糊版、烫迹清晰光亮为好；其压力之小以牢固不脱落、不发花为宜。如果在同一块版上，烫印两种面积大小悬殊的图文时，要掌握好单位面积压力的相等，烫印面积越大，烫印压力应越小，反之则大。（ ）

8. 电化铝箔的各层材料中，对片基性能的要求是耐热、抗拉强度大。（ ）

9. 金属箔是将一些延展性好的、带有光泽和外观好看的金属经过压延而成的极薄的箔片，一般都在其一面预先涂布上黏合剂，然后再用于烫印。这一类金属有金、银、铜、铝等。（ ）

10. 全息烫印箔具有防伪功能。（ ）

四、简答题

1. 请写出折叠纸盒的生产工艺流程。
2. 上光的作用是什么？
3. UV上光的固化机理是什么？
4. 三辊式涂布是什么？请用简图解释。
5. 逆向辊涂布是什么，它的涂布量是如何控制的？请画出逆向辊涂布的结构简图。
6. 请写出烫印机的基本结构。
7. 电化铝箔的质量要求包括哪些方面？
8. 请说明电化铝箔的结构包括哪些？（结合图示）
9. 常规烫印中的烫印压力过程中存在着哪三方面的压力？影响烫印压力的因素主要有哪些？
10. 请论述冷烫印技术的优缺点。

第五章 模切与其他裁切方式

包装材料经过印刷和表面整饰后，就将进入立体成型加工阶段，立体成型主要包含裁切、弯折、接合三种加工工艺。对于不同的包装材料，裁切工艺也有所不同。例如，软包装用包装材料一般需经过分切和横切才能得到所需的成品尺寸；纸盒和瓦楞异形箱一般采用模切工艺；瓦楞纸箱箱坯则采用开槽加工。纸板包装材料在进行裁切加工时往往同时进行弯折加工，即压痕和压线。

第一节 裁切原理

在包装加工生产中，无论是单张纸、卷筒纸、卡纸、瓦楞纸板，还是塑料薄膜，其裁切都是采用滚筒切刀、圆盘切刀或平切刀来裁切完成。裁切的基本原理有刀切、剪切和撕切，如图5–1、图5–3所示。

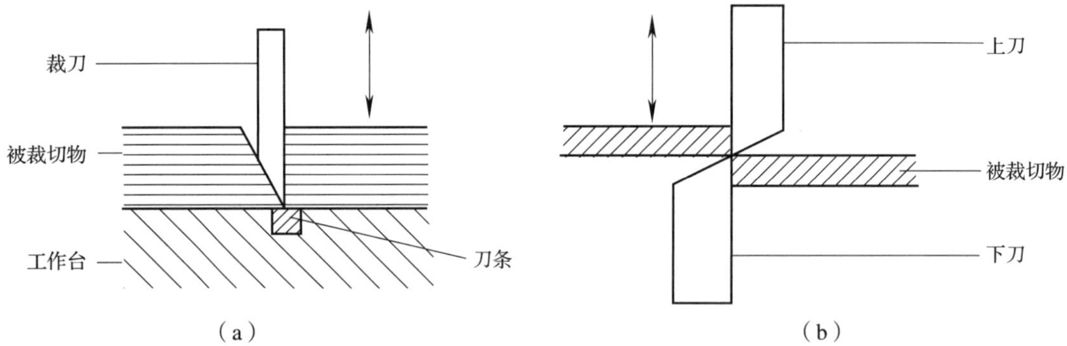

图 5–1　裁切原理

（a）刀切　（b）剪切

1. 刀式裁切

原理：裁刀◀————▶刀条（垫刀板）

应用实例：平压平模切、圆压圆模切等。刀片刃角越小，刀片越锋利，裁切精度越高，刀架工作负荷越轻，机器磨损小，电耗小。但刀刃角太小容易磨损和损坏，特别是裁切坚硬、厚实的纸张时刀片容易弯曲。所以，合适的刀刃角大多采用22°，而对较硬材料则采用24°/22°的双斜角刀片，以确保裁切精度。

2. 剪式裁切

原理：上刀◀————▶下刀（固定不动）

应用实例：分切、横切、开槽等，如图5–2所示。

3. 撕切

原理：上刀◀————▶刀架（固定不动）

应用实例：分切等，如图5–3所示。

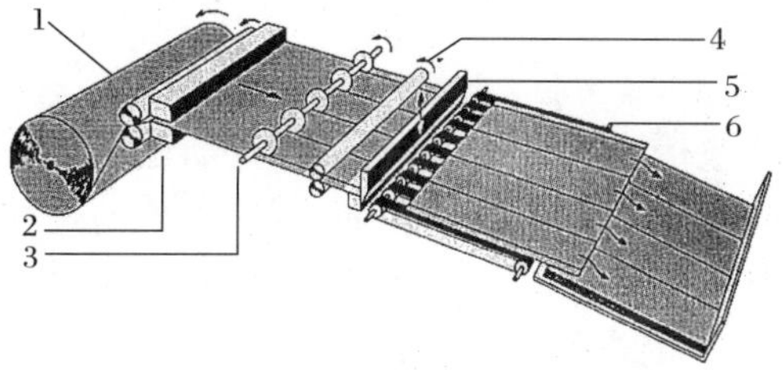

图 5-2　应用剪式原理的纸板分切机

1—放卷装置　2—张力辊　3—分切刀
4—导辊　5—横切刀　6—收卷装置

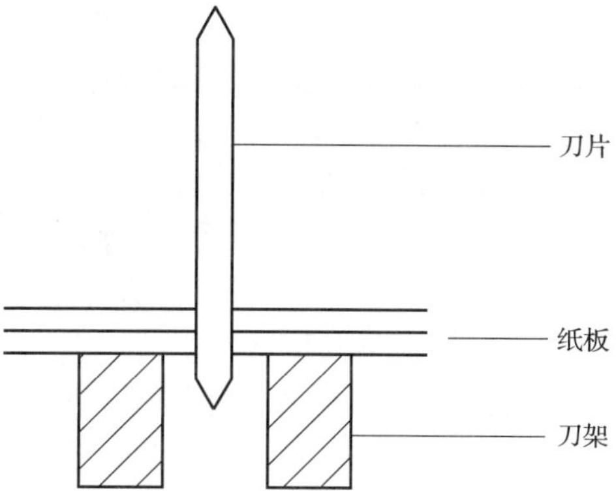

图 5-3　撕切原理

第二节 刀模的制作

刀模的制作现多采用激光方法，主要制作步骤为：模切版基的准备→模切刀具的成型→组合拼版→粘贴模切弹垫→制作压痕底模。

一、模切版基的准备

（一）模切版基的种类

（1）木板　首先要求木板具有较高的硬度，可耐模切冲压力；木板木质要均匀，切割缝隙宽度统一，松紧一致，装出的刀、线松紧均匀，整板没有应力，模切出来的纸张也就受力均匀，不会发生断裂，对刀的损害小，可延长刀模的使用寿命。另外要求木板的柔韧性要好，可以缓解因弯刀不贴切造成的木板应力，从而更好地坚固刀片，在模切冲压时，也有一定的缓冲作用，使刀片更加耐用。适合制作刀模的木板有桦木和榉木，质量最好的木板产品，当属芬兰板，木质均匀、硬度高、柔韧性好，制好的刀模模切质量高，但由于进口板价格较贵，所以只用于质量要求高的刀模，如烟包盒刀模、拼图刀模和小型包装盒等刀线密集型刀模。国内产品中，质量最好的是上海板，质地均匀、表面洁白、柔韧性好。东北板木质不够均匀，但是对于一般的瓦楞纸箱、中型尺寸的包装盒、较大尺寸的曲线图形等产品，完全可以满足要求。胶合板制作的模切压痕版质量较高，且刀模质量轻，所以木板底板常用的是胶合板。常用的木板是18mm或15mm桦木板，模切卡纸产品用18mm厚的木板，模切瓦楞纸或海绵产品、吸塑类产品则用15mm厚的木板，20mm木板则用于制作胶片和不干胶产品的刀模（不干胶用手工模切，也可用10mm木板，配12.5mm高的刀），常用的清废版为12mm或8mm的木板。

（2）PVC板　PVC硬塑胶板是一种5mm木板代用板，比木板结实，使用寿命长，效果好。常用的厚度有8mm、5mm、3mm，3mm板用于制作复合式（俗称三明治式）的18mm刀模板，即上、下两层为3mm塑胶板，中间一层为12mm木板，三块板分别切割好后用定位铆钉铆上再装刀线。由于切割成本、装刀难度增加，制造成本较木板刀模高，再加PVC塑胶板在切割时会放出有毒气体，对设备金属部件和人体均有一定危害性，不宜推广。

（3）钢板　太厚的钢板不易切割，且版材成本高，所以钢板也用于制作复合式刀模。即上、下两层为3mm厚的薄钢板，中间为12mm厚的木板，虽然钢板成本贵，但制成的刀模结实、耐用，且可多次换刀（高达40次）。对于花版活，由于可以长期换刀（换刀价格是刀模价格的一半），因此，降低了成本，加上模切质量好，很受欢迎。

（二）绘制刀模轮廓图

刀模的结构取决于产品结构，版面设计的任务包括：刀模面的大小，应与所选用设备的规格和工作能力相匹配，既要保证加工质量，又要较好发挥设备的能力；确定刀模的种类；选择模版所用材料及规格；模版的格位应与印刷格位相符；工作部分应居于模版的中央位置；线条、图形的移植，要保证产品所要求的精度；版面刀线要对直，纵横刀线互成直角并与模版侧边平行，断刀、断线要对齐。为使模版的钢刀、钢线具有较好的模切适性，产品设计时应考虑模切的工艺性。在绘制刀模轮廓图（如图5–4）时应注意以下几个方面。

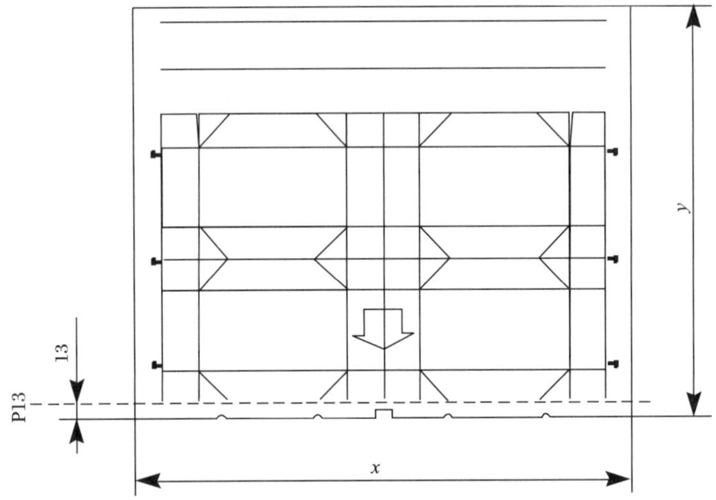

图 5–4　刀模轮廓图

（1）确定刀模版面的大小，应与所选用设备的规格和工作能力相匹配。例如BOBST模切机、SP系列模切机主要用于纸板模切，SPO系列模切机主要用于瓦楞纸模切，表5–1为BOBST典型机型的模切规格。

表 5–1　**BOBST典型机型的模切规格**

序　号	模切机型号	规格/mm
1	SP 102	1025×715
2	SP 130	1310×925
3	SP 142	1415×1020
4	SP 160	1640×1130
5	SPO 1575	1580（最小为680）×1043
6	SPO 160	1620（最小为680）×1103
7	SPO 2000	2060（最小为680）×1273

（2）确定第一条钢刀与刀模的起始边的距离，至少为13mm，为给模切机的咬口边

（一般12～17mm）留一定宽度的纸板。

（3）确定刀模的中心槽，即在刀模的起始边的中线上有一个长方形槽口（15mm×8mm），有时也为半圆形。

（4）在刀模的背面钻与模切机版台固定用的小孔。

（5）为了补偿压力，使刀模整体受力均匀，不致压损钢刀，要在刀模的尾端加设几个钢刀。

（6）加上废料分割线，如纸板的四边。

（7）结构设计中应避免的错误，例如：

① 开槽开孔的刀线应尽量采用整线，线条转弯处应带圆角，尽量避免相互垂直的钢刀拼接，如图5-5所示。

② 废料最窄应为5mm，防止出现连续的多个尖角，对无功能性要求的尖角，可改成圆角，如图5-6所示。

图 5-5　线条转弯处采用圆角示意图

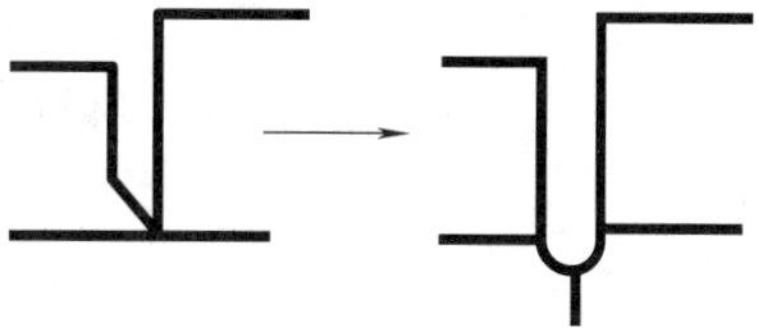

图 5-6　两条线接头处采用圆角示意图

③ 两条线的接头处最小的角度应为30°。

④ 防止尖角线截止于另一个直线的中间段落，这样会使固刀困难、钢刀易松动，并降低模切适性，应改为圆弧或加大其相遇角，如图5-7所示。

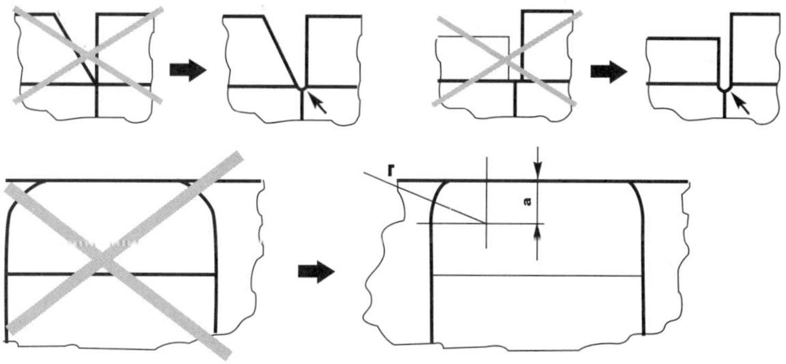

图 5-7　尖角线处改为圆弧或加大其相遇角示意图

（三）切割版基

底板开槽工艺已从手工过渡到半自动、全自动机械控制，底板开槽有如下几种：

（1）铅块排制刀模槽　这是最早的刀模制作工艺及方法，首先在一块木板上绘出尺寸平面图，而后对照图形弯刀；弯好刀后，将刀线放在图形相对位置上，在模板最大尺寸以外做一个外框以将这一模板固定住，并在中间所有空着的地方填充铅块。其缺点是不结实，容易散掉，模切量小，图形容易变形，只能加工简单的图形。

（2）手工木板锯槽　先在木板上画图，而后根据图形在木板上用齿锯界出刀缝；再根据刀缝弯刀；最后装上刀、线，就制成了手工木板刀模。其优点是比铅块刀模结实，改善了铅块刀模容易松散、变形的缺点，一可提高使用次数。但缺点是刀缝不直，复杂图形不准确，多重排版时，每个界出的图形不统一，重复性不好，且制版效率低。

（3）锯床切割　先在木板上画图，而后用机床界缝。利用特制锯条的上下往返运动，在底版上加工出可装钢刀和钢线的窄槽，锯条的厚度等于相应位置钢刀和钢线的厚度。

锯床切割的第一步是晒软片。把拼版设计图送照相室晒制软片，一式两份，一份交制版部门制作印刷板，另一份送排刀间制作刀模。这样能保证刀模和印刷版一模一样，模切时能精确套准；另一方面也能保证时间，印刷车间印好时，刀模已经做好，立即可以上机模切。

然后是转移拼版设计图把拼版设计图转移到胶合板上，其转移方法有两种，一种是手绘，另一种是照相复制。

① 用手工绘图要用特制的绘图架，总的要求是横平竖直，高度精确。

② 照相复制比较精确，但需要有专用的晒版机。可以用普通的晒版机改装使其适用于木板晒版，感光方法有：a. 在木板上涂一层紫色的感光液，曝光后显影、冲洗和定影；b. 在木板上贴普通的晒图纸，用日光或日光灯曝光后，用碱水显影，这是较简易的方法。

有了轮廓图之后进行机械界缝，机械界缝的第一步，在每个线条和桥位起止点处钻孔，以使锯条顺利进入木板；第二步，锯条进入后在画好的线条上界缝。有的锯床还配有吸尘系统，可以把锯切的锯末自动收集。而后根据刀缝弯刀，再装上刀、线即可。其优点是提高了加工效率和准确性。缺点是机械界缝只是锯条由机械控制，线条导向仍由人工掌握，所以界缝仍然不够直，重复性不好。

（4）激光切割　模切版基的激光切割机主要由LASERCOMB公司提供。其中，MTL-SLAB激光切割系统采用LASERCOMB高精度的激光系统机床与Rofin-Sinar公司的SLAB激光；CLS-SLAB激光切割机中CLS设计使用了激光头不动，工作台面移动的方式，并最大限度保证了机器的精度、坚固性及动态平衡性；PTSn滚筒木样激光切割机机构坚固，性能稳定，配以SLAB型激光发生器，主要用于圆压圆刀模的批量生产。

PTSn滚筒木样激光切割机机构坚固，性能稳定，配以SLAB型激光发生器，主要用于圆压圆刀模的批量生产，可选件如贺板快装系统QuickMount和高级防装系统A.C.P.等，可确保整机的高效运行。

LASERCOMB公司不同型号激光切割机的规格见表5-2。

表 5-2　LASERCOMB不同型号激光切割机的规格

型号	规格/mm	完成时间/s	型号	规格/mm	完成时间/s
MTL 1510	1500×1040	59×41	CLS 2317	2300×1700	90×67
MTL 1521	1500×2100	59×82	PTSn 3020R	3000×1500	118×59
MTL 1530	1500×3000	59×118	PTSn 3022	3000×2200	118×87
CLS 1712	1700×1250	67×49	PTSn 4020	4000×2000	157×78
CLS 2115	2100×1500	83×59			

由于激光切割由自动控制程序控制，所以在前工序刀模图形设计及后工序装刀及配套产品方面都系统地配置了先进的设备技术，使刀模的加工水平上升到一个新的高度。

① 激光切割原理。如图5-8所示，从激光器发出波长为1064nm的CO_2激光束，经导光

系统传导到被切割材料表面，光能被吸收变成热能。光束经透镜聚焦后，焦点直径只有0.1～0.2mm，功率密度可超过10^6W/cm^2。这样高的功率密度能使材料温度瞬间就达到沸点以上，形成过热状态，引起熔融和蒸发。此时，材料中易气化的成分产生一定的气压，使熔融物爆炸性去除。木材用激光切割时，去除的材料以气化为主并产生烟尘。因此，在切割过程中，需要喷吹一定压力的气体，以利于加工的进行。

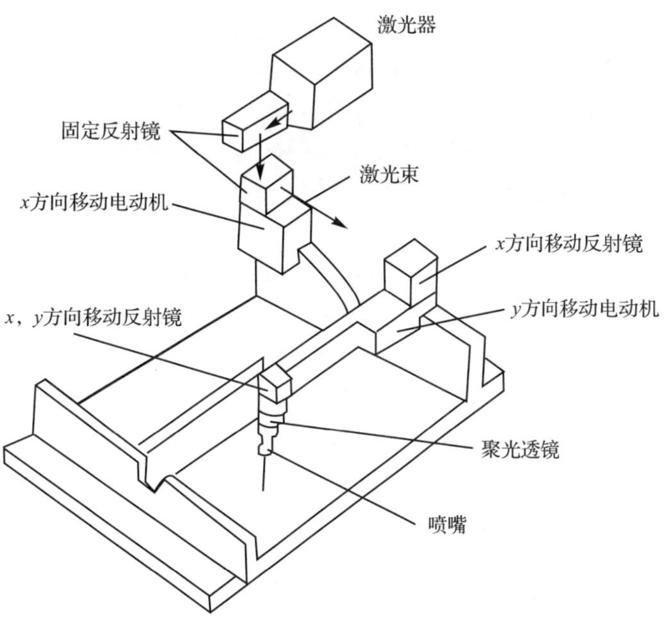

图 5-8　激光切割机示意图

② 激光切割刀模的工艺流程。刀模切割工艺流程一般为：留桥 → 搭桥 → 切边框。

a. 留桥　各类包装纸盒的展开图，都是由若干个几何图形拼成的。如果按展开图的图线切割，得到的将是一些零散的木块，并不是一个完整的版面。为了使版面不散，必须在图线的某些位置留出一些线段不切。这些线段像桥梁一样，把版面连成一个整体，这在切割工艺上叫留桥。锯切法留桥是先在桥的两端打孔，然后穿锯条、锯切、卸锯条重复作业，相当麻烦，也无法保证精度。

b. 搭桥　因为桥的存在，用市售的钢线还不能直接进行镶嵌，必须把钢线在与桥对应的部位加工出有一定深度的缺口，才可能将钢钱镶到切缝中。镶嵌到位的钢线，下端和木板底面平齐，所以缺口深度应和木板的厚度相等。目前，国内使用的钢线宽度一般为23.8mm，如果用厚18mm的胶合板制作刀模，作出缺口后钢线相连部位的宽度只有5.5mm。此时钢线的刚度和强度尚能满足模切的要求。然而，有许多用户因工艺需要或为降低成本，常用20mm以上的胶合板切制刀模。此时，作出缺口的钢线在连接部位的尺寸不大于3.5mm，造成钢线承受力明显下降，刀模的使用寿命大大缩短。这时，如将桥位厚度切掉一部分，并使钢线缺口深度减少相应的尺寸，将和桥对应部位的钢线也能镶到切缝中一部分，就可提高整个钢线的刚性和强度。这种把桥切到一定深度的过程，在工艺上叫搭桥。用锯切法锯半通槽几乎是不可能的，因此搭桥工艺对于锯切法来说是相当困难的。

c. 切边框　留桥和搭桥是刀模切割的主要内容，边框的切割则相当于切制一个方形件。根据模切机要求确定的尺寸，可切出整齐的边框，有利于刀模安装迅速和牢固。

③ 圆压圆模切辊的制作。

a. 圆压圆模切辊的类型。圆压圆模切辊可分为以下3种类型：

i. 镶块式。指除滚筒基体外，整个圆周的刀模都是由一块块小刀模镶嵌组合而成。这种方式有利于易损坏的刀模调换。

ii. 整体式。指刀模是在滚筒基体上整体加工而成的。整体式易于保证模切滚筒有一定深度的硬化层，确保刀片间高度的一致性和模切精度。在整体式模切辊的某些部位也可采用一些镶块形式，例如在压凸部位等。

iii. 包缠式。包缠式模切辊是指将加工好的与滚筒基体弧度相同的刀模，将其固定于滚筒基体上。包缠式模切辊，又分磁性包缠和焊接式包缠两种。焊接式模切辊是将刀具焊接于滚筒上。磁性包缠式模切辊是刀具事先安装在薄钢板上，靠磁力将刀具固定在滚筒上，使用方便，便于邮寄，但成本高。包缠式模切辊常用于短版、易变产品和样本生产。

b. 圆压圆模切辊的制造方法有两种。

i. 直接加工法。先将滚筒整体硬化至中等硬度（约洛氏硬度HRC30～40），然后在数控机床上直接加工而成的经济型、小批量生产的模切辊。

ii. 电火花加工法。这是伯奈尔公司的专利，在加工模切辊的刀片前，先将滚筒基体进行整体处理，使其硬度达到HRC57～62，表层1.5nm，硬度可达HRC60～62，然后采用电火花加工方式将由计算机设计的刀片形状和排列，十分精确地再现在滚筒体上。

二、组合拼版

（一）模切刀具

按照包装结构设计图，模切常用线型有：

裁切线指将纸材按设计要求切断，使之与余料分离；

压痕线指为了实现纸材的折叠，在纸材上压出的痕线；

切痕线指切断与压痕交替进行，多用于较厚纸板折叠线或易开线的加工，以L1/L2表示切断L1（mm）与压痕L2（mm）交替进行；

打孔线指间歇切断，多用于瓦楞纸板瓦楞方向的折叠或用于撕开线；

刻痕线指不完全切断，多用于极厚纸板（厚度>1mm）的折叠，刻痕刀的高度介于钢刀与钢线之间，一般以切断材料的2/3为宜。

模切压痕常用两种刀具，一种是用于裁切的钢刀，另一种是用于压痕的钢线，经压力作用完成不同的加工要求。

1. 钢刀

钢刀是模切印版的主要材料，应具有锋利、耐磨损、弯曲方便等特性，利用锋利的刀具刃口将纸板切断，得到所要求的纸盒坯料形状。切口要光滑，不允许粘连。

根据生产要求，卡纸或单瓦楞纸板用钢刀高度一般为23.8mm，双瓦楞纸板用钢刀高度为28.6mm，不干胶用钢刀高度为7、8、9.5mm，特殊用途钢刀（高刀）高度为30～50mm。钢刀的厚度常用0.71mm，也有0.53、1.05、1.42、2.13mm等厚度的钢刀，钢刀的厚度单位也用点（线）表示，上述厚度对应的点（线）分别为1.5点、3点、4点、6点。

根据模切材料的不同，钢刀材料分为硬性、中硬性、软性三种，根据需要灵活选用。钢刀的软硬指刀体部分，钢刀的刃口都很硬。

硬性钢刀适用于模切很硬难切的物品，如电路板、橡胶板，对较软的物品，如纸张、塑料也很适用。

中硬性钢刀适用于模切不干胶纸、贺卡、名片、纸板等。

软性钢刀适用于不干胶纸、贺卡、名片、胶片、纸板等。

由于被模切产品形状各异，需要将钢刀弯成各种各样形状，钢刀要具有弯曲特性。硬性钢刀弯曲特性较差，中硬性钢刀弯曲特性较好，软性钢刀弯曲特性最好。软性钢刀刃口经淬火处理，即有优良的弯曲特性，刃口又保持锋利，适合于多方面用途及难切材料。

为了适合不同的模切要求，钢刀有不同的刃口，图5-9为钢刀刃口形状。

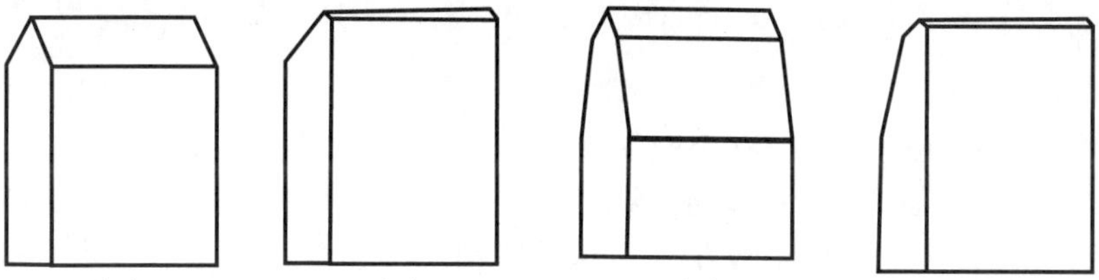

（a） （b） （c） （d）

图 5-9 钢刀刃口形状

（a）矮刃口 （b）单面矮刃口 （c）高刃口 （d）单面高刃口

根据不同的模切需要，钢刀有平直形刃口、齿形刃口（粗齿、细齿）、针孔形刃口、波浪形刃口和其他形状的刃口。

齿形刃口可节省分段装钢刀，齿形大小可选择或定做。针孔形刃口切破纸张表面形成一排针孔方便撕裂或涂胶贴合用。波浪形刃口一般用于贺卡、盒边及商品吊牌等的模切。

2. 钢线

压痕刀具称为钢线、压痕线或啤线。钢线材料要具有耐磨损，弯曲度大等特性。

钢线的高度等于钢刀的高度减去纸板压实的实际厚度，一般为22～23.8mm，根据压痕纸张的厚度，一般相差0.3～0.8mm或更多一些。钢线的厚度与钢刀的厚度规格相同。常用钢刀高度23.8mm，钢线高度23mm，钢刀和钢线厚度0.71mm（2点），钢线厚度还要根据压痕纸张厚度选定，常用厚度为2点、4点、6点等。卡纸厚度为0.2～0.6mm时，钢线的厚度为2点；卡纸厚度>0.6mm时，钢线的厚度为3点。

根据不同压痕需要，钢线的形状有单头线，双头线，圆头线，平头线，尖头线等，图5-10为钢线的形状。

（a） （b） （c） （d） （e）

图 5-10 钢线的形状

（a）单头线 （b）双头线 （c）圆头线 （d）平头线 （e）尖头线

3. 滚筒模切压痕刀具

滚筒模切压痕刀具用于圆压式模切机上，与平压式模切压痕一样，滚筒模切压痕刀具分为模切刀具（称作钢刀或啤刀）和压痕刀具（称作钢线、压痕线或啤线）。钢刀和钢线基本形状是圆环形和直条形，常用高度一般为21.3～26.7mm，常用厚度一般为1.05～2.13mm（3～6点），也可按压痕、模切要求专门制作对应规格的钢刀和钢线。钢刀的刃口有平直形、齿形（按每英寸齿数多少，分为齿数较少的方齿刀、齿数较密集的针齿刀，即使每英寸6齿，也会有1/3mm和2/2mm两种齿样）、针孔形、波浪形等多样。

另一种滚筒模切压痕刀具与模切滚筒做成一体，称为模切辊，模切辊由上辊和下辊组成。可用一组模切辊，也可用多组模切辊，利用模切辊进行模切压痕加工时，分为压切式和剪切式两种方式。

（1）压切式　压切式模切辊的结构特点是上辊为刀辊，下辊为光辊。当上下辊转动时中间的纸板产生挤压时，纸板就被模切成型，如图5-11所示。模切过程中，压力使刀辊和光辊的表面产生接触造成辊面磨损。纸板在被刀辊压缩突破极限被切断时产生的爆裂也加速刀刃的磨损及裂痕的产生。因而，压切式模切辊，如图5-12所示的使用寿命较短。但由于其制造成本较低，更适用于批量不大、经常调换刀具的酒标、商标、清洁袋、软饮料盒盖、快餐盒、折叠纸盒、纸尿布、卫生巾、计算机软盘、食品、汽车电池的电极片等短版活。

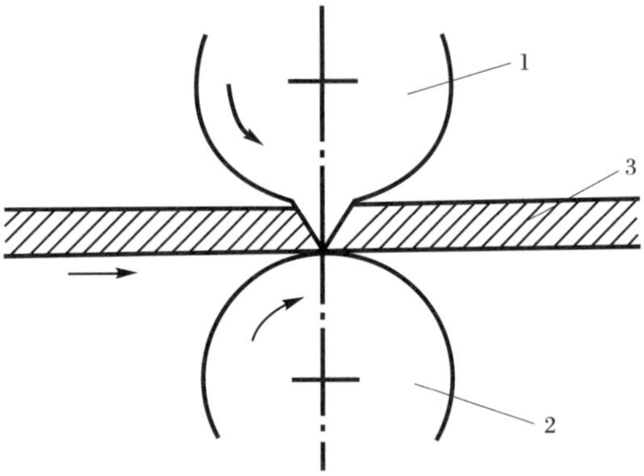

图 5-11　压切式模切辊工作原理

1—刀辊　2—光辊　3—纸板

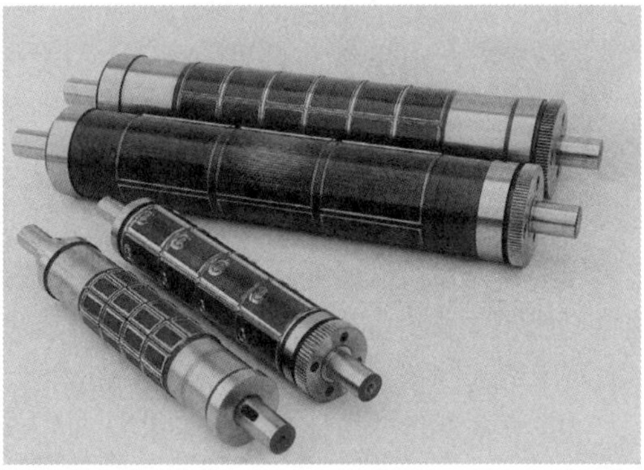

图 5-12　压切式模切辊

对已磨损或崩口的压切式模切辊，当因其表面硬化层超过0.3mm不能修刃时，可用特殊的焊接材料和方法进行焊补的修刃，以利恢复使用功能。

（2）剪切式　剪切式模切技术是美国伯奈尔公司的发明专利。它利用剪切原理，将上、下辊的转动挤压转化成上下刀刃的剪切。实现两辊组合间无直接金属接触的低磨损对纸板的模切（如图5-13）。两辊转动产生的剪切力使模切面十分平整，具有很高的模切质量。剪切式模切辊已被广泛应用于大批量烟盒、快餐盒、牛奶包装盒、饮料包装盒、流体包装盒、胶卷（齿形孔）与胶卷盒、演讲用的透明薄膜、磁性记录卡等制品的模切。图5-14是一组模切小翻盖烟盒的剪切式模切辊。

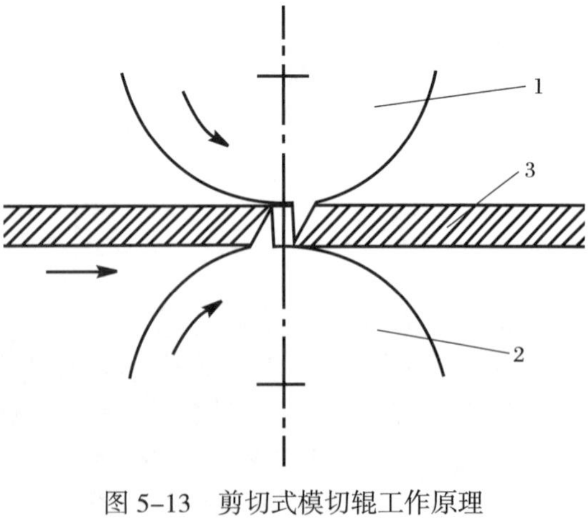

图 5-13　剪切式模切辊工作原理

1—刀辊　2—光辊　3—纸板

（二）钢刀、钢线的成型与组合拼版

1. 手工单机成型加工

在以手工为主制作刀模的工艺中，通常要借助一些常用的成型设备，如用于长度方向裁切的刀片裁切机、用于圆弧或角度成型的弯刀机、用于刀线搭桥成型的刀片冲孔机、用于刀线相交处钢刀切角成型的刀片切角机等。用这些设备可以根据结构设计图上标示的长度、角度、半径等尺寸来对刀线进行裁切、弯刀、切角、冲孔，将刀线制成与槽缝相匹配的形状。值得注意的是在对刀线进行弯刀成型时要借助模具，但由于刀线钢质的回弹性，要求模具的半径或角度应略小于结构图所标示的尺寸，这样才能保证钢刀钢线的半径或角度与版基的槽缝相匹配。

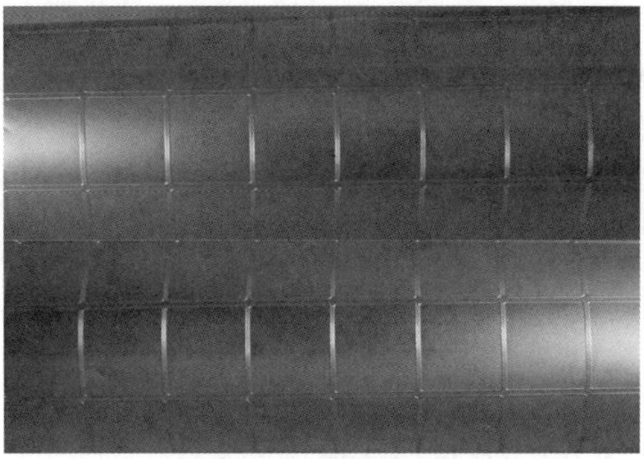

图 5-14　剪切式模切辊

2. 自动弯刀机成型

随着计算机技术的发展，20世纪90年代开始出现类似STL系统的全自动电脑数控弯刀机，这套系统是将裁切、弯刀、冲孔、切角整合在一台机器上一次性完成。首先将计算机中的刀模轮廓图分割成一段段连续的刀条，然后由计算机控制自动弯刀机将卷装刀线按照结构图标示的长度、半径、角度等尺寸高速切出所需形状的刀线，最后再借助一定的人工修补，就可得到与槽缝形状相匹配的钢刀、钢线，采用这种新技术可大大提高生产效率。

3. 组合拼版

组合拼版就是将成型好的钢刀、钢线镶嵌到切割好槽缝的刀模版基中。目前这步工艺仍以手工镶嵌为主，首先将切割好槽缝的刀模版基放在版台上固定，将一段加工好的刀线背部朝下，用专用刀模锤锤打刀线上部刃口，将刀线镶入刀模中。刀模锤头采用高弹橡胶或铜制成，这样就不会损坏刀线的刃口。

在组合拼版时，应注意以下几点。

（1）当两条钢刀相交时，钢刀应进行切角，以使两条钢刀紧密相交，否则会在模切时出现未切断的漏洞，如图5-15所示。

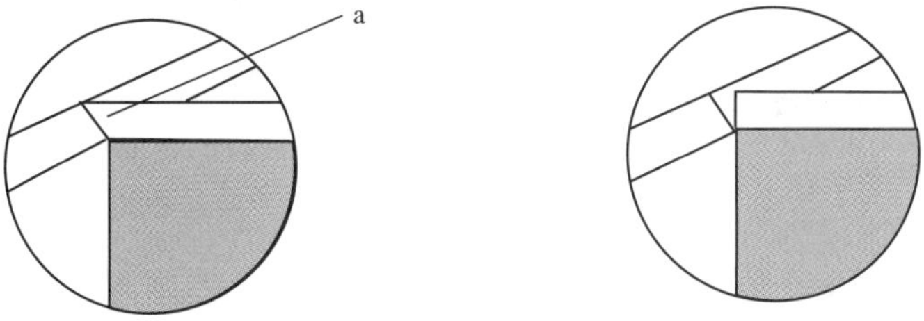

图 5-15　两条钢刀相交处

a—两条钢刀相交处

（2）为牢固卡住刀模版基上的留桥，钢刀钢线上也要进行冲孔，进行搭桥，冲孔的宽度与模版相同，也为5～8mm，高度要比版基的留桥高0.5mm，即15.5mm。

（3）在刀线的搭桥处不宜与另一个钢刀相交，否则会很不稳定，如图5-16所示。

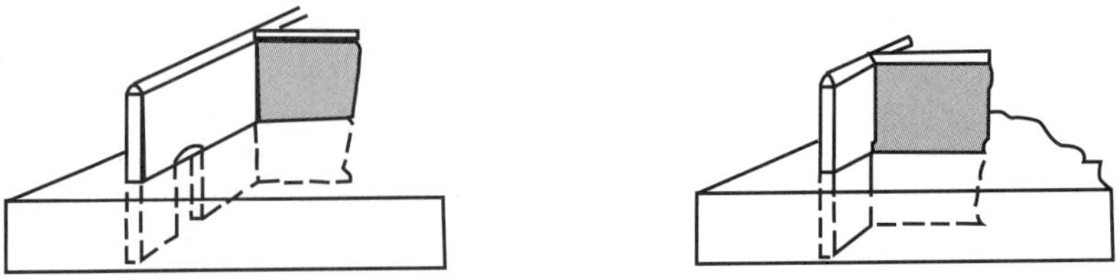

图 5-16　刀线搭桥处

4. 开连接点

在刀模制版中，开连接点是一项不可少的工序。开连接点就是在模切刀刃口部开出一定宽度的小口，在模切过程中，使废边在模切后仍有局部连在整个印张上而不散开，以便于下一步走纸顺畅。连接点的宽度有大小不同的规格，一般卡纸为0.4mm，瓦楞纸则为瓦楞纸厚度加上0.5mm。

开连接点的专用设备是刀线打孔机，即砂轮磨削，而不应用锤子和錾子去开连接点，否则会损坏刀线和搭桥，如图5-17，开连接点也不应开在刀线冲孔处。

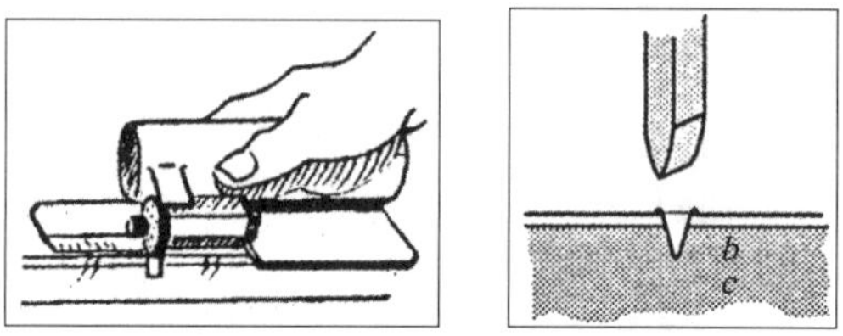

图 5-17　开连接点

三、粘贴模切弹垫

（一）模切弹垫的作用

组合拼版完成后，为了防止钢刀在模切时粘住纸板，使纸板在模切时走纸顺畅，在钢刀两侧要粘贴弹性模切弹垫。模切弹垫在模切中有很重要的作用，直接影响模切的速度与质量，应根据模切的速度、具体模切产品及有关条件，选用不同硬度、尺寸、形状的模切弹垫。

（二）模切弹垫与钢刀的位置关系

如图5-18，这里将从模切弹垫与钢刀的高度和宽度方向位置关系以及模切弹垫的形状这三个方面来解释。

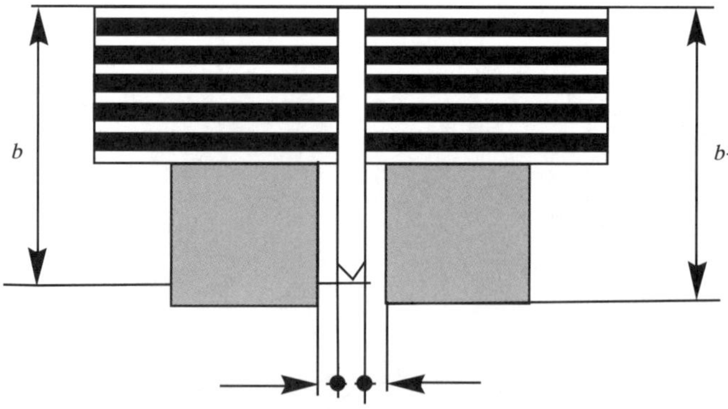

图 5-18　模切弹垫与钢刀的位置关系

b—钢刀高度　*b*+—版基厚度加模切弹垫高度

1. 高度

模切弹垫弹性回弹时应使钢刀与纸板分离，所以模切弹垫应略高于钢刀，但根据模切弹垫的硬度不同，高度也有所不同，一般用于模切纸板的刀模上，特硬胶条距钢刀0.5mm，普通胶条距钢刀1.2mm；用于模切瓦楞纸的刀模上模切弹垫距钢刀应为1.5～2mm。

2. 宽度

模切胶条在模切时会被压缩变形，如图5-19所示，如果距离刀线过近，会使胶条在受压时产生侧向分力，容易破坏纸张的连点使纸张在模切时纸边拉毛，影响模切效果；如果距离模切刀太远，则起不到防止纸板粘刀的作用，模切胶条距离刀线的距离为1～2mm为宜。模切弹垫本身的宽度一般为7mm，瓦楞纸刀模中模切弹垫的宽度则要视空间不同而不同，一般要宽于7mm。

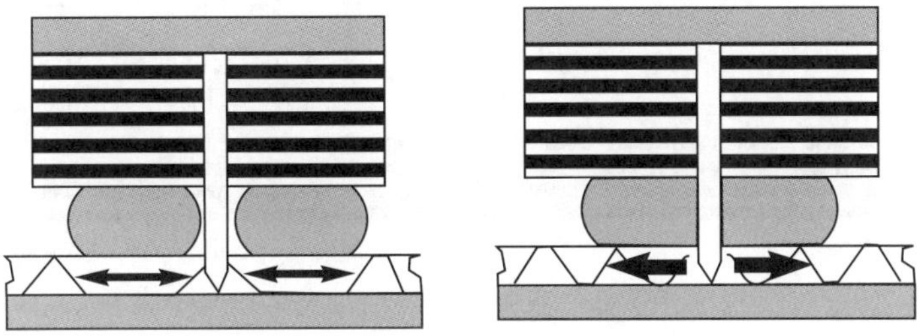

图 5-19 钢刀与模切弹垫的距离关系

（三）不同硬度模切弹垫的应用

硬度是材料的一种机械性质，是衡量材料软硬程度的指标，也就是材料抵抗其他物质刻划或压入其表面的能力。模切弹垫一般采用肖氏（Shore）硬度，硬度越高，表示材料局部抵抗塑性变形的能力就越大。

在刀模的钢刀两侧粘贴模切弹垫时，应根据所要模切的纸板材料的硬度以及钢刀在盒型中所处的位置关系来决定模切弹垫的硬度，根据生产实践经验，选择时可依照以下几个原则：

（1）纸板刀模所用海绵要比瓦楞纸刀模所用海绵硬度大，因为瓦楞纸有空隙不宜用弹性过小的海绵，否则会使瓦楞纸被压缩。另外，纸板较瓦楞纸挺度小，所需弹垫的回弹应力更大。

（2）在小面积废料处应贴硬度大的胶条，肖氏硬度可为40°（瓦楞纸刀模）或55°～65°（纸板刀模）。硬度越大，弹性越小，回弹时间短，便于钢刀迅速与纸板分离。

（3）在盒型主体拼接处及咬口边第一条钢刀两侧应贴硬度较大的胶条，肖氏硬度可为30°～35°（瓦楞纸刀模）或50°（纸板刀模）。

（4）在大面积废料及普通钢刀两侧粘贴硬度较小的胶条，肖氏硬度可为20°～25°（瓦楞纸刀模）或35°～40°（纸板刀模）。

如图5-20所示，为不同硬度模切弹垫在刀模中的应用实例。

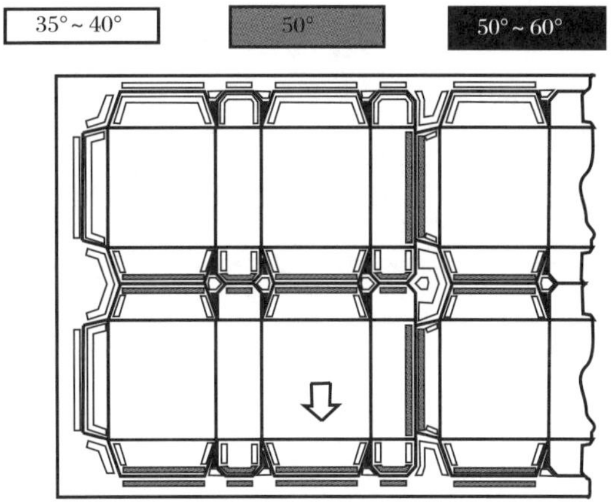

图 5-20 不同硬度模切弹垫在刀模中的应用实例

（四）粘贴模切弹垫

直线钢刀两侧的模切弹垫一般为长方形，可由剪刀剪得，但结构复杂的连续钢刀处所粘海绵要由高压水枪切割机切得，切割机的图形信息由绘制轮廓图处得到。粘贴模切弹垫时一般都采用热熔胶，要求黏合剂固化时间很短。另外，刀模咬口处第一条钢刀之前不能粘贴模切弹垫。尤其在瓦楞纸刀模中，在一条很长的普通位置的钢刀两侧可将海绵切断，分段粘贴，以节约材料。

四、制作压痕底模

（一）压痕底模的作用

压痕底模是用于模切压痕的底模，固定在模切底板上，如图5-21所示。压痕底模能够使包装纸盒的折叠线更清晰漂亮，保证纸盒折叠后无皱褶和裂痕，并且使盒形尺寸更准确，另外，利用压痕底模产生的压痕凸的回弹力，便于折叠纸盒的商品填充自动化。

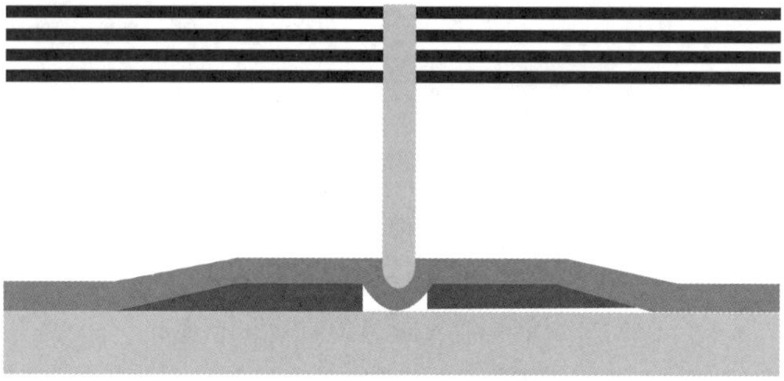

图 5-21　压痕示意图

（二）压痕底模的类型

以前的压痕底模制作大多数是由技术熟练的工人手工界线而成，做法非常落后，效率低下，没有统一的标准，模切出的产品经常出现压痕不均匀、裂痕、三角痕、不明显等质量问题。

经过对机界底模的不断改进，德国CITO公司于1958年首创独特的底模压痕系统引发了一场底模制作材料的革命。

1. 纤维压痕底模

纤维板压痕模主要应用于纸板，将纸板用黏合剂粘贴在压痕模底板上，纸板的厚度约等于需模切压痕承印物的厚度。纸板粘贴好以后，把压痕模底板放入模切机，开动机器，使刀版压在纸板上，在纸板上压出痕迹。取出压痕模底板，用刻刀把压出痕迹的部分纸板刻掉，刻掉的宽度按压痕底模规格标准公式计算。刻口要平直，尺寸要准确。压痕模槽可用专门压痕模开槽机在底模材料上按槽宽铣出凹槽。

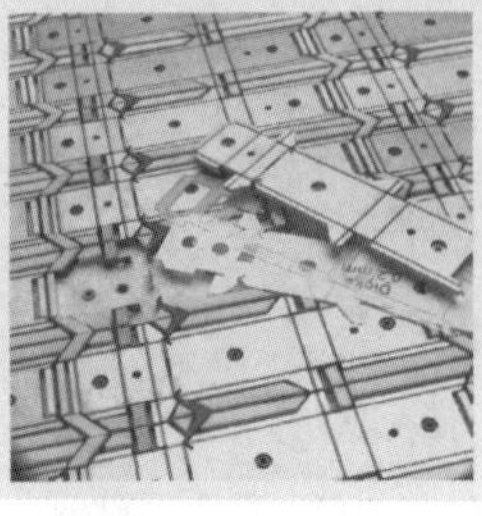

图 5-22　金属压痕底模

2. 金属压痕底模

金属压痕底模（见图5-22）是直接在底模钢板上用电加工成压痕模槽，这种方法加工的压痕模优点是具有极好的尺寸稳定性和机械强度，缺点是工艺复杂，需要昂贵的专用设备，制作成本高，仅适用于产品批量特别大的情况。

3. 压痕条模

压痕条模也称粘贴压痕模、速装压痕模。

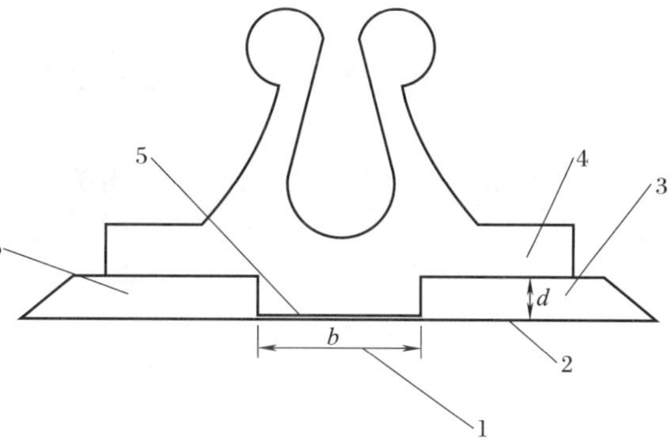

图 5-23 压痕条模的结构

1，b—压痕模槽宽 2—保护胶贴 3，d—压痕模厚度 4—定位塑料条 5—强力底胶片 6—压痕底模

（1）组成 图5-23为压痕条模的结构，它由压痕模、定位塑料条、强力底胶片、保护胶贴组成。

压痕底模是主要部分，由它完成承印物的压痕。定位塑料条是用来安装粘贴压痕模时，确定压痕模的准确位置。强力底胶片是用来把压痕模粘贴在模切压痕底板上。保护胶贴是用来在日常运输和保存中，保护底胶。

压痕模的型号标准为A×B，即前面数字为压痕模厚度，后面数字为压痕模槽宽。

（2）压痕条模的安装使用方法 选择好粘贴压痕模规格后，按图5-24的步骤进行安装。

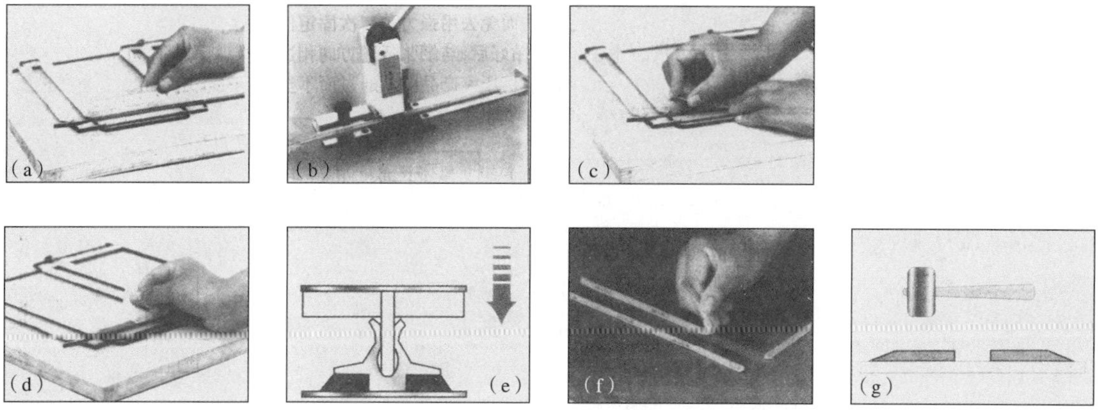

图 5-24 压痕条模的安装

（a）量取 （b）裁切 （c）定位 （d）剥贴 （e）装版 （f）清理 （g）加固

a. 量取。按照压痕产品的尺寸，量取所需压痕模的长度。

b. 裁切。用压痕模裁切机按所需长度将压痕模切开，切开后的压痕模两端成90°尖角。

c. 定位。用压痕模上的定位塑料条将切好的压痕模卡在模切压痕版的钢线上。

d. 剥贴。压痕模位置放好后，将压痕模底层的保护胶贴剥离。

e. 装版。把装好压痕模的模切压痕版安装到模切机上定位紧固，将模切机慢慢开动一次，压痕即定位粘贴到模切压痕底板上，重压，以使其粘牢。如果压痕线较短，要压住停留一会儿，这样效果更好。

f. 清理。压痕模贴好后，撕去定位胶条，清理干净，完成整个模切压痕底板粘贴工作。

g. 加固。压痕模贴好后，可用橡胶锤击打压痕模，使压痕模与钢板粘接得更牢固，从而免去用强力胶二次固定压痕模的工作。

压痕模贴好后，与纸张行进方向相逆的压痕模尖角部分，可用砂纸打磨出圆角或粘贴薄胶带，可使模切压痕产品顺利通过而不至于损坏产品表面。

（3）粘贴压痕模质量故障及排除方法　使用粘贴压痕模，在模切压痕过程中，钢刀与钢线距离较小时，会出现“抢纸”现象，工作时，压痕模受到水平方向的力，严重时使压痕模产生移动，影响产品模切压痕质量，可采取如下方法排除故障。

① 粘橡胶条时选用较硬的橡胶条，工作中，橡胶条压住纸张，保证纸张位置，使钢线抢不动纸张。橡胶条也不能过硬，过硬会损坏纸张，或使刀模变形，以钢刀与钢线刚好抢不动纸张为宜。

② 在不影响压痕质量的前提下，可选用稍小规格的压痕模。

（三）计算压痕底模的规格

1. 卡纸

图 5-25　卡纸用压痕底模的规格计算

当模切材料为卡纸时，如图5-25所示，压痕底模规格应按以下公式选用：

卡纸用压痕底模深度：

$$A \leqslant c$$

卡纸用压痕底模宽度：

$$B = (1.3 \sim 1.5)\, c + d$$

式中　A —— 压痕底模深度

B —— 压痕底模宽度

c —— 纸板厚度

d —— 钢线厚度

2. 瓦楞纸

当模切材料为瓦楞纸时，如图5-26所示，压痕底模规格应按以下公式选用：

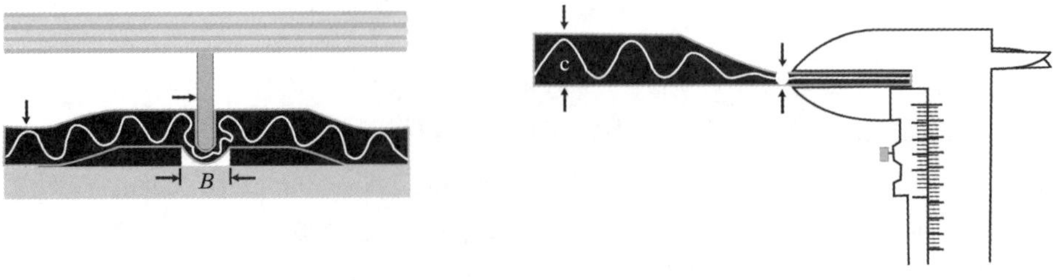

图 5-26　瓦楞纸用压痕底模的规格计算

瓦楞纸用压痕底模深度：

$$A \leqslant e$$

瓦楞纸用压痕底模宽度：

$$B = 2e + d$$

式中 A —— 压痕底模深度

B —— 压痕底模宽度

e —— 瓦楞纸压实后厚度

d —— 钢线厚度

第三节 模切设备

模切机按压印形式不同，有平压平型、圆压平型和圆压圆型三种类型，其中平压平型用得较多。将模切压痕、压凹凸、烫金和分盒集于一身，组成多功能设备，很受使用者欢迎。

一、平压平模切机

平压平型模切机有立式和卧式两种，规格有四开、对开、全开等。卧式平压平模切压痕机是应用最为广泛的。

（一）模切机工作原理

需要模切的印刷品由输纸装置送入，经定位进入到模切机构，模切机构根据所需模切压痕的纸箱或纸盒形状尺寸已装好印版，刀模安装固定在平整的版台（或上压盘）上，模切材料也是平整地放在压板（下压盘）上，压板通过连杆作用往复运动，使得版台与压板往复离合压，每合压一次，实现一次模切。模切压痕机构对模切压痕印版施加了大且均匀的压力，在装版过程中，保证了整个模切压痕受力均匀，压痕印迹一致。经过模切压痕机构，完成模切压痕工序后，由输送装置送到收纸装置输出，进入下一道工序。

这种工作原理的特点是：适于不同定量的模切材料；精确性好；所需压力大；应用范围广，如折叠纸盒、粘贴纸盒、瓦楞纸箱。

（二）平压平式模切机的常见种类

1. 立式模切机

立式模切机（如图5-27）结构与平压平印刷机结构基本相同，去掉平压平印刷机的输墨装置，即可改造成立式模切机。各种立式模切机多数为手工续纸，劳动强度较大，生产效率较低，模切压痕幅面较小，适合于小批量生产。

立式模切机原理如图5-28所示。立式平压平型模切机主要由版台、压印平版、滑道和传动系统组成。

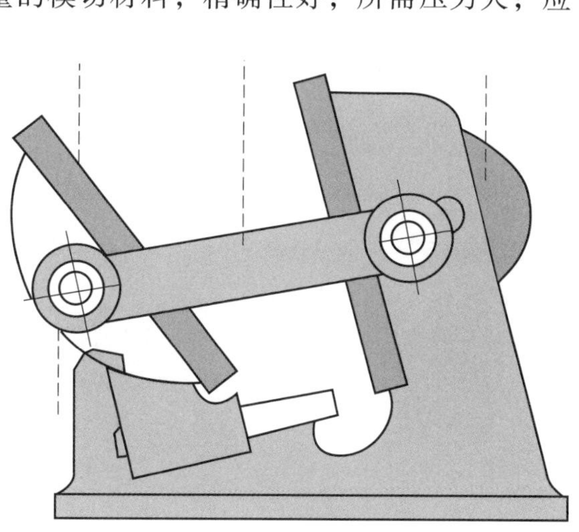

图 5-27 立式模切机示意图

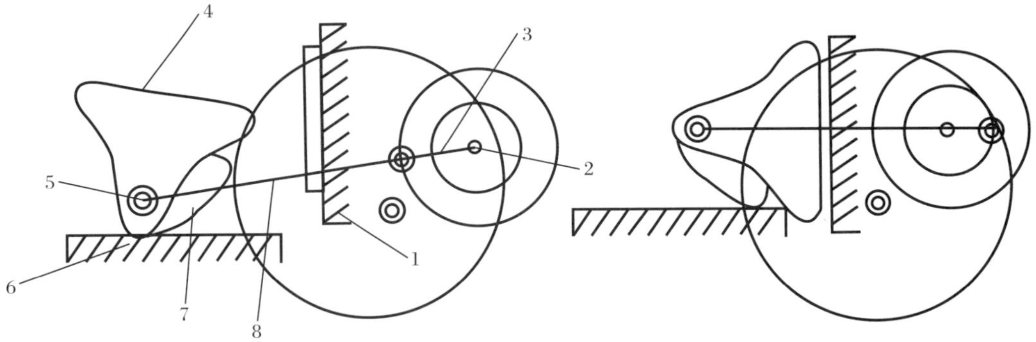

图 5-28　立式模切机结构图

1—刀版　2—曲柄轴　3—曲柄　4—压板　5—轴　6—导轨　7—滑块　8—连杆

立式模切机的印版垂直固定在机架上，压印平板做复合运动，压印平板回转中心不是固定的，连同滑块在机身的滑移导轨上移动，其运动是装在压印平板轴上的连杆随着曲柄的转动而转动，因而压印平板的摆动是在机座的滑移导轨上进行的。它的转动轴不固定，压印平板先经连杆拉动做顺时针摆动，待它的平面呈垂直状态，与印版相互平行时，压印平板平行地移向模切压痕印版，一直到完成模切压痕任务为止。曲柄继续转动，连杆推动压印平板平行脱离模切压痕印版后做逆时针转动，转到初始状态，装印刷品，进行下一次模切压痕。这种模切机在压印时，模切压痕印版和压印平板各处平行接触，各点受力和压印时间相等，从而获得整个版面均匀一致的压力，使压痕清晰，不致变形。其他型式的立式平压平型机器很难做到这一点。

2. 卧式模切机

卧式平压平模切机生产成本低，换版容易，安全防护好，自动化程度高，模切精度高，价格适当，操作维修简便，市场占有率较高。

国外卧式平压平模切机发展迅速，国际先进水平模切速度可达12000张/h，模切精度达到0.01mm；国内上海、唐山等厂家生产的模切机产品有的已接近或达到国际先进水平，国内同类产品模切速度可达到9000张/h，模切精度达到0.10～0.15mm，但价格相当于国外同类产品价格的1/4～1/3。

有的卧式平压平模切机采用PLc可编程序控制器及LCD触摸屏控制和操作，可实现数据输入、存储及与后端设备通信功能，对机器的数据和有关资料能输出存档，并能自动计算步长和跳步。采用先进的变频调速技术和刀板式快速清废技术，光电套准机构代替前规和侧规，实现了给纸、模切压痕、收纸、计数、故障显示、检测等方面的自动化。有的机型带有最先进的全息烫金功能，与其他机器联机配套也成为比较成熟技术。

卧式模切机主要由输纸装置、模切压痕装置、排废装置、收纸装置和控制系统组成。

堆积在输纸装置输纸台上的印刷纸板被一张一张送出，在输纸板上定位，咬纸牙咬住纸板咬口，由间歇传送的链条把印刷纸板送往模切压痕装置。经过模切压痕装置进行模切压痕，最后由收纸装置送出，咬纸牙把纸放在收纸堆上，图5-29为卧式模切机工作原理图。

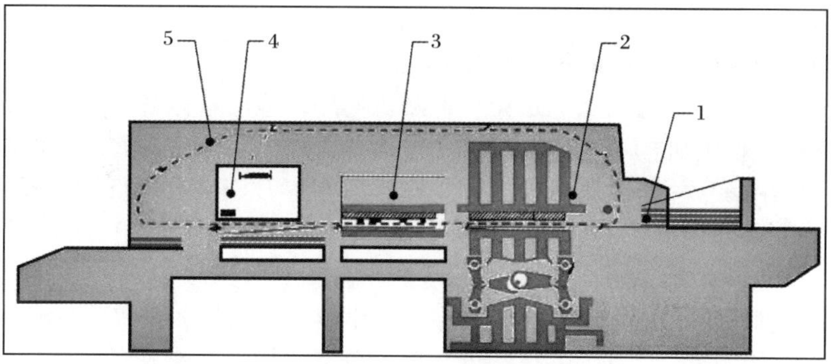

图 5-29 卧式模切机原理图

1—输纸装置 2—模压装置 3—排废装置 4—收纸装置 5—传送链条

（1）输纸装置 卧式模切机都采用自动输纸装置，所以也称为自动模切机。

自动输纸装置有气动式和摩擦式两种形式。气动式输纸机工作可靠性高、生产率高、定位精度高、适合于高速自动化生产，目前被广泛采用。气动式输纸机主要由传动机构、分纸机构、输纸机构、输纸台机构、定位机构、检测机构和气路系统组成。

输纸机传动机构用来传递输纸机所需的运动和动力。

输纸机的分纸机构又称分纸头、飞达，它把输纸台上的纸堆逐张分开并送到输纸机构。飞达是由分纸吸嘴、递纸吸嘴、压脚、吹嘴、压片或毛刷、压块、侧吹嘴、静电消除器构成。首先由吹嘴吹松纸堆最上面的几张纸，分纸吸嘴吸起纸堆最上面一张纸，此时压脚压住纸张，通过压块、毛刷和压片让最上面的纸张分离，递纸吸嘴从分纸吸嘴处接过纸张传递给进纸辊，完成纸张的分离和传递。侧吹嘴一般装在纸堆的前边侧角，主要是吹松压脚吹不到的部位；角铁的作用是辅助纸堆的定位，有利于侧规的工作。

输纸板机构把分纸机构传过来的纸张送到定位机构进行定位。输纸板上的部件包括接纸辊、导向板、双张控制器、输纸带、压纸轮、毛刷轮、输纸板、吸气孔、压纸框等。

输纸台机构（如图5-30）堆放纸张并能自动上升，在工作中使纸堆保持一定高度，如图5-31所示。

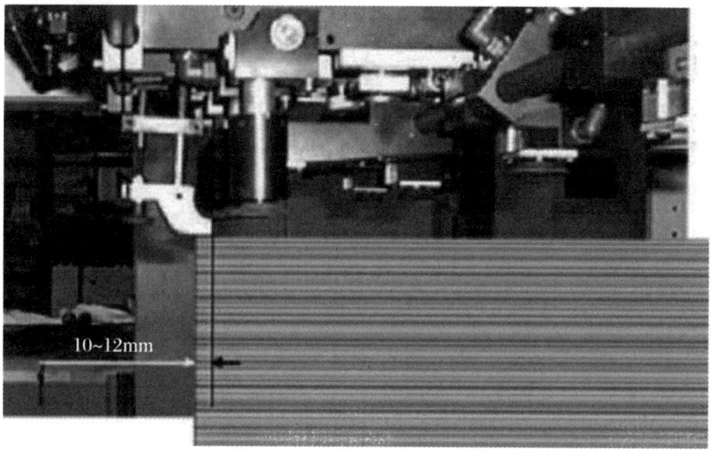

图 5-30 气动式模切机输纸机

图 5-31 气动式模切机输纸台

定位机构包括前规和侧规，它们对输纸机构送过来的纸张进行定位。前规确定纸张咬口的位置，侧规确定纸张侧边的位置。

前规用两点定位，侧规用一点定位。检测机构用来检测双张和空张。一张纸或纸板正常通过检测机构，检测机构不工作，机器正常运行，如果双张或多张纸或纸板通过，双张检测器工作，发出信号并使机器停止工作。正常工作中，如果没有纸或纸板通过，以及通过时纸张发生倾斜或缺角等，空张检测器动作，发出信号，机器停止工作，故障排除后继续工作。

气路系统包括气泵、气路、气阀，其作用是供给分纸机构各个气嘴气量和进行控制。

自动输纸机构一般均装有不停机续纸装置。分纸机构的气嘴互相配合把纸堆上的纸一张一张送到输纸板，经过双张和空张检测再送到定位机构定位。然后由固定在传送链条上的咬纸牙排将纸张咬住送往模切压痕部位。

气动式输纸装置主要用于较薄的纸或纸板的模切机输纸，从顶端走纸，从底部上纸，可以实现连续输纸，速度快。

在这里我们要求飞达的作用是对不同印刷要求的纸张都要准确的分离，并输送到规矩机构；在递纸过程中不损伤纸面，不蹭脏印刷好的图文，不损伤纸边，保证纸张完整；在机器运转过程中能补充或更换纸堆保证长期连续印刷；检测连锁装置灵敏可靠。

飞达也叫自动给纸机，是输纸部分的灵魂的部分。一般在选好纸，将纸居中放置之后就开始调节飞达。首先调节飞达头部分，一般在实际操作调节的步骤是：首先将纸居中放置旋紧侧挡板螺丝，侧挡板的作用是防止纸张移动，使纸张侧边平齐，不易走位。侧挡板距纸约1mm，若距离太大会使纸张走位，不易定规矩，若距离太小，则将纸张卡紧纸张不易输送，都会影响走纸。然后调节吸嘴，吸嘴有16个，根据纸幅大小，在纸幅范围以外的吸嘴关闭，纸幅范围以外的打开，要注意若吸嘴在纸边也要关闭，调节时通过操作面的旋扭数字越大吸嘴越倾斜，若纸的前边向上翘起，吸嘴则要倾斜一定度数保证吸嘴与纸张平行，吸嘴吸力通过开关吸嘴的旋钮调节，平行与压纸钢杆是关闭，垂直是打开且风量最大，稍微倾斜是调风量变小。上吸嘴的作用是吸纸和递纸的作用，它充当着分纸吸嘴和递纸的角色，相当于光华上面的分纸吸嘴和递纸吸嘴，将纸张从纸堆中分离出来再递给牙排。吸嘴调节好了就可以调节压纸钢杆，它的作用是探测纸堆高度，吸嘴吸走纸张后，压住纸张，防止纸张翘起，压纸钢杆的调节是根据纸的厚薄来调的，薄的纸调低一点因为纸张硬度不一样，压下去的变形量也不同，相对薄的纸易压，要抬低一点，压纸钢杆调节旋钮上数字越小，压纸钢杆抬起越高，相对应的纸张越厚，即数字偏大一点，相反，厚的纸张数字要调小一点，压纸钢杆抬起较高。压纸钢杆后就要调前吹风了，前吹风的作用是吹松纸张，方便吸嘴吸纸，前吹风在调节的时候也是根据纸张的厚薄和纸张吹松的难易程度来调节露出的孔数和风量的大小，一般薄纸露3～4个孔，厚纸露1～2个孔。在走纸过程也可以适当来控制风量。

再调挡纸舌，挡纸舌的作用是使纸堆前口平齐，纸堆表面离挡纸舌顶端4～6mm，较厚的纸多伸一点，薄的纸少伸一点。挡舌调好后调后挡弹片，后挡弹片有两个，一般调的时候放在纸的1/4处向外一点，作用是抵住纸尾，使纸尾平齐。再调压块，压块的作用是压住纸张，在走纸时使纸尾平的，压块也有2个，一般调在纸的中心线两侧，还有后吹风，它的风量大小不可以调节，是固定的，可以根据纸幅大小将不需要的孔堵起来。最后还有一个侧挡片，它的作用与侧挡板相似，使纸张侧边平齐，与其他装置结合从前后左右固定纸堆，保证纸张的顺利输送。后挡弹片、压块、后吹风、侧挡片固定在同一个支架上可以根据需要进行整体调节。

输纸部分的装置有前规、侧规、毛刷、压纸钢片、双纸控制器。前规的作用是给纸张纵向定位，为侧规定位制造条件，帮助套印，前规有7个调节是多咬和少咬的，先将前规全部旋转到少咬即“-”方向，再根据纸张幅面大小，选择对称的两个前规向多咬方向即“+”方向旋两圈半。再调侧规，侧规是根据输纸台上的刻度来决定的，首先选择用哪个侧规。一般是“正拉反推”，即印正面的时候是拉规，印反面的时候用推规。实践证明，在正反面套印时若纸张的刻度是42.5，则拉规的刻度应是43；若推规纸张的刻度是43，则推规的刻度应是43.5，在调节时应将侧规微调到零位。毛刷的作用是压住纸张，防止纸张回弹，使纸张平稳前进。压纸钢片离输纸板约为3张纸的高度，用来压住纸不往上跳，使纸平稳地运行。最后一道是双张控制器，模切机有两种双张控制器，机械式和光电式，较常用的是机械式。双张控制器的作用是检测双张，若有双张立即停机。机械式和光电式的检测原理不同，机械式是通过上下两滚轮的之间的间隙来控制，一张纸过的时候滚轮不动，两张纸过的时候滚轮发出声音表示有双张，机器检测到将立即停机，不能调的太紧，会导致双纸或歪张；光电式是记录一张纸的光通量，若有两张纸经过时，所检测到的光能量不一样也会停机，这两种双张控制器都很实用、方便。

完成以上装置的调节，飞达部分的操作就算完成了，有的操作需要在开机生产或走纸之后再根据需要具体调节所用的输纸方式是气动式间隙式输纸。

摩擦式的输纸装置，如图5-32所示，有推送式、真空式和真空皮带式。现在常用的真空式输纸机构是通过真空吸附一张瓦楞纸板送到传送装置。不同于气动式输纸装置，摩擦式输纸装置的单双张控制是通过挡板，挡板被调节为只有一张纸通过，而两张纸板则不能通过，所以可取用1.5倍纸板的厚度为佳。摩擦式输纸装置的侧规是使纸堆整齐堆放，按同一位置进入模切机。

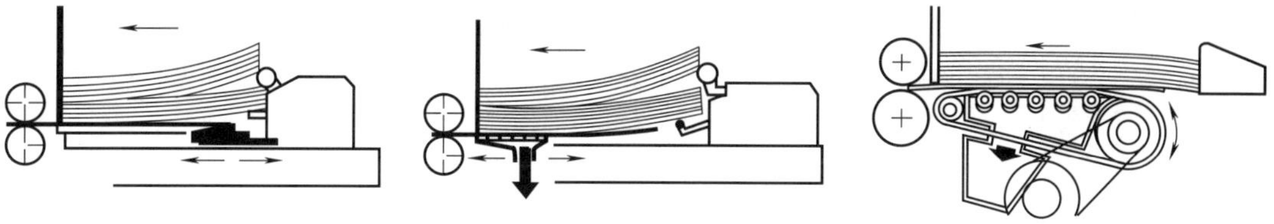

（a）　　（b）　　（c）

图5-32　摩擦式输纸装置

（a）推送式　（b）真空式　（c）真空皮带式

摩擦式输纸装置主要用于小面积纸板或瓦楞纸板的输纸，从底端走纸，顶部上纸，故只能实现间歇输纸，速度较慢。

（2）模切压痕装置　全自动平压平模切机的模压机构由主传动系统、施压机构、纸张定位机构、传纸链条间歇机构等构成。模切压痕装置由模切压痕印版压盘（模切板）、压印平板压盘（压印板）和传动机构组成。模切压痕印版压盘也称上压盘或上部压盘，压盘面安装模切压痕印版。压印平板压盘也称下压盘或下部压盘，上面安装压印平板。传动机构是模切压痕装置的驱动机构，一般由曲柄轴带动四组肘杆上下移动下压盘（如图5–33所示）。加压的调整是用手柄上下移动肘杆销承受台进行。曲柄机构运动使下压盘上下移动带动压印平板上下移动，模切压痕印版静止不动，完成模切压痕工作。为了使模切压痕到位，加压时，整个平台受力均匀，保证上下两个平台工作表面平行。肘杆压力机构具有较长的保压时间，能获得良好的模切压痕质量。

有的模切压痕机下压盘的运动是靠四组曲柄连杆机构带动。不论是四组曲柄连杆机构带动，还是四组肘杆机构都能使模切压力均匀而稳定，可调整，精度高。上下压盘面要研磨平整，精度稳定，便于安装印版，换版方便、迅速。

有的模切压痕机，如Heidelberg 105，是靠凸轮传动，上盘由凸轮带动实现离合压，下盘固定不动，如图5–34所示。

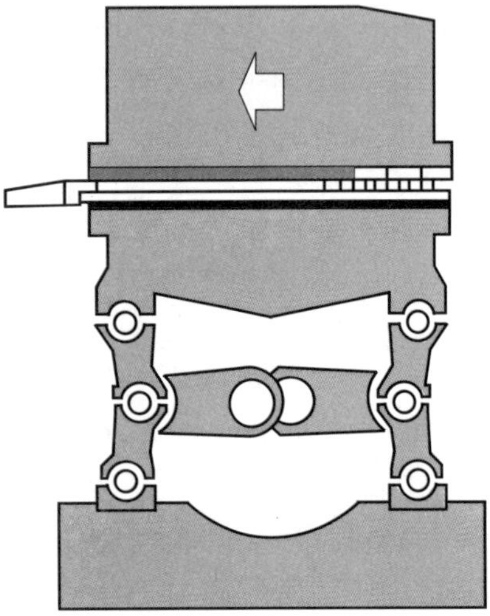

图 5–33　模压装置四肘杆机构原理图

图 5–34　模压装置凸轮机构原理图

模切机的压力调节装置即调节上、下平台之间的距离，通常体现为调节位于下盘的楔板。纸板定位机构是通过前、后珠，前靠珠对咬纸牙排定位完成后，牙体闭合，咬住纸板，保证每排咬纸牙在每次都在同一位置咬住纸板。

（3）排废装置　印刷品模切后挂连的废纸板称为尾料，可用人工敲落。带自动排废装置的模切压痕机装有排废装置，它能去除咬纸牙咬住的纸板之外的废纸边。排废装置和模切压痕装置的下压盘联动。可进行上下运动。上部放置了带有销钉的咬纸槽，下部装有阴模的胶合板或带销钉的挂杆，当它们联动时，可以排除废纸屑。排废装置中的预调整台能预先装备咬纸钉，由于它的使用，提高了机器的运行效率和生产效率。

（4）收纸装置　经模切压痕和排除废纸屑后，纸板由咬纸牙排送至收纸台。纸板离开咬纸牙排后陆续堆积，堆积到一定高度收纸台自动下降，收纸台上的纸板达到一定数量时，不停机收纸装置将纸板堆移走，收纸工作继续进行。收纸装置由传送装置、收纸台、收纸台升降机构、不停机收纸装置等组成。

传送装置由链条和咬纸牙组成，传送链条共两条，为套筒滚子链，机器的左右两侧各安装一条。两条传送链条之间安装几排咬纸牙排，每排咬纸牙排上安装数个咬纸牙，如图5-35所示。咬纸牙排运动到定位装置时，咬纸牙排的滚子与机器上的开牙凸轮正好相碰，开牙咬住纸板向模切压痕装置传送。到了模切压痕处，传送链条停止运动，等候模切压痕装置对纸板进行模切和压痕。这一工序完成后，传送链条继续咬住纸板运行到收纸台上方，咬纸牙排的滚子与收纸台机架上的开牙凸轮相碰，开牙放纸。模切压痕时纸张静止，所以咬纸牙排的运动是间歇的，纸张停留位置必须精确。卧式平压平模切机咬纸牙排间歇运动广泛采用平行分度凸轮机构实现。这种机构是共轭凸轮机构，在一个运动周期中，每一个凸轮都依次推动若干个滚子，每一个滚子都有一段相应的凸轮轮廓曲线，一段接一段推动相应的滚子运动，实现咬纸牙排的运动和静止。平行分度凸轮机构运动特性好，振动噪声小，结构紧凑，加工方便。

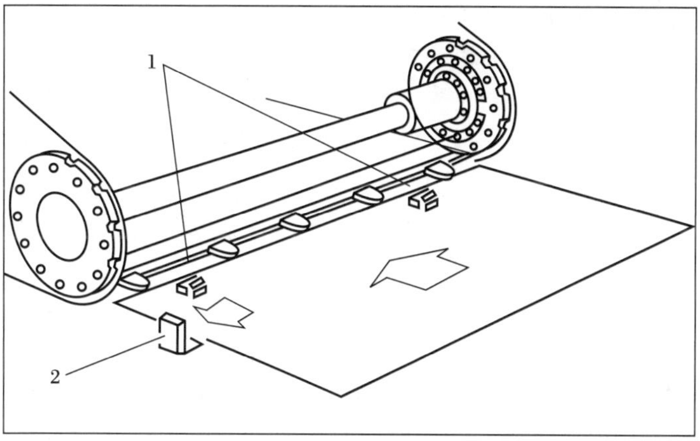

图 5-35　传送装置的咬纸牙排

1—前规　2—侧规

收纸台的作用是存放已经过模切压痕的纸板。收纸台上装有纸板闯齐机构，它使纸板在收纸台上自动闯齐。收纸台可以自动下降，还可以电动和手动升降。当收纸台需要快速升降时，采用电动或手动升降装置。当输纸台在工作过程中，纸板落在收纸台上，达到一定高度时，触动收纸台上的微动开关，使收纸台自动下降一段距离，纸板继续落在收纸台上，收纸台自动下降反复进行。

当收纸台已经堆满纸张时，可以停机运走，也可以不停机运走，这时可以启动不停机收纸装置，收纸台继续收纸，下面的纸堆与上面分离，可用机器或人工把下面已经过模切压痕的纸堆移走。不停机收纸装置生产效率高，减少了停机次数，使废品减少。

二、圆压平模切机

平压平模切机的模切压痕装置与模切垫版一个为滚筒，一个为平板，即圆压平模切机，如图5-36所示。

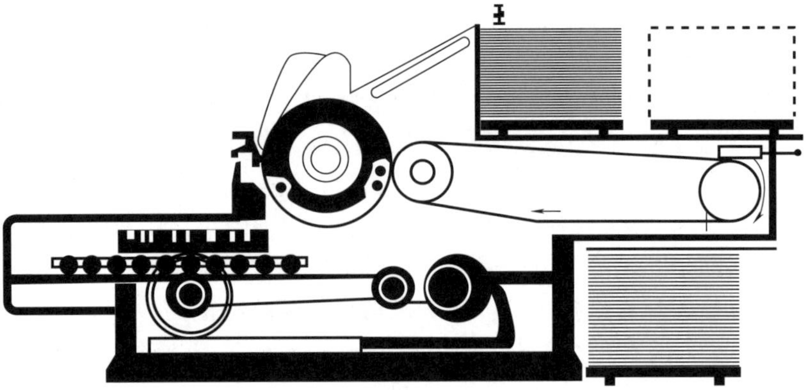

图 5-36　圆压平模切机

圆压平型模切压痕机将钢刀和钢线安装在滚筒上，钢刀和钢线是滚筒形印版专用。这种模切压痕机速度和生产效率比平压平型高。

目前使用的圆压平型模切压痕机一般为一回转型模切压痕机，滚筒上面安装模切压痕印版，即把钢刀和钢线排在滚筒表面，下面的平板安装压痕模。

当滚筒旋转一周，平板往复运动一次，完成一个模切压痕循环。钢刀钢线布置在滚筒的一半面积上，另一半为空挡。当钢刀与钢线与需模切压痕的纸板接触时，平板带动纸板向右运动，完成工作行程；当空挡转到平板上时，平板向左运动，为空行程，为下一次模切压痕作准备。

刀模被固定安装在平整的版台上，此版台可作左右回程运动，模切材料则被模压滚筒叼纸牙续纸，在模压滚筒运转的同时，版台随之而向右运动，实现模切。在叼纸牙叨下一张纸之前，版台做一个回程运动，使刀模开始端与叼纸牙居于同一位置，可继续生产。该原理类似于Heidelherg早期产品圆压平印刷机。

这种工作原理的特点是：所需压强较小，只适于定量小于400g/m^{2}的纸板，而且纸的纤维方向应平行于模压滚筒轴向。

应用范围狭小：纸张模切、电化铝薄膜烫金。

常见机型有Heidelberg早期产品圆压平印刷机改造的模切机。

三、圆压圆模切机

圆压圆模切机的版台和压切机构两者的工作部分都是圆筒形的，工作时，送纸辊将纸板送到模压版滚筒与压力滚筒之间，由两者将其夹住对滚时进行模压，模压版滚筒旋转一周，就是一个工作循环。

圆压圆模压机的模切方式，一般分为硬切法和软切法两种。硬切法是指模切时模切刀与压力滚筒表面硬性接触，因而模切刀较容易磨损。软切法是在压力滚筒的表面覆盖一层工程塑料，模切时，切刀可有一定的切入量，这样既可保护切刀，又能保证完全切断，但需定期更换塑料层，如图5-37所示。

由于圆压圆模压机工作时，滚筒连续旋转，因而其生产效率是各类模压机中最高的。但刀模要弯曲成曲面，制版、装版比较麻烦，成本也比较高，技术上有一定难度，所以，圆压圆模压机常用于大批量生产。

图 5-37　圆压圆模切机

当前，先进的模切设备大多向印刷、模切组合全自动的方向发展，将模压机构和印刷机连成一条自动生产线，其结构形式多种多样。这种生产线由四个主要部分组成，即进料部分、印刷部分、模切部分、送出部分等。

进料部分间歇地将纸板输入到印刷部分，可根据不同的用料形式、尺寸、种类等准确地进行调整。印刷部分可由4～8色印刷单元组成，可采用凹版、胶版、柔性版等不同方法，这部分具有较先进的印刷功能，并配备有各自的自动干燥系统。模切部分可以是平压模压机，也可以是圆压模压机，且都备有清废装置，可自动排除模切后产生的边角废料。

输送部分是将模压加工完成后的产品收集整理并送出，从而保证进料部分、印刷部分和模切部分能够顺利地实现高速连续化作业。

这种工作原理的特点是：所需压强很小，机器生产速度高，模切精度有时不能保证。

应用范围狭小：瓦楞产品模切、商标联机模切。

常见机型有：纸箱开槽机的尾端部分、圆压圆模切机、印刷模切联动机。

四、卷筒纸模切压痕机

卷筒纸模切压痕机有圆压圆型和平压平型，这里讲述平压平型卷筒纸模切压痕机。

卷筒纸模切压痕机是一种由卷筒纸板输纸进行模切压痕的机器，一般有线外和在线两种加工方式。线外加工方式是用印刷机印刷卷筒纸板，再把回绕到卷纸机上的卷筒纸板放到模切压痕机输纸机架上，进行模切压痕加工。线外加工方式的特点是印刷机与模切压痕机没有联机，互相不受限制。印刷机高速印刷可用多台模切机与印刷机配合，或增加模切压痕机开机时间。

在线加工方式是模切压痕机与印刷机连接起来，组成联动机，从卷筒纸板开始用一道印刷、模切压痕工序进行生产。这种方式可以减少操作人员，但是一般印刷机速度较高，模切压痕机速度较低，两者速度不能匹配，只能降低印刷速度，使生产率受到影响。

卷筒纸模切压痕机以瑞士的Bobst Chemblen和美国的Seiland最为有名。

瑞士Bobst Chemblen的C-42型辊式输纸的卷筒纸板模切压痕机按卷筒纸的幅面尺寸分为630mm、840mm、1130mm三种，速度为15000次/h。它由给纸架、手动续纸装置、预给纸装置、侧面脉冲振动部分、周期变距部分、模切压痕部分、排废部分、收纸部分组成。把已印刷的纸板卷筒放在纸板辊支架上，由预给纸装置拉伸纸幅，进行横向对准。由脉冲振动装置及周期变距装置向模切压痕装置间歇地按冲切长度送纸。要改变冲切尺寸时，只要改变脉冲装置及周期变距齿轮即可。在模切之后，由排除废纸屑的回转鼓分离废纸屑，以半成品形态送出。

输纸实训指导书

（一）实训目的

1. 了解输纸流程
2. 掌握输纸机构各部件的调节方法
3. 掌握规矩机构的基本调节方法
4. 掌握收纸机构的调节方法
5. 掌握输纸故障排除的方法

（二）实训内容

1. 输纸机构各部件的调节
2. 规矩机构各部件的调节
3. 收纸机构各部件的调节
4. 输纸故障分析及排除

（三）输纸标准化操作流程图

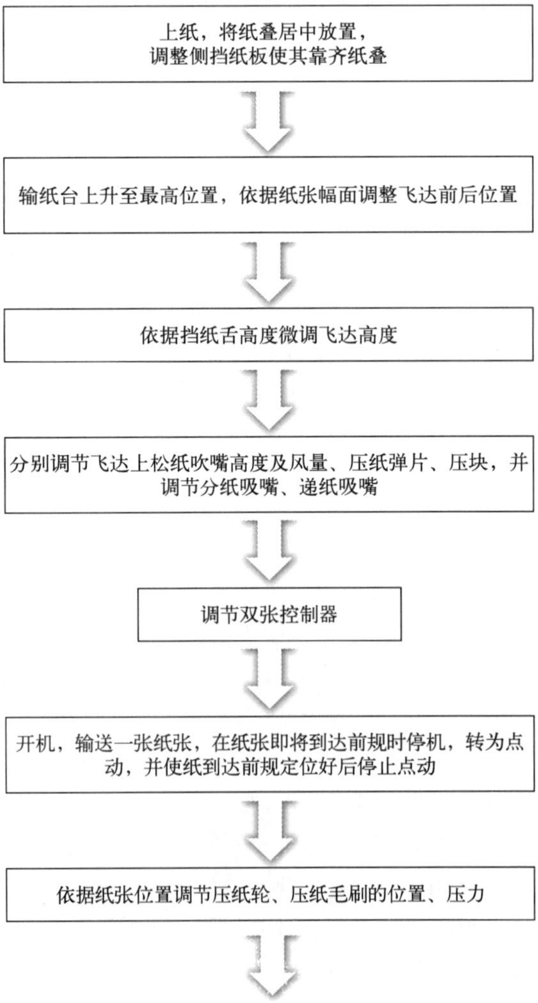

抬起压纸框架，保持纸张位置不动，调节侧规位置，并调节滑块位置

↓

侧规调节好后，调节前规高度（3张纸高度）

↓

调节收纸部分，包括侧齐纸、制动辊等

↓

全部调节好后，经检查确认无误后开机走纸

（四）实训步骤

1. 上纸

将纸张理齐，居中放置于输纸台上，并保证上纸整齐。调节侧挡板使其靠齐纸堆，调整时应使侧挡板距纸堆侧面1～2mm，太近、太远都影响正常输纸。侧挡板通过摇动印刷机操作侧的侧挡板调节手轮来调整。

2. 输纸机构的调节

（1）纸张分离头的整体调节

① 前后位置调节。根据纸张的幅面，松开纸张分离头的紧固手柄后推动分离头调整其前后位置使压脚压住纸张5～8mm，然后锁紧手柄，如图5-38所示。

图 5-38 纸张分离头的前后调整

② 高度调节。首先通过高度微调手轮使分离头处于最低位置，开动机器，使飞达运转，此时纸堆会上升到最高位置，依据挡纸舌位置微调飞达高度使纸堆低于挡纸舌上缘3～5mm。

（2）压脚

① 压脚的位置设定。在不装纸时，盘车使压脚处在最低位置，当用手提起约2mm时刚能触动微动开关即可，再固定调节螺丝。

② 通过纸张分离头（飞达）前后位置的调整使压脚压住纸张5 ~ 8mm［如图5-39（a）所示］，其气量大小由气阀控制［如图5-39（b）所示］。

（a）　　　　　　（b）

图 5-39　压脚的位置调整及气量调节

（a）位置调整　（b）气量调节

（3）松纸吹嘴　调整高度，使其只能吹松纸堆上面6 ~ 10张纸，吹气量大小由气阀控制。

（4）压纸簧片　在气泵未开，松纸吹嘴没有通气的情况下，调节压纸簧片使其高于纸堆3 ~ 5mm，伸入纸堆3 ~ 5mm，如图5-40所示。

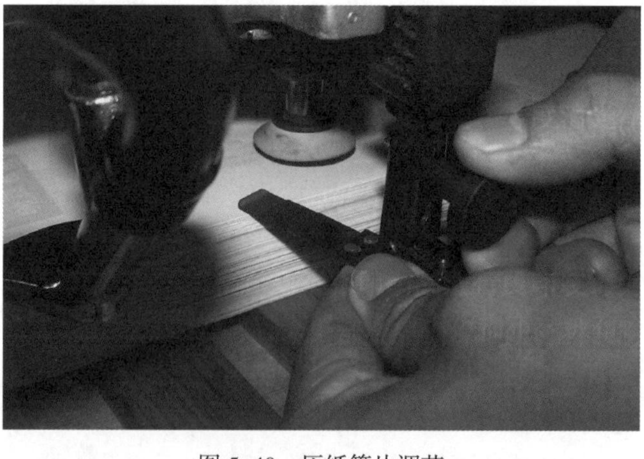

图 5-40　压纸簧片调节

（5）压块　调节时应保证左右两个压块位置对称，每一个压块应调整在距离纸张侧边1/8位置处，压块的前后位置应调整在距离纸张拖梢1mm左右。

（6）分纸吸嘴　分纸吸嘴处于最低位置时开始吸纸（靠凸轮控制），分纸吸嘴离纸堆的距离一般应根据纸张厚度而定：厚纸2 ~ 3mm、薄纸3 ~ 5mm。

分纸吸嘴的倾斜角度会影响到纸张两个侧边的走动速度，如果两边不一致会导致歪张故障，而且吸嘴的倾斜角度也会影响吸嘴对纸张的吸力。调节时应根据纸张的厚薄和纸张的平整状况来调整，一般来说，纸张较薄时，吸嘴可以调整倾斜一点，纸张较厚时则要调整得平一点；纸张上翘时吸嘴角度应调节倾斜一点，当纸张比较平整甚至下趴时吸嘴应调整平一些，以避免双张或空张故障出现。调节时，通过分离头右侧的分纸吸嘴角度调节旋钮来调整。

（7）递纸吸嘴　调节时，先手动让递纸吸嘴吸住一张纸，再用手稍微用力，以纸张不被拉动为准。递纸吸嘴一般距离纸堆3 ~ 5mm，距离过大易引起空张故障，过小则易“擦”坏橡皮圈，造成走纸不畅，影响输纸效果。

两吸嘴高低位置及前后倾斜角度可根据不同纸张来调节，一般应对称于机器中心；高低位置可以通过两侧的调整装置来调整，且应使左右两个递纸吸嘴高度一致，否则易导致歪张；递纸吸嘴朝外一侧吸嘴的倾斜角度可用飞达头上右侧的手柄来调节，使左右两个吸嘴倾斜角度一致，否则易出现歪张故障。一般吸嘴向纸张拖梢边倾斜朝外边走纸就比较慢，反之则快。

（8）挡纸舌　如图5-41所示，调节前挡纸时，首先要使每只挡纸舌的位置保持一致，在同一平面内它的竖直方向与纸堆面成90°夹角。

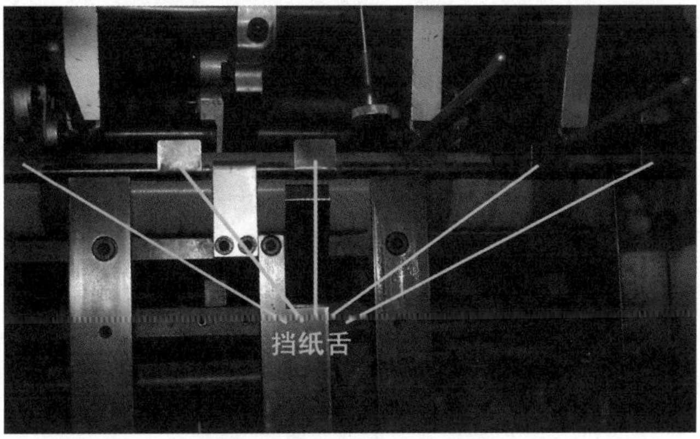

图 5-41　挡纸舌

高度调节：通过分离头的升降调节来调整纸堆高度（压脚探测纸堆高度），进而调整挡纸舌相对于纸堆的高度。对薄纸，挡纸舌高出纸面4 ~ 6mm；对厚纸，挡纸舌高出纸面2 ~ 3mm。

（9）接纸辊与导纸轮　接纸辊是一个网纹辊，利用其自身的网纹来增加其与布带、导纸轮间的摩擦力，从而实现顺利输纸。导纸轮与接纸辊之间产生摩擦，当纸张到来时抬起让纸张到导纸轮下方，然后下压，将递纸吸嘴传过来的纸张压住并利用导纸轮与接纸辊之间的摩擦力将纸张向前传递。

导纸轮的左右位置要对称、高低要一致、与接纸辊间的压力要相等。

（10）双张检测器　机械式双张检测器主要由一对压轮、一个控制轮、一个微动开关及一个调节螺母组成，当出现双张或多张时，位于中间的一个压轮抬起转动并碰到上面的控制滚轮，两轮因摩擦转动而拨动微动开关，使之发出信号，机器停机，实现自动检测双、多张。

调节时，主要依据输纸步距和纸张纵向长度进行计算、判断然后进行调节。例如，常说的“三过四不过”即为允许三张纸通过，四张及四张以上就必须检测出双张、多张故障。通过旋动调节螺母改变滚轮之间间隙，使上下两个压轮之间刚好能够通过3张纸，而改为4张纸时就会带动微动开关。

（11）压纸框架（压纸轮、压纸毛刷） 依据位置对称、压力一致的方法来调节。压纸轮离开纸边1mm左右，毛刷轮压住纸边1mm左右，与纸张后边缘相切，若压纸过多或压力过大易引起走纸不畅。压力调节如图5-42所示。

3. 规矩机构的调节

（1）前规 前规可通过左右两边带刻度的手轮进行前后（多咬、少咬）位置的调整，调节范围是±1mm，调节时应使左右一致，否则会因为左右定位不准而导致歪斜，如图5-43所示。

图 5-42 压纸轮、压纸毛刷的压力调节

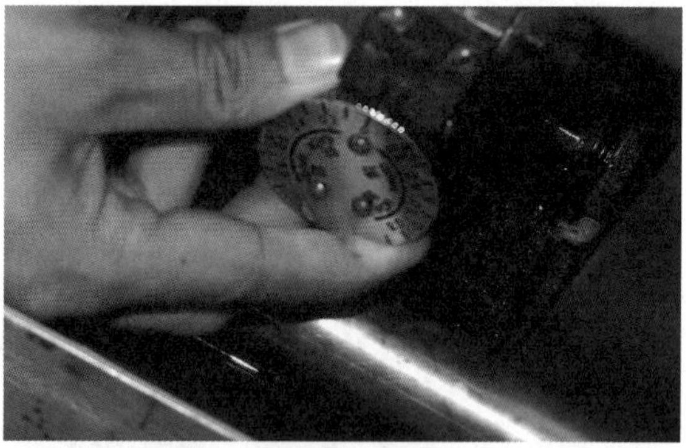

图 5-43 前规的前后位置调节

前规压纸舌的高度可通过操作面带有刻度的手柄进行调节（0.3mm左右），一般调整3张纸的高度。

（2）侧规

① 侧规的选用。印刷机一般有两个侧规以满足纸张正反面印刷的需要，选用侧规时首先应根据印刷产品的需要决定选用哪一个侧规矩，然后再对其进行调节并锁紧不使用的侧规。

② 侧规的调节。根据纸张幅面进行位置调整。松开锁紧螺丝推（拉）侧规使侧规距离纸边3～5mm。

侧规的微调是利用操作边侧规轴端滚齿挡圈进行，每调节1齿约0.03mm，总量为±2.5mm，侧规拉纸

图 5-44 侧规微调滚齿挡圈及微调操作

距离为3～5mm，如图5–44所示。

a. 侧规工作位置调节。松开锁紧螺丝就可推（拉）侧规。

b. 压纸板高度调节。上限板到输纸板的距离以2～3张纸厚为好。

c. 拉纸力的调节。侧规滚球压力可通过标有“+”和“–”号的滚花螺丝来进行调节。压力以刚好能把纸拉到侧规挡板，又不至于使纸张拱起为限。

d. 锁住不工作的侧规。

e. 侧规微调。

f. 滑块的调整。

用工具调整滑块的位置，使其位于纸张下方并距离侧挡板2～3mm。

开机，输送一张纸到前规处，停机，前规调好后，调侧规，侧规矩与纸边相距3～5mm，上下滑块平齐与侧挡板相距2～3mm，再根据纸张的厚薄调节压簧的拉力（滑块调节如图5–45）。

图 5–45 滑块的调节操作

（五）考试方法

考试由现场操作及现场问答两部分组成。

现场操作要求在规定时间内完成输纸调节并走完一定数量的纸张，要求操作规范、熟练，能灵活解决输纸过程中出现的各种问题，并能保持现场整洁。

现场问答主要考查操作者的分析问题、解决问题的能力，并能考查操作者的现场应变能力。

（六）思考题

1. 输纸部分主要调节哪些机构？总结一下调节次序。
2. 压脚、分纸吸嘴、递纸吸嘴的调节参数及要领是什么？
3. 松纸吹嘴、压纸簧片、压块的调节要领是什么？
4. 挡纸舌的作用有哪些？如何调节？
5. 接纸辊、导纸轮的作用有哪些？
6. 压纸轮、压纸毛刷的调节要领有哪些？
7. 前规需要调节什么参数？如何调节？
8. 侧规如何调节？其中滑块如何调节？
9. 常见的输纸故障有哪些？
10. 造成双张故障的可能原因是什么？
11. 造成空张故障的可能原因是什么？
12. 造成歪张故障的可能原因是什么？
13. 造成早到、晚到的可能原因是什么？

第四节 模切工艺

一、走纸

（一）输纸装置

1. 气动式

传动机构用来传递输纸机所需的运动和动力。分纸机构又称分纸头、飞达，它把输纸台上的纸堆逐张分开并送到输纸机构。

输纸机构又称输纸板，它把传过来的纸张送到定位机构进行定位。输纸台机构堆放纸张并能自动上升，在工作中使纸堆保持一定的高度。

定位机构包括前规和侧规，前规确定纸张咬口的位置，用两点定位，大幅面纸张采用4个前规，避免纸因幅面太大或太薄，中间两个前规用作保护；侧规确定纸张侧边的位置，用一点定位，推规容易使大幅面的纸不平整，85%采用拉规，15%采用推规。

检测机构用来检测双张和空张。光电式单双张控制装置是利用纸张透明度，机械式单双张控制装置是利用纸张厚度。主要用于较薄的纸或纸板的输纸，从顶端送纸，故可以实现连续输纸，速度快。

2. 摩擦式

输纸机构是通过真空吸附最底下一张瓦楞纸板送到传送装置，然后真空消失。

挡板被调节为只有一张纸板通过，而两张则不能通过，所以可取用1.5倍纸板的厚度为佳。

侧规是使纸堆整齐堆放，按同一位置进入模切机。主要用于小面积纸板或瓦楞纸板的输纸，从底端送纸，故只能实现间歇输纸，速度慢些。

（二）传送装置

1. 链传送（平压平卧式模切机）

由传送链条和咬纸牙组成。传送链条共两条，为套筒滚子链，机器的左右两侧各安装一条。两条传送链条之间安装几排咬纸牙排，每排咬纸牙排上安装数个咬纸牙。咬纸牙排点动到定位装置、模切压痕装置、去废装置等位置时，传送链条停止运动，等候工序完成。纸板模切机的传送装置就是通过咬纸牙排的间歇运动实现走纸的。

2. 两辊传送（圆压圆模切机）

圆压圆模切机是通过两辊传送，即由摩擦式输纸装簧送过的纸板被送入两个相互转动的辊之间，由两辊的压力使纸板向前运动，再进入另两个辊之间。要求每组对辊之间的距离小于纸板的长度，否则无法实现传纸。

（三）收纸装置

由收纸台、收纸台升降机构、纸板闯齐机构、不停机收纸装置等组成。

二、套准

（一）与印刷图文套准

被模切材料一般都经过印刷甚至上光，刀模与印刷图文都是相匹配的。但是由于前规、侧规的定位系统调节不当，会导致切割线、折叠线与印刷图文不匹配，所以应通过调节定位机构来套准。如长度方向不准，则可通过前规调节；如宽度方向不准，则可通过侧规调节。

在BOBST全自动模切机中，采用光电套准机构代替前规和侧规，实现全过程自动化。

（二）刀线与压痕底模的套准

压痕底模如采用纤维压痕底模，则存在底模与刀版套准不好的可能，所得压痕线则不清晰、不漂亮。

如纸板的压痕凸边很清晰，另一边则几乎看不见，如图5-46所示。可用笔在样张上往清晰的方向画一个箭头，这就意味着底模要向该方向调节。

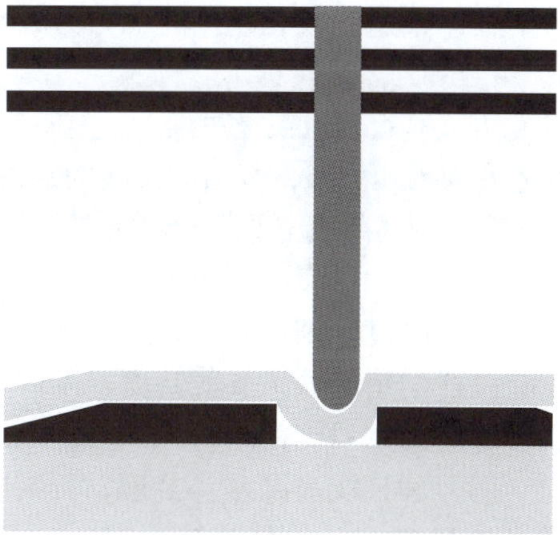

图 5-46　通过纸板的压痕凸调节刀线与压痕底模的套准

底模被固定在下盘上，下盘可抽出，上有两个调节处，一边调节左右方向，一边调节前后方向，如图5-47所示。

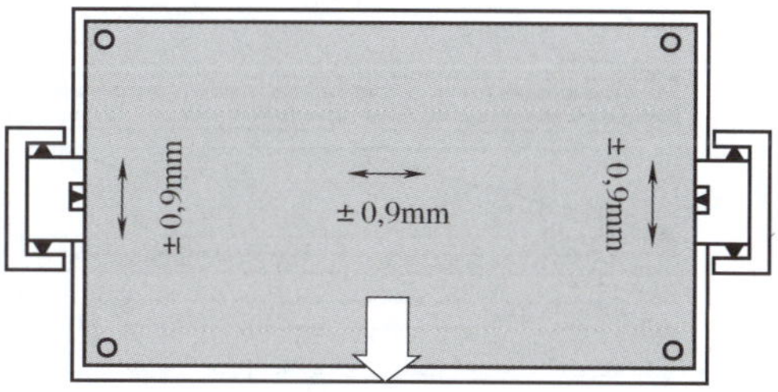

图 5-47　模切下盘

三、模切压力的调节

（一）垫版

刀模可以从模切压痕机的压印机构中自由装卸，可按需要调换或安装，它的定位机构很精确，每次装卸都不影响位置精度。为使印版的钢刀或钢线刀口各点获得均匀的模切压痕压力，版面要保持平整、光滑、整洁。采用垫刀和垫线的方法可以使压力均匀，保证模切压痕质量。

垫版是将模切压痕印版下面垫上一层或数层纸或纸板，使版面钢刀、钢线压力均匀。检查印版压力是否均匀可采用如下方法：

1. 试压

用大于模切印版版面的纸板（可选用400 ~ 500g/m²）和60g/m²的牛皮纸覆在刀模面上，进行试压。压痕浅的地方压力轻，应进行垫版；压痕深的地方，压力大，则不需要垫版，或少垫版。

2. 涂墨

用墨辊在模切压痕版面上涂墨，墨迹深的地方为版面高点，也是压力大的点，不需垫版或少垫版；墨迹浅或无墨迹的地方为版面低点，即小压力点，必须垫版。

3. 压复写纸

将模切压痕版面压在复写纸上，复写纸下面铺上白纸，观察白纸上的复写印迹。复写印迹深的地方为大压力点，复写印迹浅的地方为小压力点。检查出模切压痕版面钢刀和钢线的压力情况后，用局部或全部逐渐增加或减少（挖去）牛皮纸层数的方法，使版面压力均匀。

模切的钢刀和压痕的钢线因高度不同，刃口不在同一平面上，要分别调整压力。所有钢刀和钢线的高度分别调整一致。模切压痕版中，压力过分轻的钢刀或钢线，可以在印版后面相应位置增垫薄铁条或薄铁皮，以调整其压力。

模切压痕的钢刀比钢线高，钢线将纸或纸板材料压出明显折痕，钢刀要将纸或纸板材料切断。钢刀和钢线高度差要合理，否则就不能使两者都达到目的。模切压痕时一般选择钢刀规格为23.8mm，钢线规格为23mm，钢刀和钢线高度相差0.8mm，而需要模切压痕的纸或纸板厚度各不相同。

为了保证模切和压痕都能达到要求质量，钢刀和钢线高度差要有一定要求，可用钢线垫纸的方法实现这种要求，如图5–48所示。

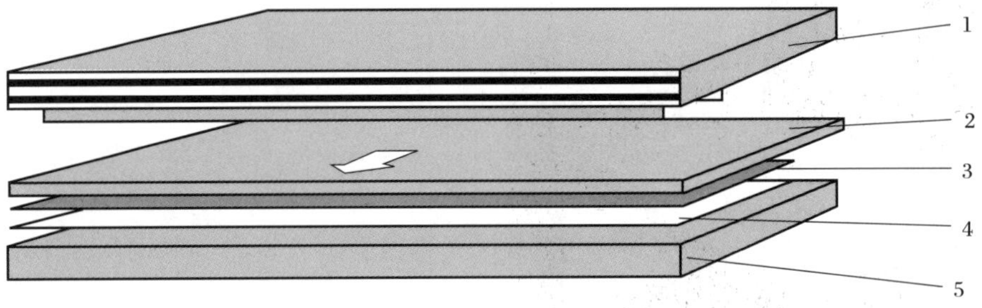

图 5–48　垫版纸

1—刀模　2—纸板　3—复写纸　4—垫版纸　5—模切垫版

钢线垫纸厚度

$$d = h_2 - h_1 - e \qquad \text{（式5–1）}$$

式中　h_2 —— 钢刀的高度，一般选用23.8mm

h_1 —— 钢线的高度，一般选用23mm

e —— 纸板压实厚度

符合这个公式，模切和压痕都能达到质量要求，它使钢刀和钢线获得较为理想的压力。由于生产实际中各种因素的影响，虽符合这个公式要求，但也可能产生模切粘连情况，所以钢线的实际垫纸厚度应比计算数值小0.05 ~ 0.1mm。

生产实际中，纸板厚度不同，钢刀与钢线需要垫纸厚度也不一样；所选钢刀与钢线的高度不同，垫纸厚度也不同。

钢线垫纸的操作方法为：用上面公式计算出垫纸的厚度，然后取略小于这种厚度的纸垫在印版（版基木板）的反面。然后挖去钢刀下面的垫纸，这样，钢刀与钢线的实际高度就符合模切压痕要求了。

钢线垫好后再试压，并检查产品表面各钢线的压痕和钢刀的模切情况，再做必要的压力调整，使版面压力符合质量要求。

（二）铺压痕模

模切压痕印版装好后，还要在压印平板上铺压痕模，以保证压痕清晰，容易成型。压痕模一般常用石膏铺成的压痕模、纸板做成的压痕模和粘贴式压痕模或钢质压痕模。

（三）开机

模切压痕印版和压痕模装好后，可开机进行模切压痕。根据印刷品的图文规格和成型要求，调整规矩位置，定位一定要准确。模切压痕工艺在模切压痕机上进行，模切压痕机有手动续纸和自动续纸，按如下步骤进行：

1. 印刷品准备

模切压痕的印刷品已经过印刷，有的经过覆膜，有的已贴合成瓦楞纸。在这些工艺过程中，印刷品已受到各种力和温度、湿度的作用，难免产生变形，要采取调湿和整形的办法，使印刷品含水量与车间温度、湿度相适应，把变形部分整理平整。

2. 装纸

若采用自动模切压痕机，把印刷品装入输纸装置的纸堆台，供自动输纸装置输送。印刷品要装得整齐、平整、不粘连。

3. 试压

将印刷品输入模切压痕机进行试压，检查模切压痕后产品是否符合要求，有无错位，有无模切粘连、压痕过轻或过重等现象。

4. 检查

经过试压，检查收纸、输纸、压印等部位工作是否正常，发现问题及时调整，特别要注意检查双张控制器，不要出现双张。模切压痕印刷品厚度较大，如进入双张容易损坏机器。检查印版压力和固定状况，防止压印中错位。规矩的位置要精确，确定定位规矩后，试压几张并仔细检查，如果产品是折叠纸盒，还应做成型规格和质量等项检查。

（四）模切压力的粗调

1. 模切压力对质量的影响

模切压力应尽可能小，但又能满足正确模切纸板的需要。压力过小，会使修整相当困难，一般2/3的切割线被切断则说明粗调压力适宜。压力过大，会使钢刀易变形，会影响模切机精度，使钢刀的刀刃变钝，还有可能会使下盘切出很深的切痕。

2. 模切压力的计算

模切压力的大小一定程度上取决于刀模上刀线的长度，刀模上的刀线越多，则模切时单位长度钢刀、钢线的压力达不到切断和压出痕迹深度时所需的最小压力。所以模切压力的计算与装线长度的关系十分重要，模切压力可以根据下列公式计算得到：

$$P = kLF \quad \text{（式5-2）}$$

式中 P——模切压力，单位为N

k——修正系数，一般取1.3

L——钢刀或钢线的总长，mm

F——单位长度钢刀或钢线的模切力，N/mm

（五）模切压力的微调

1. 大面积修整

根据模切生产实践，有些产品经过粗调后，仍是某一区域明显压力不足，尤其是中心部分。即使是用均匀的刀模进行模切，由于模切机采用平压平的工作原理，刀模大面积受力，所以刀模中心区的受力总是比四周小，在纸板上也可反映出来。

如刀模本身厚度不均匀或模切机因长时间使用有所偏斜，都需要对刀模进行大面积修整。可以在一张纸上挖出相应的大小，贴在垫版纸的背面，一起作为垫版用，如图5–49所示。

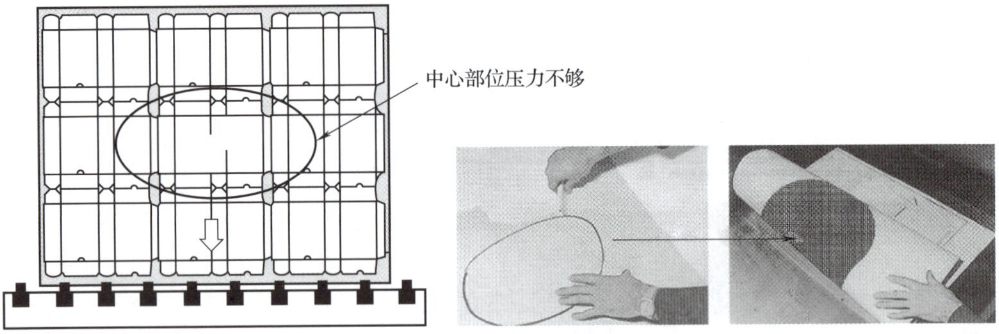

图 5–49　大面积修整

2. 细微修整

在卧式模切机中，上盘可以抽出并翻转，可在版框背面的垫版纸上进行局部细微修整。细微修整是指根据模切样张上标出的模切压痕仍不理想处，在刀模垫版纸上对应的线条处使用修整纸带进行修整，如图5–50所示。

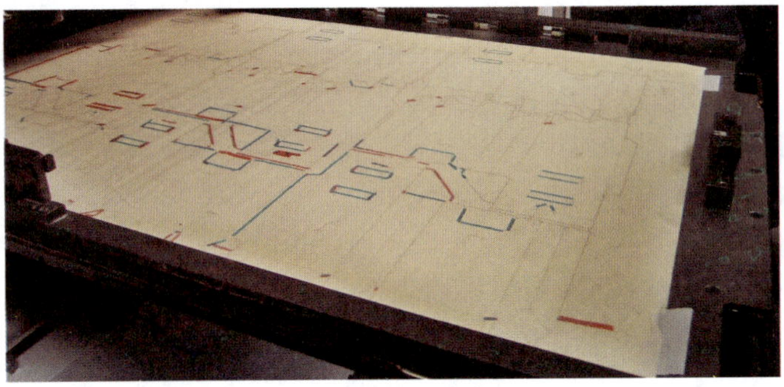

图 5–50　细微修整

修整纸带分白（瓦楞纸）、黄、红、蓝四种颜色，它们的厚度分别是：0.1mm、0.08mm、0.05mm、0.03mm。

在细微修整时应注意，两条纸带不应垂直重叠，纸带距压痕线至少为1mm。

第五节 清废

一、清废工作原理

纸板模切后挂连的废纸板称为废料，也称尾料。废料只有清除后才能得到我们所需要的模切产品，便于进行下一步工序，如糊窗、糊盒等。

清废就是将模切后的废料与包装主体相分离，这道工序也称为排废、去废。清废可以采用手工清废，也可以采用自动清废。手工清废因其生产效率低下，无法保证复杂的盒型尺寸精确度，故适用于模切批量不大的产品，一般不高于10000印；当批量很大时，可采用自动模切清废机进行自动清废，自动清废生产效率高，能保证盒型尺寸精确度，但因清废版制作复杂，带清废的模切机价格昂贵，所以限制了它的使用。

清废装置安装在模切机的模切部件和收纸部件之间，负责将模切下来的废料自动剥离和收集。目前，自动清废技术有Marbasstip清废和上下顶针两种技术。

（1）Marbasstip排废技术　Marbasstip清废技术（如图5-51）是指通过尖顶针，将废料压过垫版后，通过废料自身的弹力与顶针分离，顶针根据盒片形状安装选择，成本非常高，这种技术还在推广阶段，社会占有率比较低。

（2）上下顶针技术　上下顶针技术（如图5-52）是指通过上下顶针的配合，让废料透过垫板，最后上下顶针分离完成清废。此技术目前已被多家模切制造商采用，市场占有率比较高。

以下我们就主要介绍上下顶针清废技术。自动清废装置是由四个部分构成，即中清废版、上清废版、下清废版及分离版。上清废版带有清废钢条、清废销钉等装置，中清废版实为阴模胶合板，下清废版是安有下顶针的清废挂杆，分离版是一个与刀模轮廓图前边第一条钢条形状完全吻合的木条。

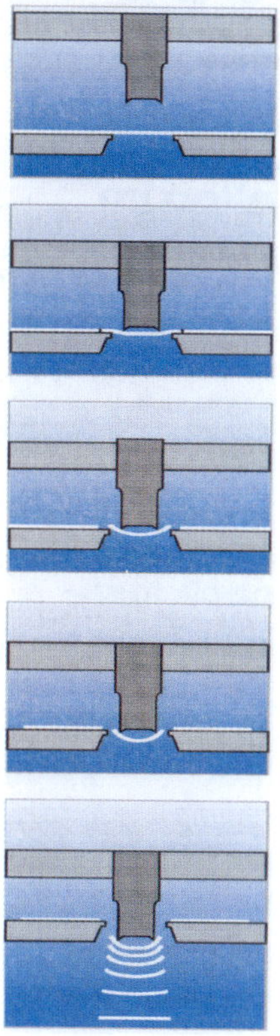

图 5-51　Marbasstip清废技术

自动模切清废机的清废装置和模切装置的下压盘联动，去除咬纸牙咬住的纸板以外的废纸边。自动清废的工作原理如图5-53、图5-54所示，通过上清废版销钉和下清废版的顶针一起将纸张咬住向下移动，在阴模的胶合板的辅助作用下将废料敲落。

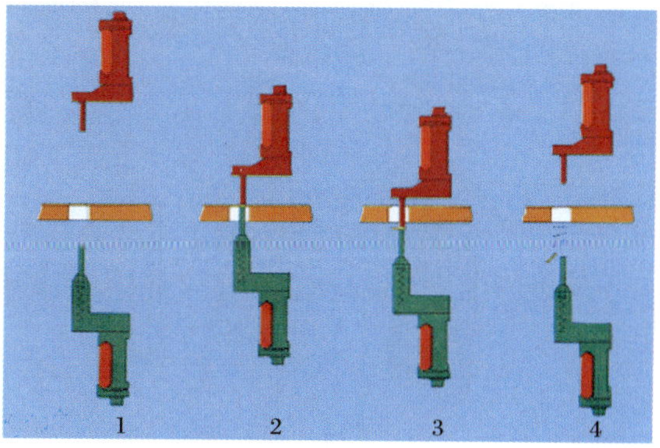

图 5-52　上下顶针技术

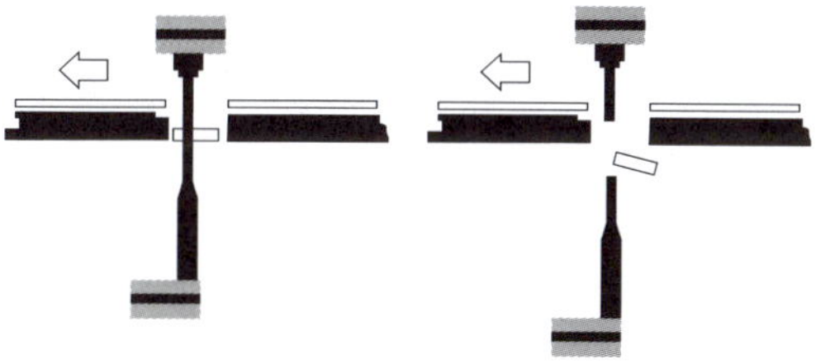

图 5-53　自动清废工作原理

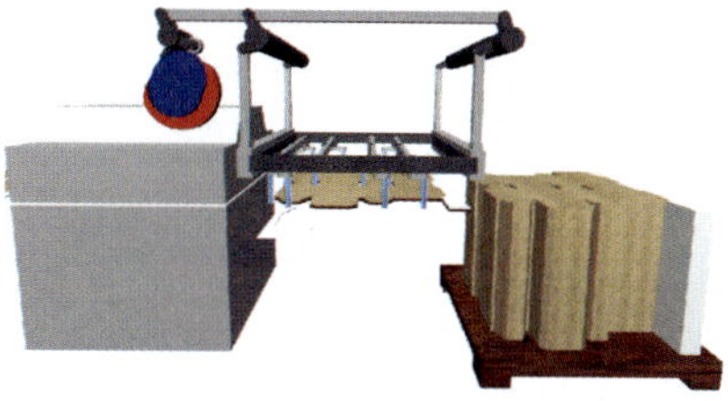

图 5-54　自动清废过程

二、中清废版制作

中清废版由12mm厚的胶合板制成，将包装结构图中对应的废料部位挖空，并沿轮廓裁边得到，主要作用是辅助清除废料，以使废料利用重力作用从挖空部位掉落。中清废版通过钢条固定于机架上。中清废版的制作也主要采用激光切割得到，利用如ArtiosCAD等包装CAD软件将刀模轮廓图做一些改动，得到中清废版轮廓图，再由计算机将信息输送到激光切割机上，利用激光烧蚀切割得到阴模的中清废版，如图5-55所示。下面就是在刀模轮廓图基础上得到中清废版轮廓图所必须作的改动。

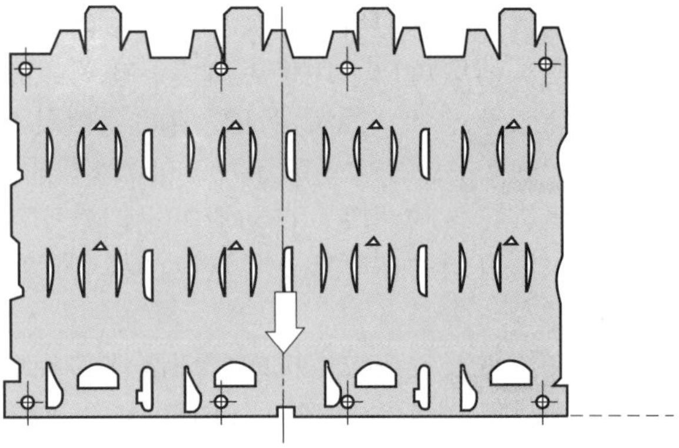

图 5-55　中清废版示意图

（1）中清废版的前边为一条直线，采用与刀模相同的咬口，一般为13mm；侧边及后边取刀模轮廓图最外边的模切线为轮廓，比纸盒外轮廓线向内1.5 ~ 2mm，如图5-56所示。

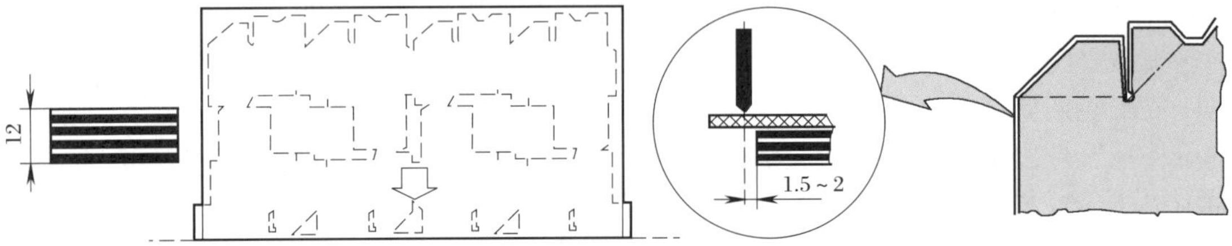

图 5-56　中清废版咬口及外轮廓

（2）内部空格是用于小面积废料掉落的，故要比实际废料大1.5 ~ 2mm，如图5-57所示。

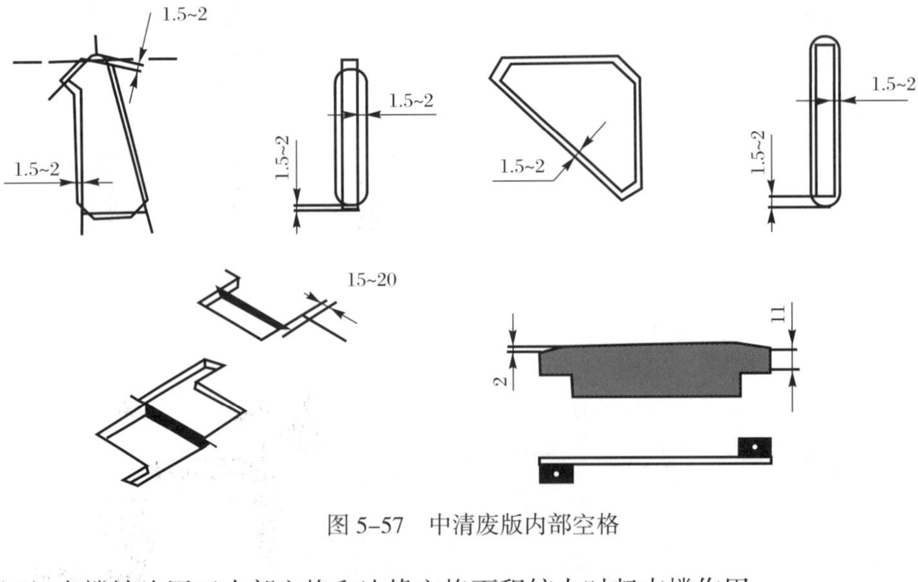

图 5-57　中清废版内部空格

（3）支撑铁片用于内部空格和边缘空格面积较大时起支撑作用。

（4）中心定位孔为22mm × 20mm矩形，位于中清废版前边，用于安装中清废版。

三、上清废版制作

上清废版是由胶合板上镶嵌清废线、圆柱销钉、木块、波形钢线和模切弹垫得到，如图5–58所示。它通过直径为7.5mm的空型螺母固定在上支架上。上清废版在制作时，所用胶合板的厚度为15mm，上清废版的前沿也有一个22mm × 20mm矩形中心定位孔。用于清废的清废线形状类似于钢线，厚度为3点（即1mm），高度为50mm，如废料面积较大，为扩大清废线的接触面积可采用波形钢线代替。除了采用清废线来清废以外，大面积废料还可采用木块来清废，而对于小面积的废料一般可采用清废销钉来清废，清废销钉的直径规格有3mm、5mm、10mm三种，高度与清废线相同，为50mm。大面积的上清废版上没有安装部件的位置应该挖空，因为没有挖空容易形成真空，将纸板弄乱。

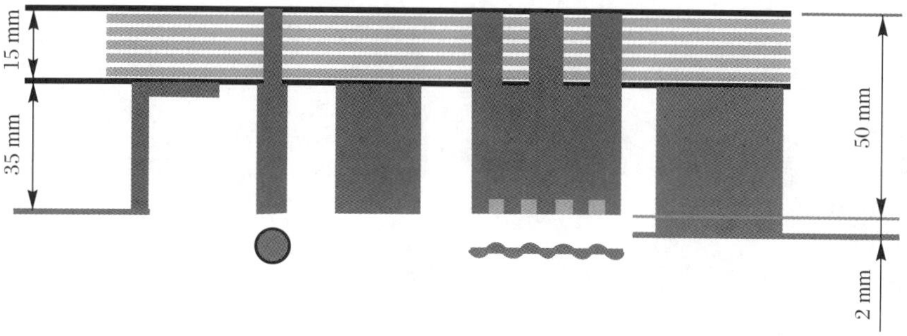

图 5–58 上清废版结构

类似于刀模上粘贴模切弹垫的原理，为使清废线、清废销钉在上、下清废版离压时不卡住纸板，使纸板走纸顺畅，要在上清废版清废线的侧边及后边距离5mm处粘贴海绵块。

四、下清废版制作

下清废版（图5–59）的基础是一个钢制挂杆框架，是一种带弹簧的顶针挂杆，与上版配合一起使用，它通过螺丝固定在下杆架上，下杆架根据模切材料的大小，可以如下放置。

图 5–59 下清废版

上清废版、中清废版都需在专业模切制版企业（如德国的Marbach、HESSE）定做，而下清废版可由包装生产厂家自己组装得到。下清废版的基础是一个钢制挂杆框架，框架由横、纵挂杆自由组成，排列方式如图5-60所示。然后根据结构设计图在对应于上清废版清废线及清废销钉的位置安装清废顶针，清废顶针是一种带弹簧的顶针，通过螺丝固定在挂杆框架上，与上版配合一起使用。

清废顶针的安装位置要考虑纸张的运行方向，应朝向废料的前端，并注意边角料的清除，这样在惯性作用下，便于废料的清除。在实际安装下清废版的清废顶针时要注意以下几点。

（1）废料面积极小时，与清废顶针对应，如图5-61所示。

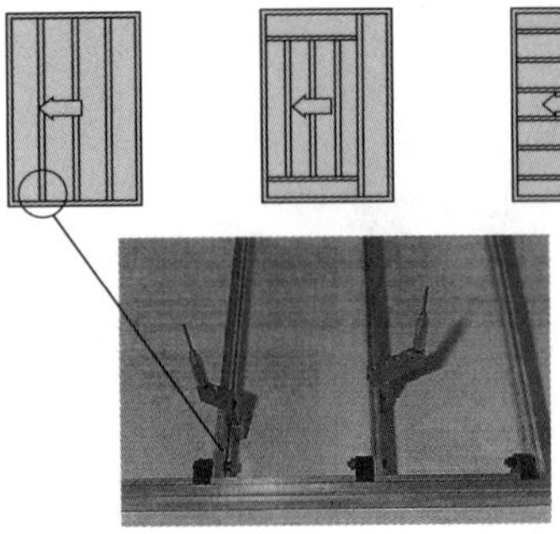

图 5-60　下清废版框架排列方式

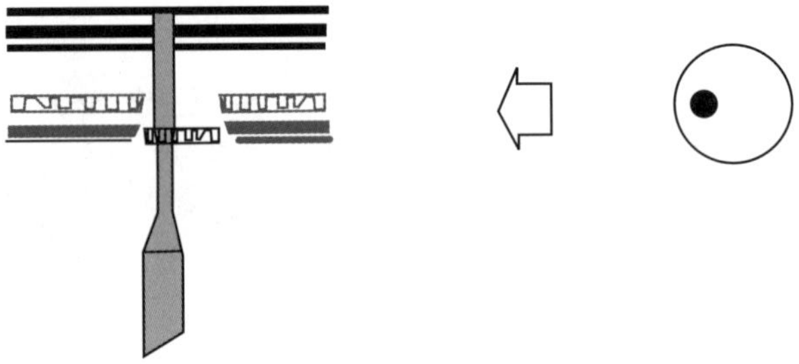

图 5-61　废料面积极小时的顶针排列

（2）废料形状为窄条时，分为两种情况。窄条长度平行于机器方向时，清废顶针安装在距离废料前边10mm处，如图5-62所示；窄条长度垂直于机器方向时，清废顶针安装在距离废料侧边10mm、距离前边1/3处，如图5-63所示。

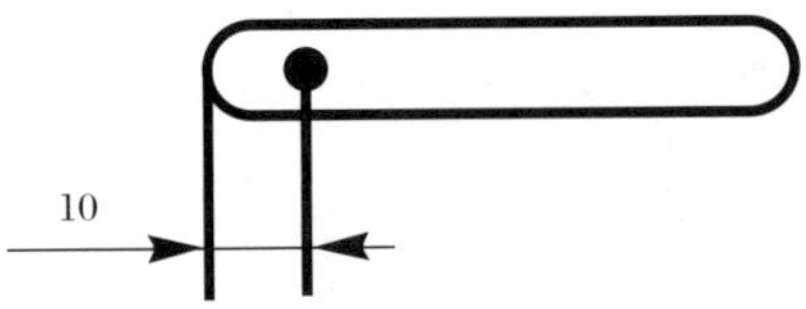

图 5-62　废料窄条长度平行于机器方向时的顶针排列

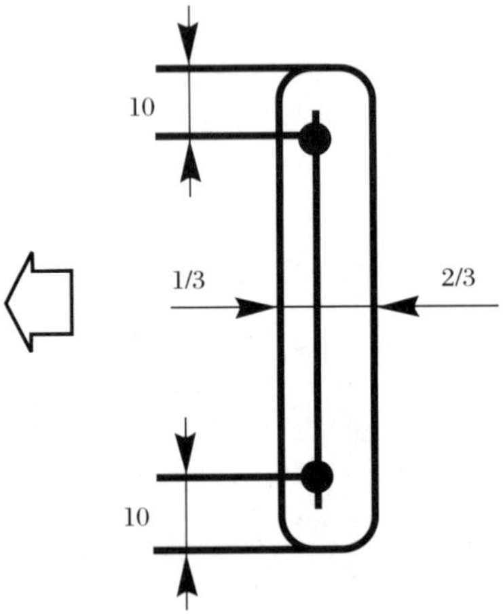

图 5-63　废料窄条长度垂直于机器方向时的顶针排列

当模切材料为较厚的瓦楞纸板时，可以利用瓦楞纸板自身的重力而掉落，所以可以不采用下清废版。

上清废版、中清废版和下清废版是清废装置的主要部件，三者相互作用将废料排除。

有时，活件在去除咬口时，还要经过“二次清废”。当纸张到达收纸台时，递纸牙并没有松开纸张，而是由一块板下压在咬口边缘处，将纸张与咬口切断，递纸牙排叼着咬口继续前进，当到达输送带位置时，间歇机构控制的递纸牙排的上部活动牙被弹开，咬口下落到输送带上。这样，咬口被清除，二次清废结束。

二次清废实际上就是将咬口与盒片进行分离，从而获得干净的盒片。

五、清废部件的安装与调节

1. 预安装调节

为了提高机器的效率，一般在附件上按要求制作下清废顶板。

① 将盒型图纸装入。

② 按要求制作上清废版。

③ 按上清废版调节安装下清废版。

2. 安装调节（如图5–64）

图 5–64 安装调节

① 将机器速度调到最低。

② 将阴模胶合板固定到机夹上，根据尺寸调整对应的位置。

③ 将上清废版推入上轨道并固定。

④ 调整阴模胶合板与上清废版的位置。

⑤ 将下清废版推入轨道固定。

⑥ 根据上清废版调整下清废版的位置。

注意事项：

① 进入孔内的针离边沿不小于1.5mm，下顶针要安装在上顶针的中间，如图5–65。

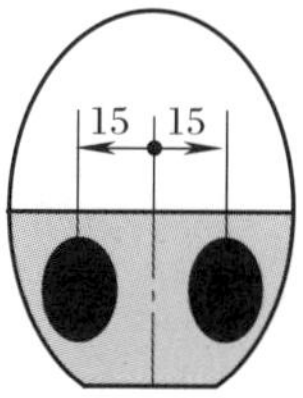

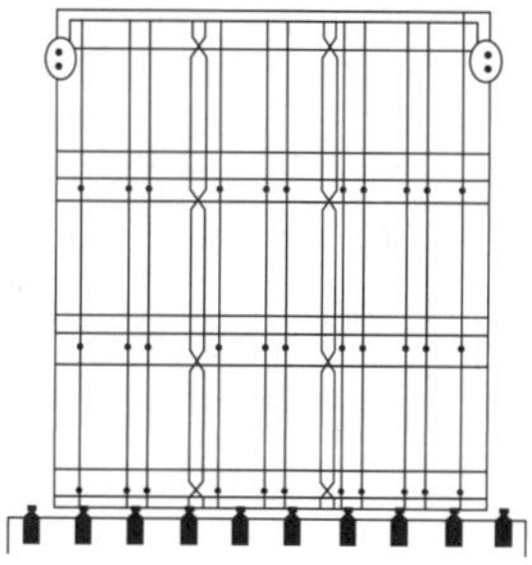

图 5–65 安装位置

② 顶针要安排在废料运行机制的前端便于分离。

③ 大面积的上清废版上没有安装部件的位置应该挖空，因为容易形成真空将纸张弄乱，如图5–66。

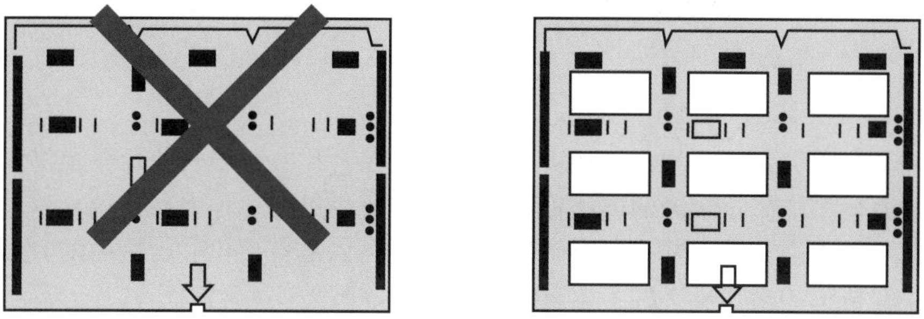

图 5–66 挖空处理

④ 当支架上部件过多时也可以用带尖针的清废钢刀替代，如图5–67，要求阴模胶合

板上的废料孔要小于废料，当配顶针时要注意不要压住顶尖。

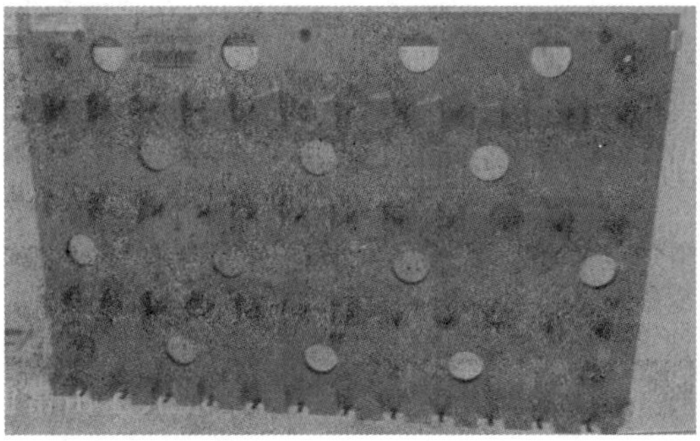

图 5-67 带尖针的清废钢刀

第六节 分离与收料

纸板在经过模切机清废机构后，进入收料机构前，盒型主体与内部废料的连接点、盒型主体与侧边和后边废料的连接点、侧边废料与咬口边的连接点都已经打断，仅剩下盒型主体与咬口边以及盒型主体拼接处的连接点未被打断。针对这两处未被打断的连接点，目前市场上的自动模切机有三种收料方式，即盒片分离、咬口分离、无分离收料。

一、盒片分离

为了提高机器的印刷模切效率，通常在加工时将几个相同或尺寸大小复合要求的拼在一块版面上进行印刷和模切，但在糊盒或填充时要求一个盒片一个盒片进行。为了提高效率或质量，直接在机器上通过装置设备将它们的连接点打断从而分离盒片，如图5-68，这种工作方式就是盒片分离。

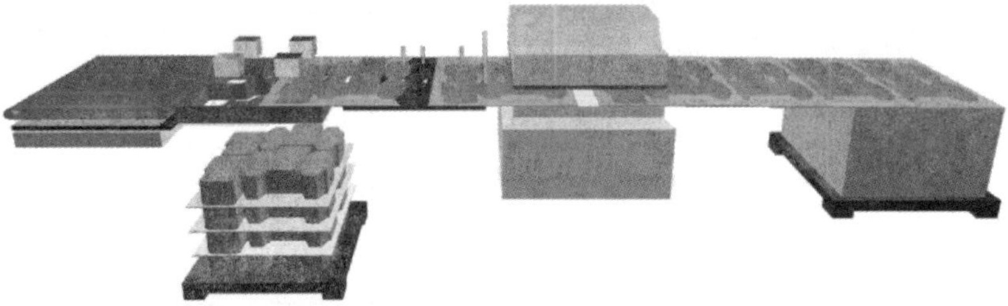

图 5-68 盒片分离示意图

盒片分离收料方式，是指在模切机收料时，借助盒片分离版与盒片分离框将盒型主体与咬口边以及盒型主体拼接处的连接点同时打断，所收集的盒片为独立的盒片，最终成品无需再借助手工辅助分离。盒片分离，又称为全分离，是自动化程度最高的收料方式，带盒片分离收料机构的模切机又称为全自动模切机，因其需要专门制作盒片分离版和盒片分离框，所以较其他收料方式成本要高，一般适用于生产批量较大的产品。

1. 盒片分离版和盒片分离框

盒片分离装置一般由两个部分构成：盒片分离版（图5-69）和盒片分离框（图5-70）构成。

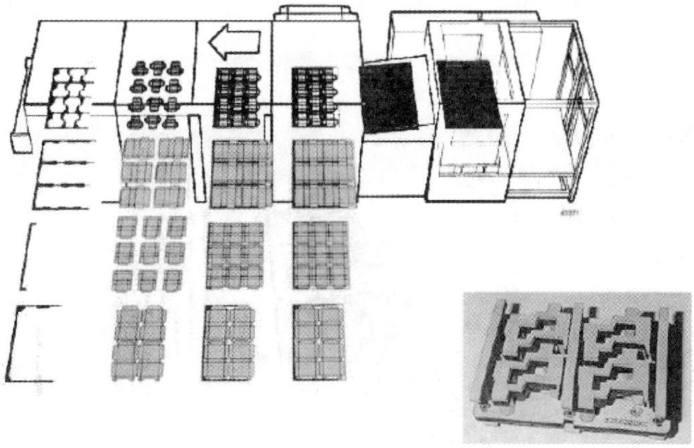

图 5-69　盒片分离版

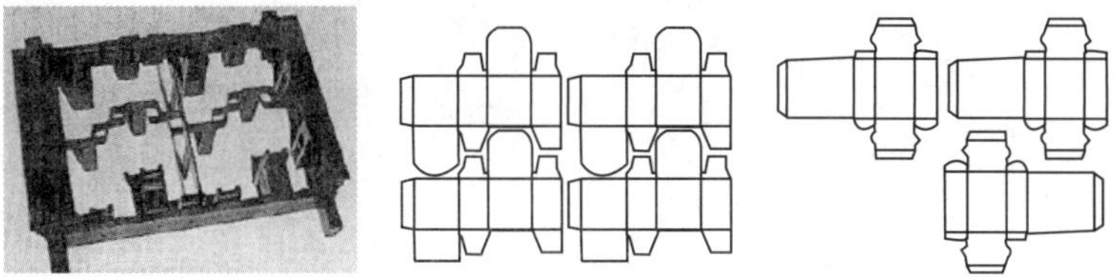

图 5-70　盒片分离框

盒片分离版由胶合板（15mm）、木板条和海绵胶（35mm）构成；盒片分离框由金属框架和盒型轮廓条焊接而成。

通常是一个盒型使用一套版，也是由制版公司定做。由于成本比较高，只有长版活才使用这种盒片分离设备。盒片分离机构完成咬口分离，就是在盒片分离的同时将纸片的咬口与盒片进行了分离，这种分离后的咬口料将通过传送带将其收集。

操作过程中当清废后的盒片传递到收料位置时，纸片将停留在分料框上，此时盒片分离版向下移动，压住纸片透过盒片分离框，借助框架的顶力让连接点打断，盒片分离框上提引导纸片弹力分离。

操作过程中应注意。

① 框架设计过程中各边要小于盒片0.5mm，连接要适当放出位置，如图5-71。

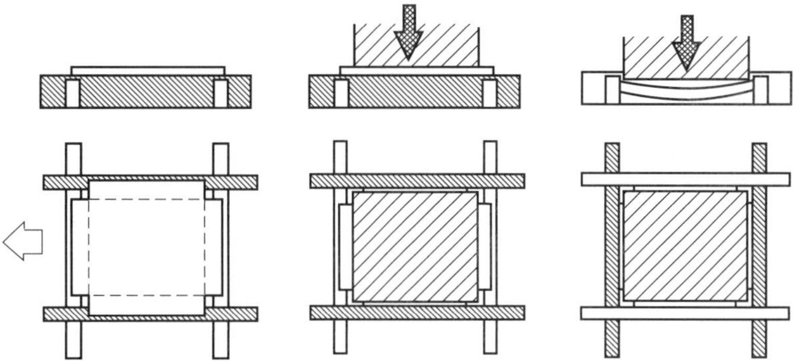

图 5-71　盒片分离过程

② 为了收纸平齐，各框架可以悬掉塑料片来引导纸片下落，如图5-72。

2. 安装与调节

如图5-73所示。

① 根据盒片的类型选准对应的分离框。

② 将分离框推入滑道并将其固定。

③ 输送一张盒片对准其位置。

④ 将上分离版推入滑道固定。

⑤ 点车运行调整上版与下框之间的配合，另外可以调节固定螺钉调整对应位置。

图 5-72　悬掉塑料片

图 5-73　分离版安装与调节

二、咬口分离

咬口分离收料方式是将用于传递纸片的咬口与盒型主体进行分离，从而获得没有废料的盒片，但盒片与盒片之间连接点未被打断，只能依靠手工来打断。

咬口分离可以通过三种形式来实现，即依靠盒片分离机构完成咬口分离、通过上下版相对运动完成咬口分离和雪橇与“L”型设备配合完成咬口分离。

1. 盒片分离机构完成咬口分离

就是在盒片分离的同时将纸片的叼口与盒片进行分离，这种分离后的叼口料将通过传送带将其收集。

收集带是由一传送带构成，当链条上的牙排开口后将咬口料松开，其自动掉落在输送带上从而完成咬口料的分离和收集。

2. 上下版相对运动完成咬口分离

这种分离是没有盒片分离设备的情况下来完成的，咬口分离版由上下阴阳配合来完成，如图5-74。分离版的作用是将前废边

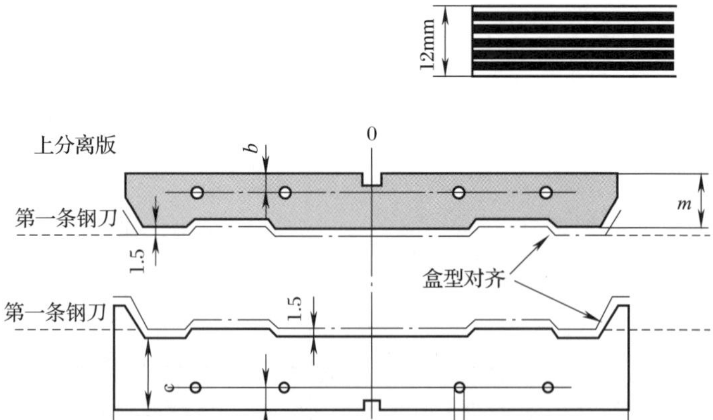

图 5-74　上下版相对运动完成咬口分离

与盒型整体分离，分离版采用胶合板，形状与刀模上第一条钢刀的形状完全吻合。

其工作原理与盒片分离的原理相似，阴模版固定在收料的咬口处，当牙排将盒片带到此位置后，上阳版向下快速运动，借助惯性将盒片从咬口处分离，关键是将其连接点打断。

操作时应注意：

① 安装时要注意阴阳版的配合，中间对应的缝隙一般不超过2mm。

② 这种板材不同的盒片类型要定做对应的分离版。

③ 分离后的咬口料一样要通过收集带输送或让压排在上翻时开牙松落，再进行收集。

3. 雪橇与“L”型设备配合分离

此方法通过上下的钢条来完成，工作原理同上面所描述的上下阴阳版工作。

如图5-75，咬纸牙将盒片带到下固定架位置上，L型铝版向下运动将盒片与咬口之间的连接点打断完成分离。分离后的咬口料通过收集带输送或让压排在上翻时开牙松落，再进行收集。这种分离机构比较经济，但对盒片的位置搭接有比较高的要求，例如锁底盒的锁底结构不适合放在咬口处，否则将出现乱纸，只适合比较大的盒片咬口料的分离。

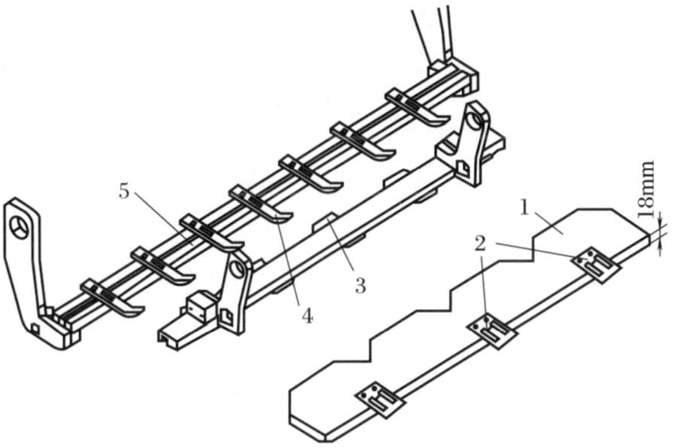

图 5-75 雪橇与“L”型设备配合分离

1—固定木板 2—滑片 3—销口片 4—雪橇 5—下固定架

三、收料

1. 盒片隔离机构

为了提高后道工序的效率和纸堆的稳定性，一般要求将纸堆根据要求用纸片分离开，如图5-76。盒片隔离机构是一个自动分离机构，当纸片达到所计算的数量，飞达停止输送纸张，隔离纸片就会同送纸机构从纸堆中分离一张纸来隔离。

图 5-76 盒片隔离机构

2. 收纸堆的理纸和自动升降机构

纸张的收集比较简单，纸堆垫板就是放置在钢板上将传送过来的纸张一张一张的收齐。

纸张在收纸部分将通过一个类型的框架下落。如图5-77，这个框架是由纸张运行方向的咬口部分3和拖梢4以及纸张的侧边1和2来构成，在纸张拖稍的尾部有一个与纸张类型调节器相一致的虹吸管，在纸张叼口和纸张的侧边操作面有一个摇柄操作设备让纸张边沿垂直下落。

图 5-77 收纸堆

收纸台对所有的急停驱动设备前进行操作，当收纸部分空缺或纸堆已经满时，可以使用卷台来帮助收起纸张。为了提高主纸堆的效率，必须使用卷台来帮助操作，辅助收纸的卷台离纸堆的距离最少为20mm高。

当收纸台上所收的纸堆超出60mm时，安全装置将使机器会自动停止运行，使用的是固定的副收纸台的高度最大为75mm，使用的是带有下降的卷台副收纸台的高度为230mm。

自动升降机构就是通过光电检测来完成，其工作是一边发出光，挡板反射光当不能获得信号时机器就认为已将纸片挡住，纸堆就会下降。

第七节 模切质量与故障分析

一、压力不均匀

模切压痕过程中压力不均匀，一般有两种情况：

（1）如果压力有轻微的不均匀，可能是由于模切刀、线（钢刀、钢线）分布不均，造成动平台在模切时受力歪斜所致，此时应在刀模上加装平衡刀线，使平台受力均匀。

（2）如果平台前后成四角处出现比较严重的压力不均匀现象，则主要是支撑动平台的四个连杆摆杆高度不一致造成的，此时应打开模切底座的护罩，检查摆杆是否磨损，如磨损严重则需更换，否则需要调整四个压力调整斜铁，直到压力一致为止。

二、模切精度不高

模切的精度是衡量模切质量最为重要的标准之一，是生产出合格产品的重要保证，在实际生产过程中，常常出现模切精度达不到设计要求的情况。影响模切精度的因素很多，主要有以下几方面：

（1）主传动链条磨损拉长，将直接影响模切前定位精度，此时只能更换链条。

（2）间歇机构磨损，造成牙排在停止或启动过程中发生抖动，从而影响模切精度。这种情况下一般只对定位精度产生影响，此时，应对间歇机构进行检修。

（3）前、后定位摆架定位距离过小。因为链条本身长度有一定的误差，如果定位距离过小，则在前、后定位时不能消除链条误差，从而影响模切精度。此时应调整前定位摆架的调整螺杆或后定位摆架的凸轮位置，使前后定位架能拨动牙排2～3mm距离为宜。

（4）上刀模或下刀模定位不准。机器长时间使用会造成刀模框或模切底板上的定位块磨损，从而使配合间隙过大而导致模切精度降低，此时应更换定位块。

（5）侧定位板磨损是造成侧定位不准的重要因素。由于定位的拨动量不足以弥补磨损量，因此会造成侧定位精度变差，此时应更换侧定位板。

（6）叼纸牙压力太小或不均匀。如果叼纸牙的活动牙弹性由于长期使用而变小，则会造成纸张在传递过程中滑移或脱落，从而直接影响模切精度；叼纸牙之间压力不均匀则可能造成纸张在模切过程中的歪斜，此时应更换活动牙。另外，固定牙在水平高度上也应该一致，否则也有可能在叼纸时产生纸张碰撞或叼纸后纸张起皱，影响模切精度。

（7）操作过程中纸板变形或伸张，造成“套印”不准，从而影响模切精度。应选用合适的纸张，减少材料本身缺陷对模切精度的影响。

（8）操作人员操作失误而造成精度不够，或由于刀模本身精度不高而造成模切精度达不到要求。此时应该对操作人员进行专业培训、提高生产管理要求，或重新制作刀模。

三、模切散版

所谓散版，是指模切时废边与纸板散开而造成走纸不顺的现象。散版严重时会影响正常的生产。造成散版的主要原因是刀模制版工艺中的失误和弹性胶条（或海绵）的选择不当，同时，其他因素也可能造成散版。

（1）刀模制版时，如果活件形状复杂或排列活件很多，而模切连点很小、很少，则很容易造成模切时散版。此时应适当增加连点数量，如果可能，应将活件长度方向与纸张传送方向保持一致。

（2）如果刀模上的弹性胶条（或海绵）太软，不能顺利弹起纸张，也会造成散版。此时应选用硬度高、弹性好的优质弹性胶条（或海绵）。

（3）压排启动太早也是造成散版的重要原因。模切后，当动平台下降时，虽然纸张已被弹性胶条（海绵）弹离刀线，但由于弹性胶条（海绵）一般高出刀线2～3mm，此时如果叼纸牙排开始运动，则会由于弹性胶条（海绵）仍将纸张压在模切底板上而容易撕裂纸张造成散版。此时应松开间歇机构与主链轮轴的联结套进行调整，使动平台由上止点下降7～8mm（瓦楞纸模切时应在10～15mm）时，压排开始运动。

（4）被模切的印刷品的质量也是造成散版的原因之一。如果印刷品的纸质太差，纤维太短，则可能会在模切过程中出现散版。此时，可以降低模切速度，并适当增加连点数量。

四、模切时刃口不光滑，甚至起毛

产生这种现象的主要原因与钢刀的质量和钢刀的作用有关，主要有以下几种情况。

（1）钢刀质量不良、刃口不锋利、模切适性差是造成刃口不光滑甚至起毛的重要原因。应根据被模切印刷品的不同性能，选用优质的钢刀，提高其模切适性，没有特殊要求的情况下，尽量选用横纹处理的钢刀。

（2）钢刀刃口磨损严重，未及时更换，使钢刀不能正常发挥作用。应经常检查钢刀刃口的磨损情况，发现磨损严重以致影响模切质量时，应及时更换新的钢刀。

（3）模切压力调整时，钢刀处垫纸处理不当，即补压没补好，造成模切压力不适，也会产生刃口不光滑或起毛。应重新调整模切压力并更换垫纸，使压力符合模切要求。

（4）模切刀与弹性胶条（或海绵）的配套及安装不合规范，也会造成上述现象的发生。弹性胶条（或海绵）必须有足够的硬度才可以压紧纸张，让模切刀顺利的将印刷品切开，不同纸张应选用不同硬度的弹性胶条（或海绵），同时，安放的位置及高度也必须符合规范。

（5）刃口不光滑或起毛的产生，还与底钢板的平整度及机器压力有关。底钢板必须平整，必要时应更换底钢板。

五、爆线（爆色）

爆线是指产品在模切时或成品折叠时，压痕处纸张开裂。这是模切中经常出现的问题，尤其是在天气干燥的情况下，经常发生。应根据具体情况具体分析。

（1）纸张脆，含水量低，特别是经过高温磨光的纸张，模切时易爆线。这时，在模切前先把纸张调湿，可用过水机给纸张背面过水，增加其含水量，使纸板柔韧，再上模切机。模切后若贴盒时爆线，可在折痕处擦水，以缓解爆线状况。

（2）印刷品表面有大面积的蓝或黑等深颜色实地，模切后易爆色、爆线。印刷时在深色墨中不加或少加油墨添加剂，以加强油墨在纸上的附着力，减少爆色、爆线现象。

（3）纸张（板）厚度过大时，容易产生爆线，此时模切钢线高度选择要合理。

（4）钢板下垫纸后易爆线，此时应减薄垫纸。

（5）模切机压力过大时易爆线，此时应减小压力，使废边刚好分离。

（6）压痕模或底模纸过厚、压痕窄，易爆线。应选用合适厚度的压痕模，压痕宽度要适中。

（7）切口掉下的纸粉积聚在槽中易爆线。操作者应及时清除干净纸粉、异物等。

六、压痕线不规则

产生压痕线不规则的原因主要是钢线垫纸上的压痕槽留得太宽，纸板压痕时位置不定；钢线垫纸厚度不足，槽形角度不规范，出现多余的圆角；排刀、固刀紧度不合适，钢线太紧，底部不能同压板平面实现理想接触，压痕时易出现扭动；钢线太松，压痕时易左右窜动。排除办法是更换钢线垫纸，压痕槽宽度合适；增加钢线垫纸厚度，修整槽角；排刀固刀时其紧度应适宜。

七、不干胶模切后清废时，标签被粘连揭下

在不干胶模切后，清废加工时，标签常被纸边废料粘连揭下，尤其是一些小面积的标签，这种现象更为严重。一般可以从以下几方面解决这一问题。

（1）设计时，适当增加标签面积，形状不宜太复杂，合理排列标签。

（2）防止不干胶面纸黏合剂黏度下降。可降低存放和印刷车间温度，或提高其黏度。

（3）更换刀刃发钝的刀片，或重新制作刀模。

（4）通过下垫模切底版的方法，调整刀模的压力，使刀模的压力均匀，模切压痕深浅一致。

第八节 卷筒纸裁切

卷筒纸裁切机是指将空白或印好的卷筒纸裁切成单张纸或分切成窄纸带的设备。在卷筒纸印刷机上配备的联机裁切设备可以进行卷筒纸的横向裁切和纵向裁切。

一、卷筒纸的纵向裁切

卷筒纸纵向裁切是指在平行卷筒纸边方向的裁切，即将卷筒纸裁成两个或更多的纸带，通常也称为分切，卷筒纸纵向裁切机也称为分切机。纵向裁切可以采用剪切和刀切两种方式在卷筒纸的前进方向进行，即裁切方向与纸带前进方向一致。图5-78中（a）是采用刀切式的纵向裁切，也称为加压裁切，即在刀轴上移动圆盘裁刀的位置来设置裁切宽度，使用主动圆盘裁切刀在纵向裁切机上完成卷筒纸的裁切工作。图5-78中（b）是采用剪切式纵向裁切，即根据剪切原理，上刀压向下刀，卷筒纸在裁切刀作用下断开。在轴上改变圆盘裁刀的位置来设置裁切宽度。实际生产中，圆盘裁切的转速比卷筒纸的运动速度快10%~15%，即“剪切+拉割”的裁切方式。

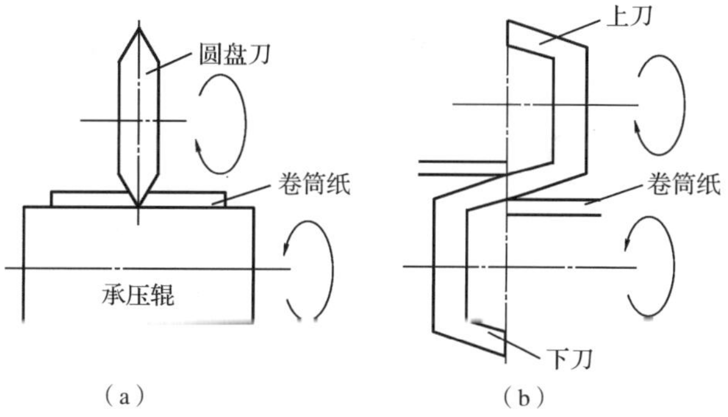

图 5-78 卷筒纸的纵向裁切

（a）刀切式 （b）剪切式

此外，纵向裁切还可以采用撕切方式。即在裁切过程中，裁切刀不施加任何压力，靠卷筒纸的张力来产生撕切力，如剃刀裁切就是典型的撕切方式。

二、卷筒纸的横向裁切

卷筒纸的横向裁切是指与纸边垂直，将卷筒纸裁成单张纸的过程。裁切运动与卷筒纸平面垂直。在实际生产的裁切过程中，绝大部分横向裁切采用剪式裁切方式，并通过保持卷筒纸静止或者保持切刀与卷筒纸运动方向与速度相同等两种方法来保证裁切精度，如图

5–79（a）所示。

在图5–79（a）的卷筒纸横向裁切中，纸带在裁切过程中必须处于停止运动（静止状态），主要通过垂直于与卷筒纸的运动方向上摆动辊的摆动来实现。这种方式主要用于分切来防止裁切边的不齐。而在图5–79（b）的卷筒纸横向裁切中，纸带在裁切过程中处于运动状态，通过旋转的上刀与固定的下刀在与纸面形成0.5°～2.0° 来实现剪式裁切。这种方式主要用于高分切速度的卷筒纸分切作业，改变裁切滚筒相对于卷筒纸速度转速，还能够改变裁切长度。纵切和横切装置通常安装在瓦楞纸生产线的分切压线机中以及制袋机等包装容器成型设备中。表5–3是普通剪切式与旋转剪切式的比较。

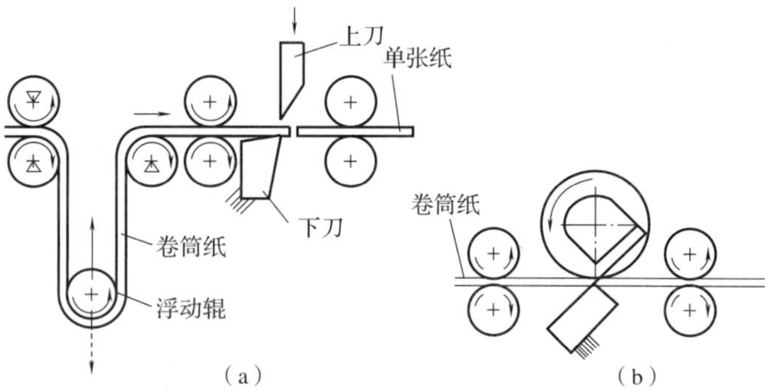

图 5–79　卷筒纸的横向裁切

（a）普通剪切式　（b）旋转剪切式

表 5–3　剪切式裁切方式的比较

内容	普通剪切式	旋转剪切式
裁切刀刃形状上刀安装在滚筒的表面（垂直于卷筒纸的走纸方向）	下刀是螺旋形或V字形，上刀是螺旋形	下刀垂直于卷筒纸走纸方向安装
切刀运动	下刀静止，上刀旋转	上刀和下刀都旋转
刀速	滚筒的转速和卷筒纸运转速度相同	滚筒的转速比卷筒纸运转速度快

图5–80是一个配有旋转式横向裁切单元和纵向裁切单元的典型系统，可以一次将四个卷筒纸裁切成尺寸准确的单张纸。裁切后的纸张通过光学扫描自动挑出有缺陷（斑点、孔洞、皱折、条斑）的纸张。

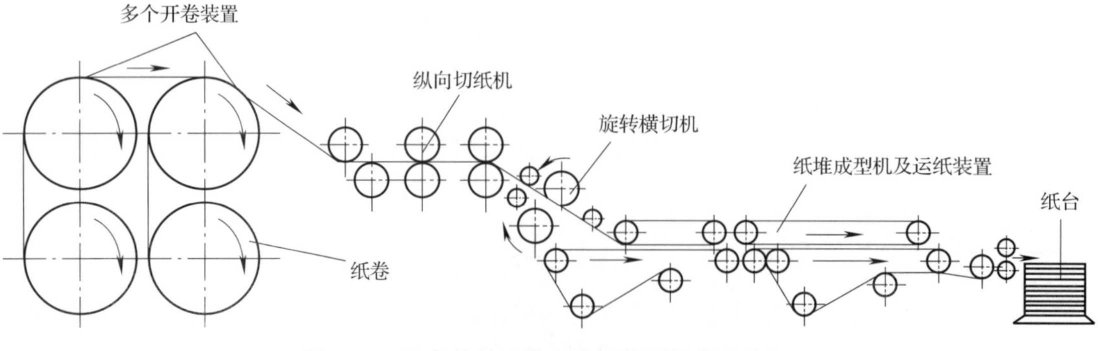

图 5–80　配备旋转式横向裁切装置的典型系统

第九节 开槽

开槽机，主要由压线轮轴、开槽刀轴，上、下压线轮，上、下开槽刀，上、下切角刀等组成。由瓦楞纸生产线生产的纸箱坯料已具有纸板所需的幅面以及两条横压线。而开槽机的功能就是进行纵压线、开槽、切角，完成瓦楞纸箱箱坯的立体成型。

瓦楞纸箱根据国际标准对瓦楞纸箱结构的命名规则为FEFCO 0201（图5-81），是应用最广泛的运输包装，如电器、食品、日用品的运输包装均采用这种结构。因而其生产批量一般都比较大，而开槽机就是专门针对FEFCO 0201纸箱设计的立体成型机，它成本低、生产效率高、开槽精度高，还易与印刷、糊箱机联机，如图5-82所示。

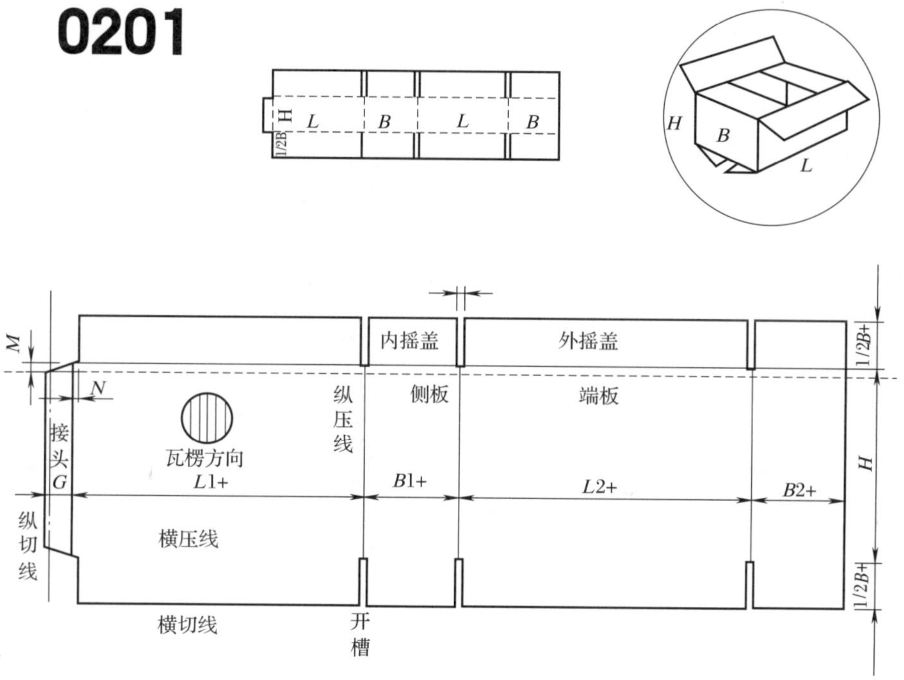

图 5-81　FEFCO 0201

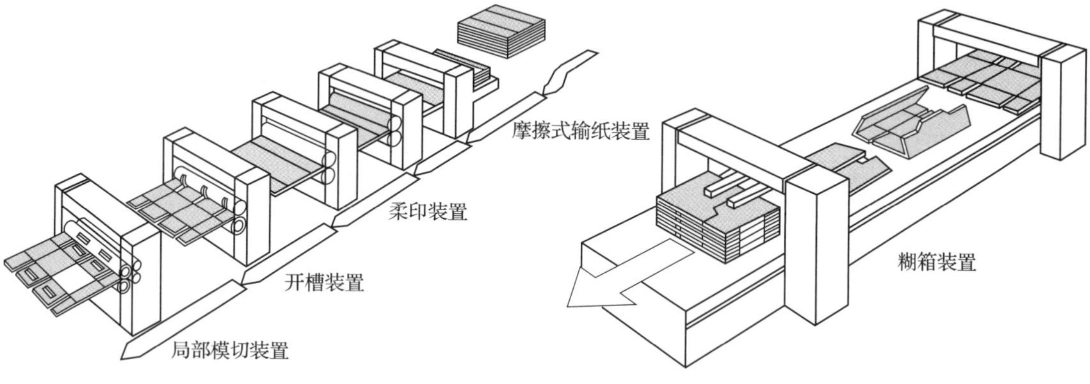

图 5-82　印刷开槽联动生产线

一、输纸部分（图5-83）

开槽机的输纸部分采用的是摩擦式输纸，即负压吸附瓦楞纸板完成自动送纸，使用过程中要根据产品的特点调节风量，让纸板传递平稳。

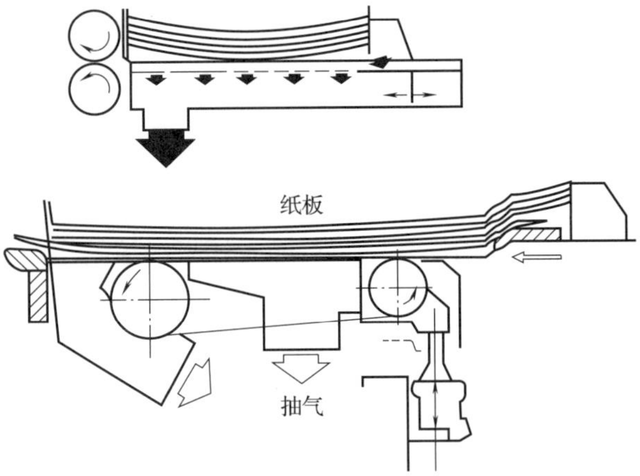

图5-83　输纸部分

二、压线（图5-84）

压线，是指用压线轮在瓦楞纸板上进行压痕，压痕线与瓦楞方向平行时称为纵压线；压痕线与瓦楞方向垂直时称横压线。FEFCO 0201纸箱具有两条横压线、四条纵压线，横压线在瓦楞纸生产线的分切压线机构上已经实现，开槽只需对纸板进行纵压线，也就是开槽机的机器方向上实现压线。纵压线，相比横压线，由于瓦楞纸板的结构特点，往往很难保证达到预定尺寸。在楞峰和楞谷处压线时，尺寸的精度易于保证，但在楞腰部分压线时，精确度较差。

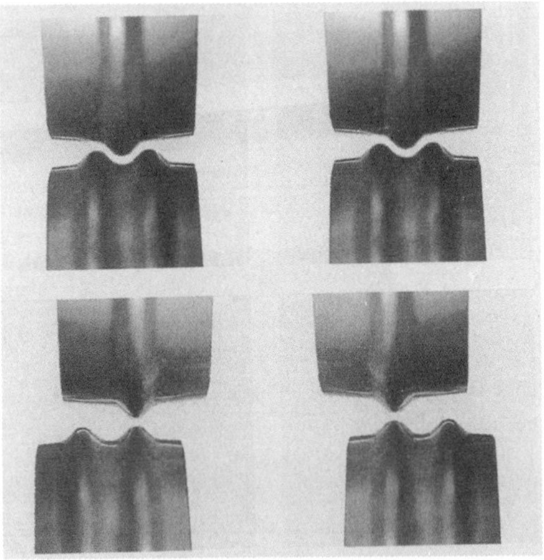
图 5-84　压线轮

在瓦楞纸板上压线就是在确定的直线段上按一定宽度将瓦楞压实，以便成箱时弯折。这与普通的压线机原理相同，压线装置主要由上、下两个压线轮构成，常采用V形断面。按压痕类型分为单点式、三点式和五点式压线。开槽机因为是纵压线采用的都是单点式，三点式、五点式一般用于横压线。压线轮在压线轮轴上的距离可以根据纸箱结构图中所标示的A、B、C、D宽度进行调节。操作前，上下滚轮要对准及调好间隙，运转中若发现纸板压扁有破裂或深度不足，应立即停机，重新调校。

三、开槽切角

开槽切角的作用是用切角刀和开槽刀在纸箱坯料上切出槽和角，形成纸箱的内、外摇盖和接舌。开槽机不同于模切机，它无需刀模，只需将切角刀、开槽刀在开槽刀轴上按照纸箱结构图中各部位的尺寸进行调节，如图5-85（a）所示。

开槽切角装置的结构，如图5-85所示，是在一对转轴上装夹一对切角刀和三对开槽刀，其轴向位置可由螺杆机构调整，先进的机型装有数控调节装置。工作时，印刷与开槽刀、切角刀运转同步，当印刷滚筒每转一周印刷一个箱坯时，滚刀同样完一件坯料的开槽、切角。开槽刀轴与印刷滚筒的转速相同。

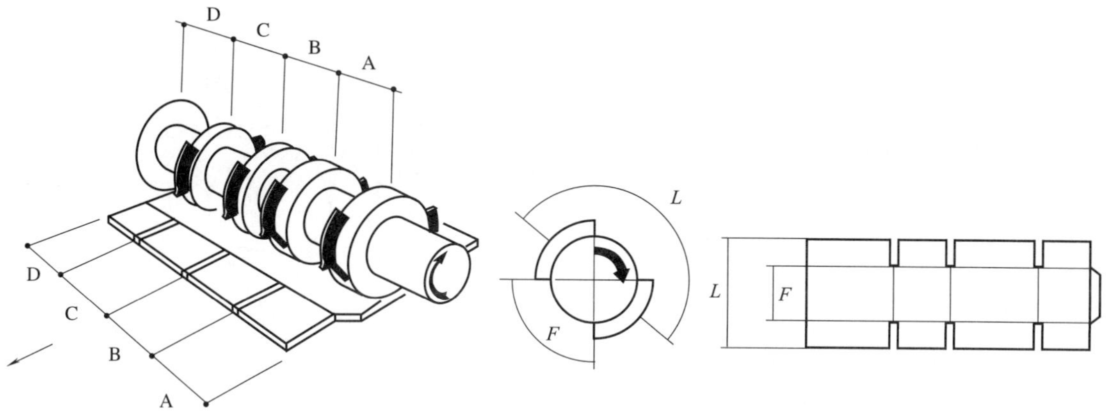

（a）　　　　（b）　　　　（c）

图 5-85　开槽切角原理图

（a）开槽机原理　（b）开槽刀　（c）箱坯结构图

开槽刀工作原理如图5-85中（b）、（c）以及图5-86所示，上刀座上装有两块同平面弧形刀片，其中一块固定，另一块在周向根据L、F尺寸可以进行调节。下刀座不同于上刀座，只装有两个环形刀片，两刀之间形成的环形槽宽与上刀座的弧形刀片相匹配，形成一对开槽刀。工作时，上下刀轴对滚，首先上固定刀片侧刃进入切割，纸板切出槽宽，随后其端刃进入切割时将开槽纸条切断，此时正好为槽深止口，随后是上刀座两刀片空挡，纸板继续送进时不进行切割，当可调刀块进入切割时，纸板留出了纸箱高度F，可调刀块由其端刃切入，切出另一侧槽深，随后其两侧刃切下槽宽。为了不使开槽切除的纸条嵌入下滚刀环形槽内，将除屑板插入到环形槽内消除纸屑。为了按纸屑高度调整上弧形刀片对固定刀片空挡弧长的方便，在上刀座上的凹槽内装有毫米刻度尺。

开槽的深度应与箱盖规格准确配合，一般切口应超过中心主压线，但要小于外辅助压线（见图5-87中槽口a）；若如图5-87中槽口b未过中心线，则内、外摇盖无法弯折；若如图5-87槽口c大于外辅助压线，则成箱后箱角出现孔洞，影响纸箱的密封性。

开槽压线作业，最值得注意的是切边质量和压痕程度。两者均与纸板本身的含水量有关。当含水量在10%～13%时，纸板挺度好，锋利的切刀可分切出边缘整齐、笔直的切口。如含水量超过13%时，每增加1%的含水量，纸板抗压强度下降9%，瓦楞纸板的挺度也随之下降，切口处会起毛边，甚至出现“闭口”现象，即纸板边缘被压扁，瓦楞顶部被压溃。“闭口”故障不仅影响纸箱外观，而且因纸板边缘厚度不大减小，导致向印刷开槽送料时发生双重进纸故障，严重时还可损坏机器。瓦楞纸板含水量过小，低于7%，则导致纸纤维脆化，最终造成压痕不明显或压线破裂。另外，应认真校准压线凹凸滚轮的安装位置，位置出

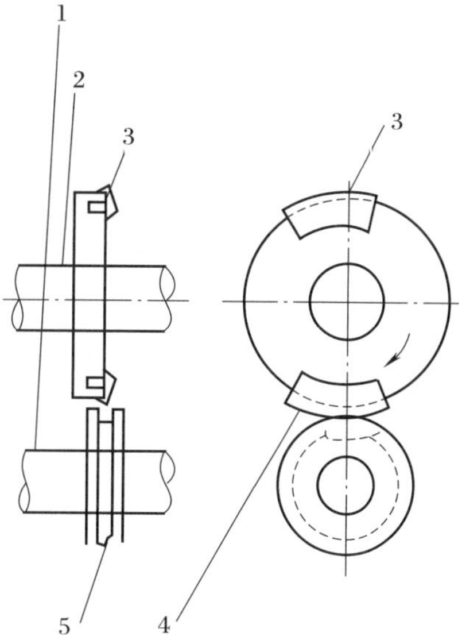

图 5-86　弧形刀

1—底刀轴　2—弧形刀轴　3—上弧形刀轴　4—下弧形刀轴　5—底刀

现微小的偏差，就会造成瓦楞纸板破裂。

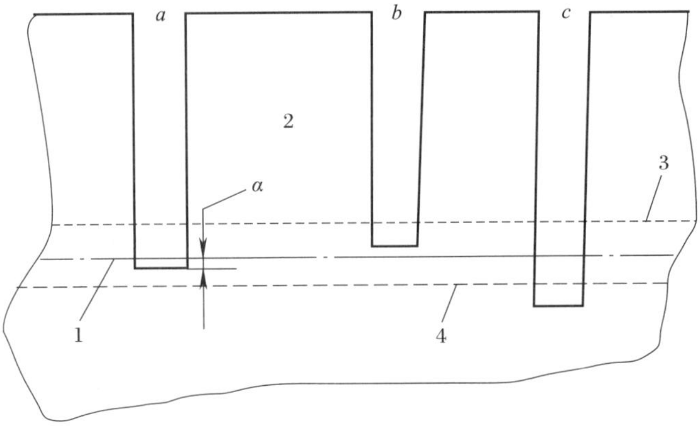

图 5-87 开槽深度

1—主压线 2—箱盖 3—外辅助压线 4—内辅助压线

开缝后，切下的纸屑如不及时清除则无法连续生产，因而设有一块除屑板，除屑板由黄铜制造，宽度比下刀槽稍窄，以减小互相摩擦。除屑板安装于下刀的缝间，并由一小轴支撑，其尖端可将纸屑刮掉。

四、局部模切

印刷开槽联动生产线有时还配备局部模切装置（如图5-88），用于对提手、开窗等进行模切加工，局部模切装置采用镶块式圆压圆模切原理，上模切辊上安装辊径相同的模切版，下辊为光辊，软切法一般套有聚氨酯胶套。

图5-88 局部模切装置

模切 实训指导书

（一）实训目的

1. 了解模切机的类型及其基本构成
2. 掌握输料部分的操作与调节
3. 掌握模切机压力控制与调节
4. 掌握模切部位的操作与调节
5. 了解收料部位的操作与调节

（二）设备、工具和材料

1. 设备：Heidelberg105模切机（如图5-89）
2. 工具：常用工具、扳手
3. 材料：卡纸、模切板、压力修正带

（三）实训内容

1. 根据实训要求准备所需的材料
2. 模切机的压力调节与控制
3. 模切板装板操作
4. 收料部分的控制
5. 模切生产操作

（四）实训步骤

1. 检查机器性能是否良好
2. 了解模切机的类型

图 5-89　Heidelberg105 模切机

根据版台和压切机构两部分主要工作部件的形状不同，模切机可分为平压平、圆压平和圆压圆三种基本类型。

3. 了解卧式模切机的基本构成

卧式模切机主要是由输料部分、模压部分、清废部分、收料部分和叼口排废部分几个部分构成。

4. 输料部分控制

输料部分控制包括输纸台、齐纸机构、挡纸舌、压纸辊、压纸框架，飞达部分（如图5-90）主要包括压脚、分纸吸嘴、递纸吸嘴（如图5-91）、吹嘴、压片或毛刷、压块、侧吹嘴、挡纸舌等。

图 5-90　飞达头部分

图 5-91　递纸吸嘴部分

5. 模切部分控制

（1）模切版

① 拆版。先把机器的操作面按到模切位置，点动机器，把机器角度点到70° 左右（因为只有这样才能把模切版取出来），同时取出塑料薄膜和模切纸。把框架翻转180°并松开两边的螺丝，取出模切版和固定版的几个小螺丝。

② 装版。先固定版的几个小螺丝，把模切版放入框架中按住，旋转两边的螺丝把它夹紧，直至套筒扳手的角度自动弯曲为止。然后把框架翻转回来，把模切纸放在框架上。模切纸的中线必须与框架的中线重合，底线也必须与框架的第一条模切线平齐，铺上塑料薄膜，最后把框架推到机器里去用套筒把螺母锁紧。

（2）底版　由5mm的底版和1mm的薄膜组成。

① 拆版。先用套筒把螺母松开用钩子把版拉出来再用10号扳手把版固定薄板的四个小螺母松开、取下，同时取出薄板。

② 装版。先铺上薄板，在用四个小螺丝把薄板固定在底板上。最后用钩子把整块版推进去（注意：推到最里面且退不进去了）再锁上螺母。

6. 压痕底模选择

压痕底模分为三种，钢底模、纤维底模与压痕条模。

钢底模造价高，使用率高，只能用与单一且最大的产品。例如，烟盒的模切。纤维底模造价底于钢底模，使用率高于压痕条模。压痕条模造价最低，使用率最小。因为压痕条模有不同的规模，材料的厚度也有所不同，选择时要经过计算来选择。即

卡纸 ⟶ { 压痕条模宽度=（1.3 ~ 1.5）× 卡纸厚度+钢刀的厚度
压痕条模高度=卡纸厚度 }

瓦楞 ⟶ { 压痕条模宽度=2 × 瓦楞纸板压实后的高度+钢刀的厚度
压痕条模高度=瓦楞纸板压实后的厚度 }

装所选的压痕条模，按模切版上压痕线的长度切出等长的部分（如图5-92），同时保证压痕条模两端为90° ，进而保证两条交汇的压痕线的长度。将压力设为200t，合压一次，同时将机器停在70° 抽出下底版，检查压痕条模是否粘牢，有无漏粘与歪斜，将其重新补好后，要将逆着走纸方向的压痕条模修整平滑，保证走纸顺利。这样在高速运行下，纸张才不会把压痕条模带起。

图 5-92　测量压痕条模

7. 制作垫版纸

在模切机中，我们需要对个别部分进行压力补偿，所以我们要制作垫版纸。将垫版纸贴在下底版上，再贴上一层复写纸，最后贴上本次产品一张（如图5-93），推入、锁紧（如图5-94）。压力设为200t合压一次（如图5-95），抽出下底版，看看模切线是否清楚（如图5-96），若不清楚可加大压力

再来一次。将压好的垫版纸，第一条模切线延长至两边，量出来去方向最外一根刀线之间的长度，取中心线后将垫版纸贴在上模切版上。上模切版上有第一条模切线与中心线可与之对贴好。

图 5–93　在复写纸上贴一层产品

图 5–94　将底版推入、锁紧

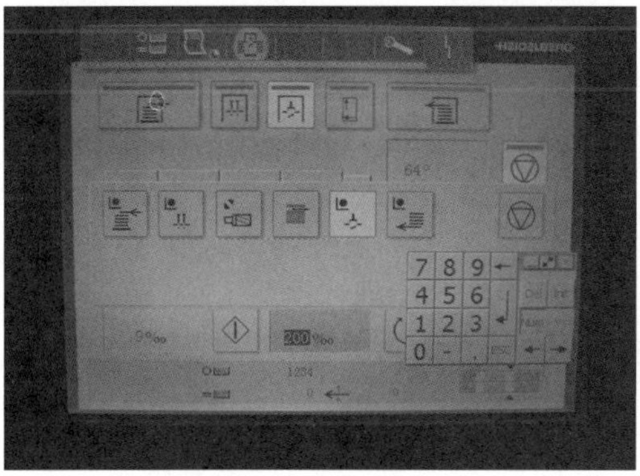

图 5–95　压力设为200t合压

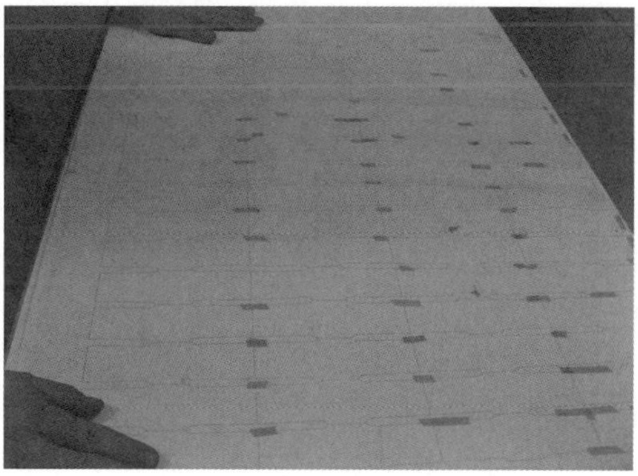

图 5–96　检查模切线是否清晰

8. 模切压力的调节

模切压力的获得方法两种：计算法和试切法。

（1）计算法　按（式5–2）计算。

（2）试切法　根据模切版上的钢刀钢线分布，估计一个粗略的压力，再慢慢地递加，模切的压力直到大约有2/3的钢线切透为止。

模切压力要求尽量的小，否则会让钢刀变形，刃口变钝或将垫板切透或产生切痕影响模切质量，这可以通过粗调和微调来实现。

（3）粗调　一般调节有两种：手工调节和自动调节（如图5–97）。

（4）微调　贴修正条，也叫细微修整，是指根据模切样张上标出的模切压痕仍不理想处，在模切版垫版纸上对应的线条处使用修整纸带进行修整（如图5–98）。修整纸带分白（瓦楞纸）、黄、红、蓝四种颜色，它们的厚度分别是：0.1mm、0.08mm、0.05mm、0.03mm。

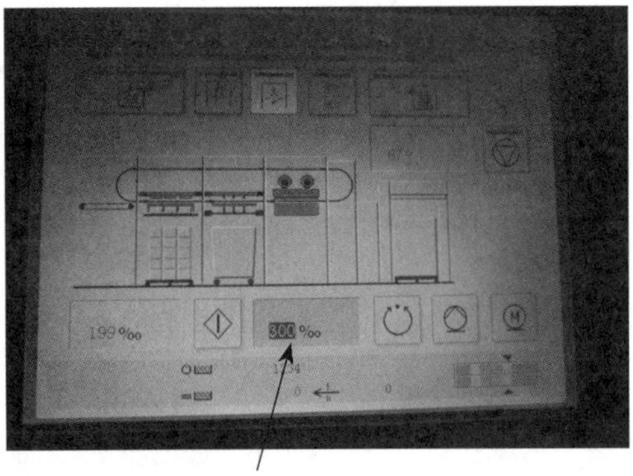

图 5-97　压力调为300

图 5-98　细微修整

9. 更换模切版操作

卧式模切机更换模切版操作过程包括以下几个步骤：

（1）松开加紧机构（如图5-99）。

（2）从机体中拉出模版（如图5-100）。

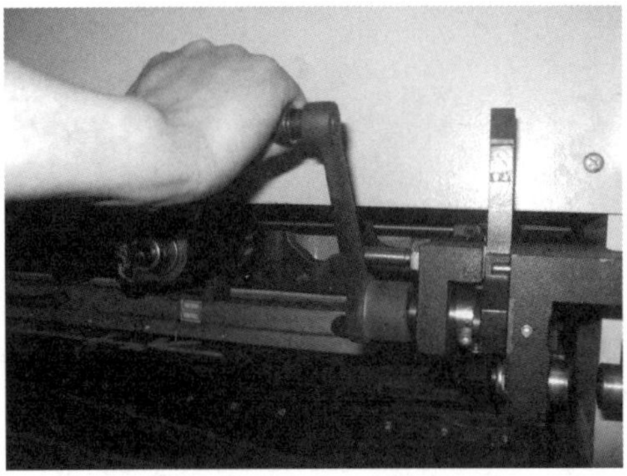

图 5-99　松开加紧机构

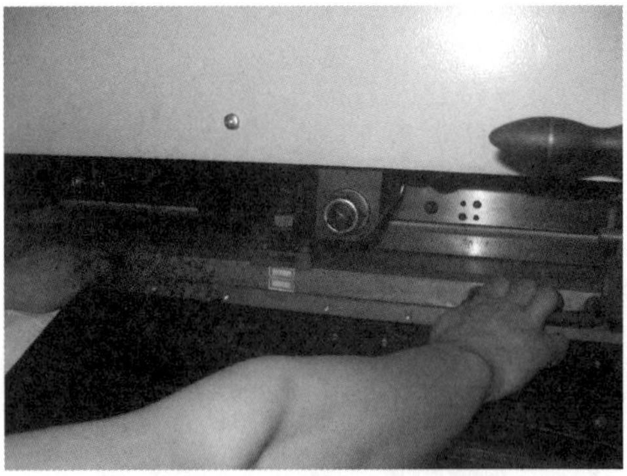

图 5-100　从机体中拉出模版

（3）卸下模切版。

（4）换上新模切版（如图5-101）。

（5）推入机体。

（6）加紧模切版（如图5-102）。

（7）松开垫板。

（8）从机体中拉出垫板（如图5-103）。

（9）卸下垫板。

（10）换上新垫板。

（11）推入机体。

（12）夹紧垫板（如图5-104）。

图 5-101　换上新模切版

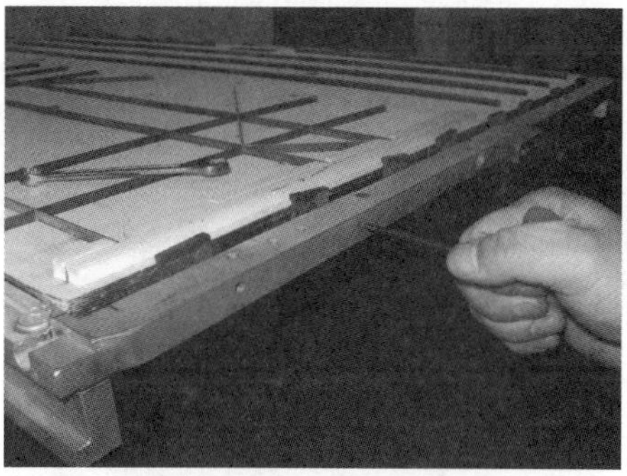

图 5-102　加紧模切版

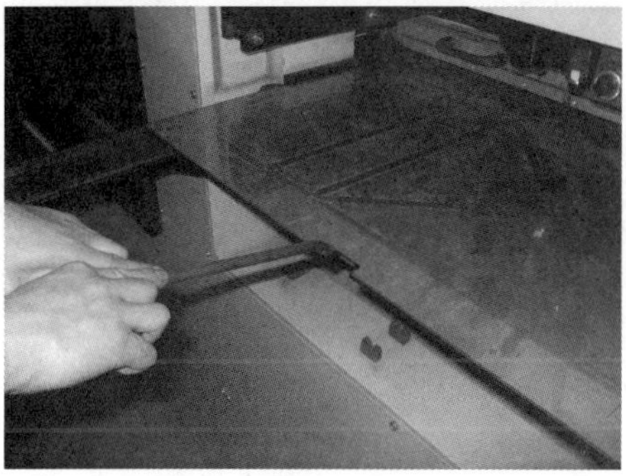

图 5-103　从机体中拉出垫板

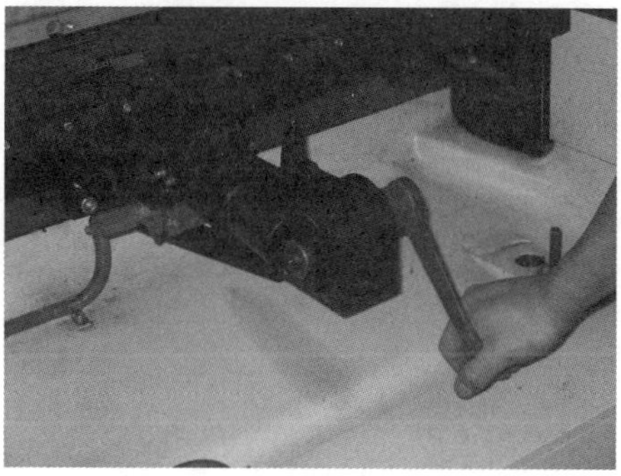

图 5-104　夹紧垫板

10. 套准调节

套准调节主要包括模切版与压痕底模的套准和模切格位与印刷格位的套准。

（1）模切版的套准　通过移动上模切版和下压痕底模，来实现模切版的套准。

（2）格位套准　通过调节输料部分的前规（如图5-105）和侧规（如图5-106），以及移动模切部位的模切版位置来实现格位套准。

图 5-105　前规的调节

图 5-106　侧规的调节

11. 清废部分调节

（1）清废版床　先把清废板床装入机器，清废版床的中间部位有卡口（如图

5-107），正好对应机器，卡上并夹紧。同时看看边上是否有间隙。若无，锁紧板床下面的螺丝，最后锁紧撑在版子杆子上面的螺丝（如图5-108）。

（2）上清废版　先把上清废版的框架抬出，对准机器的槽口，推进去，等推到两边有孔的位置时，用手旋转框架的螺母，锁紧。然后抬出上清废版框架的一个杆拉下来，夹住清废版即可。

（3）下清废版　把下清废版框架抬出，对准机器的槽口进去，推到两边有孔的位置时，用手旋转框架的螺母，锁紧即可。

图 5-107　清废版床对准卡口

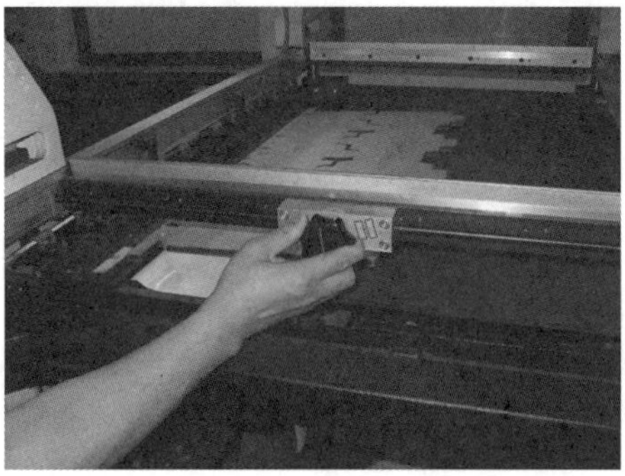
图 5-108　锁紧板床下面的螺丝

12. 收料部分的调节

纸张的收集比较简单，纸堆垫板就是放置在钢板上将传送过来的纸张一张一张的收齐。同印刷的理纸机构有点类似，同样有侧齐纸和前齐纸片（如图5-109），根据其模切速度的大小来调节。自动升降机构就是通过光电检测（如图5-110）来完成，其工作是一边发出光，挡板反射光当不能获得信号时机器就认为已将纸片挡住，纸堆就会下降。

图 5-109　侧齐纸和前齐纸片

图 5-110　光电检测装置

（五）具体生产操作

1. 多片盒组合的卡纸模切。

2. 瓦楞纸盒生产模切。

（六）考核方法

考试由现场操作及现场问答两部分组成。

（1）现场操作要求在规定时间内完成直线盒的调节并走完一定数量的盒片折叠、收集成型，要求操作规范、熟练，能灵活解决传递过程中出现的各种问题，并能保持现场整洁。

（2）现场问答主要考查操作者的分析问题、解决问题的能力，并能考查操作者的现场应变能力。

习题

一、填空题

1. 对模切版基的要求体现在________、________、________。

2. 模切版基的种类有________、________、________等。

3. 版基的切割方法有________、________、________、________。

4. 压痕底模的类型有________、________、________、________。

5. 清废就是将________与________分离，也称为________或________。

6. 自动清废装置是由四个部分构成，即________、________、________、________。

7. 输纸装置可以分为________、________两种类型。

8. 气动式输纸机主要由______、______、______、______、______、______和________组成。

9. 检测机构用来检测______和______。光电式单双张控制装置是利用______，机械式单双张控制装置是利用________。

10. 模切机中的盒片分离装置一般由______、______两个部分构成。

二、不定项选择题

1. 滚筒式模切压痕刀具采用的裁切原理是　（　）

A. 剪切式　B. 刀式　C. 压切式　D. 栅栏式

2. 压痕底模的作用是　（　）

A. 使盒形尺寸更准确。

B. 能够使包装纸盒的折叠线更清晰漂亮，保证纸盒折叠后无皱褶和裂痕。

C. 利用压痕底模产生的压痕凸的回弹力，便于折叠纸盒的商品填充自动化。

D. 为了防止钢刀在模切时粘住纸板，使纸板在模切时走纸顺畅。

3. 模切胶条距离刀线的距离为（　）为宜，模切弹垫本身的宽度一般为　（　）

A. 1 ~ 2mm;10mm　B. 3 ~ 4mm;10mm　C. 1 ~ 2mm;7mm　D. 3 ~ 4mm;7mm

4. 关于下清废版制作，下列说法正确的是　（　）

A. 废料面积极小时，与清废顶针对应。

B. 窄条长度平行于机器方向时，清废顶针安装在距离废料前边15mm处。

C. 窄条长度垂直于机器方向时，清废顶针安装在距离废料侧边10mm、距离前边1/3处。

D. 当模切材料为较厚的瓦楞纸板时，可以不采用下清废版。

三、判断题

1. 模切卡纸产品用18mm的木板，而常用的清废版为12mm或8mm木板。　（　）

2. 钢刀、钢线的成型可以通过手工单机成型加工，也可以通过自动弯刀机成型。　（　）

3. 纸板刀模所用海绵要比瓦楞纸刀模所用海绵硬度小。　（　）

4. 当模切材料为较厚的瓦楞纸板时，可以利用瓦楞纸板自身的重力而掉落，所以可以不采用下清废版。 （ ）

5. 金属压痕底模是直接在底模钢板上用电加工成压痕模槽，这种方法加工的压痕模优点是具有极好的尺寸稳定性和机械强度，缺点是工艺复杂，需要昂贵的专用设备，制作成本高，仅适用于产品批量特别大的情况。 （ ）

四、简答题

1. 请解释什么是模切、压痕。

2. 请写出下图各部分的名称。

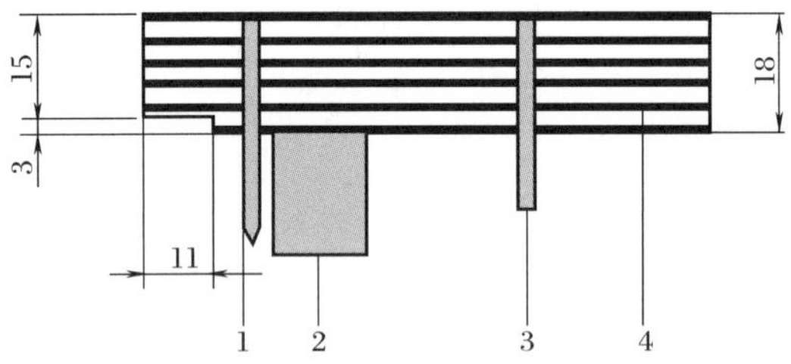

1 ________

2 ________

3 ________

4 ________

3. 请回答刀模的制作方法。

4. 如何绘制刀模轮廓图？

5. 模切刀具有哪几种？分别解释其用途。

6. 左图是压痕条模安装的图示，请写出其安装方法。

7. 请写出以下摩擦式输纸装置的类型名称。

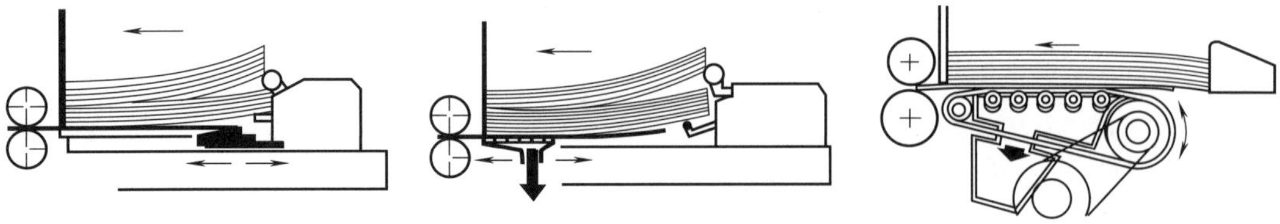

________　　________　　________

8. 模切中的套准包括哪些内容？

9. 纸板为进口白卡纸，幅面为1020mm × 500mm，钢刀总长为1600cm，钢线总长为1810cm，请计算：该产品所需的模切压力为多少吨？

10. 模切压力如何进行大面积修整？

11. 模切中的盒片分离原理是什么？

12. 盒片分离过程中要注意什么？

第六章 包装容器成型

第一节 糊盒设备及工艺

印刷模切后的折叠纸盒要成盒，一般要进行糊盒。糊盒有两种方式，一种是手工糊盒，根据设计的要求，手工涂上黏合剂，施压，进行粘合。另一种现在常采用的方式就是机器糊盒，将模切后的纸盒盒片，放到糊盒机上，分离、预折、上胶、糊盒。与传统的手工糊盒相比，机器糊盒具有调速平滑、读数准确、折盒平直、黏结可靠、卫生高效、质量稳定等特点。

糊盒的基本工艺流程是：输料→预折→上胶→本折→压折→收料。如图6-1所示，糊盒机是由输料部分、预折部分、上胶部分、本折部分、压折部分和收料部分组成的。

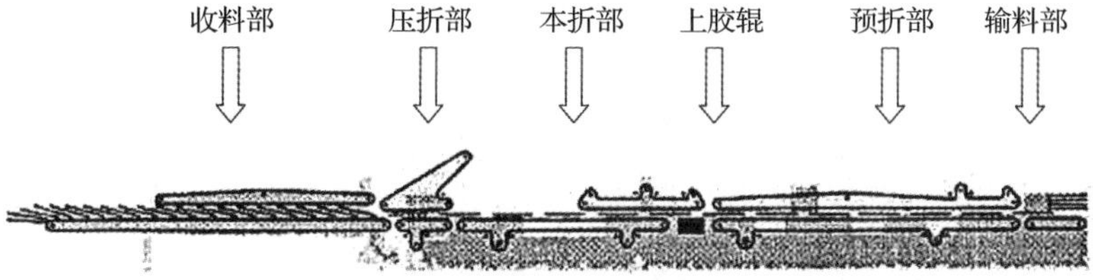

图 6-1　糊盒机基本组成

一、输料部分

由于糊盒机输送的是面积较小、厚度较大的纸盒盒片，所以目前市场上的糊盒机采用的都是摩擦式输纸方式，也就是从顶部上纸，从底部走纸。由于糊盒机的运行速度很快，如德国Jagenberg、瑞士BOBST糊盒机都可达到400m/min以上的速度，所以每台糊盒机都需要一名专门进行加放盒片的人员。输料部分的主要组成部分是给纸皮带、主前规、副前规、侧挡板、给纸速度、输送带压轮、纸堆后挡板。

1. 给纸皮带

输料部分通过如图6-2所示的摩擦完成纸张的传递。输入部分要根据机器的独自驱动的情况支配和调节输入设备的传动带和机器其他部分，传动带要符合各种机器的速度要求运行。

在调节过程中，注意纸盒襟片的位置要符合机器不同速度所引起的传动带的具体位置，如图6-3所示。给纸皮带的张力应均匀相等，并张紧到使皮带不能在传动轴上滑动。按照盒片尺寸，使用尽可能多的皮带。可根据不同的盒型尺寸进行调节输料的各部分，包括侧挡板、挡舌、压痕线位置、传送带或交替的吸力传送带以及后支撑架等部件。

2. 节拍器输料器

这种输料设备就是采用节拍的频率来完成纸片的分离和运输，每个盒片之间的间距比较准确，为准确的折叠和喷胶提供保障。

图 6–2 摩擦式输料部分

图 6–3 输料部分的调节

它就是在摩擦式输料器上加一个支撑杆，支撑杆向下运动盒片在摩擦力的作用分离，向上运动其工作停止，如图6–4所示。根据驱动的类型来运动上升和下降来分离盒片。

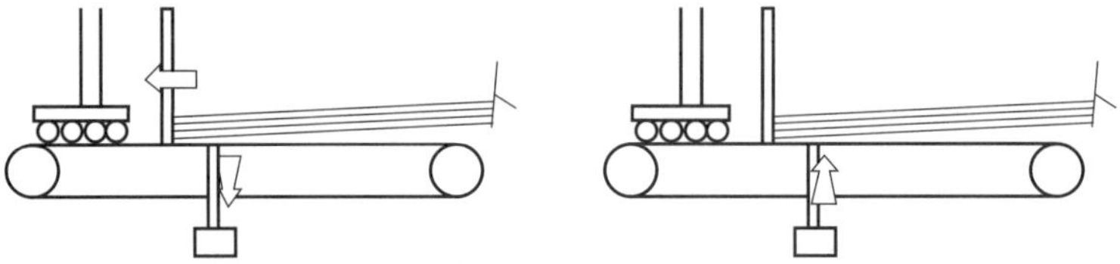

图 6–4 节拍器输料器

3. 吸气式输纸器

为了提高盒片与传送带之间的摩擦力，提高盒片与传送带的接触面积，将传送带改成吸气式输送带（如图6–5）。在工作时输送带提供吸力，将纸片快速分离。其基本原理是通过四个传送带和四个真空调节设备来改变气压以此获得吸力。关闭开关：通过按下操作按钮2，6个大气压的气体就会很快关闭。通过接口3能将气体接入到工作状态中来。打开开关：通过调节开关4来调节气压获得必要的气体压强。气体压力的获得主要是根据传递的气压大小来定，当纸毛过多也会影响气体的压力。

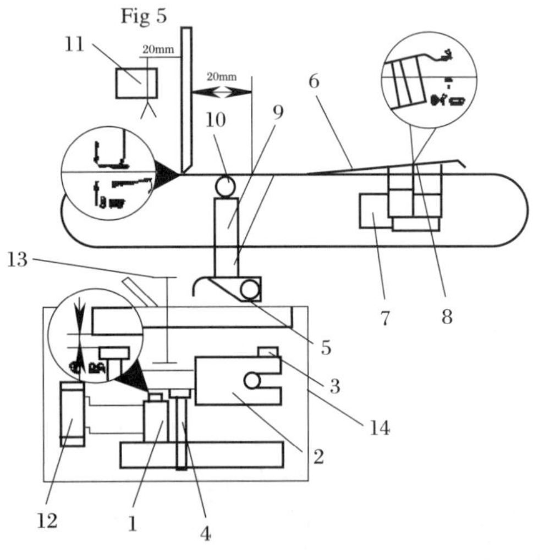

图 6–5 基本构成和位置调节

1—偏心轴 2—提板 3—提板加紧螺母1 4—安装螺母 5—垂直固定垫盘 6—下托板 7—导板 8—固定下托板 9—塑料轴 10—下托板高度调节螺母 11—电眼 12—磁铁阀 13—冲程调节螺母 14—保护盒

（1）主前规 主前规（如图6–6）一定要在某条给纸皮带上，再按照盒片确定主前规位置，要遵守以下原则：要尽可能把主前规放在第一条折缝和第三条折缝之间，尽可能使主前规自动靠近盒片中间，主前规应尽可能放在最长的前纸板对面和最宽的纸板对面。主前规高度要按照纸板厚度调节，一定要保证纸板能自由通过，一般为纸板厚的1.5倍。双张控制由电子双张检测系统来控制。

（2）副前规　副前规的作用是进一步在前面托住纸堆，防止由于侧挡板之间存在间隙而使纸堆倒下，副前规高度一般为纸板厚度的3倍。

（3）侧挡板　在调节侧挡板时，应避免使纸板在两块侧挡板之间太挤，一般要留出1～2mm的间隙。

（4）给纸速度　糊盒机的给纸速度采用无级变速器调节，不可在停机时使用无级变速器。

图 6-6　吸气式输送带

（5）输送带压轮　输送带压轮可使盒片靠着侧挡板对齐，以保证盒片侧边的正确位置。

（6）纸堆后挡板　纸堆后挡板的作用是使纸堆稍微倾斜，以便给纸。

二、预折部分

盒片由输料部分进入糊盒机之后，首先进行预折，预折的目的是使纸盒在张盒时具备足够的回弹力，并能保证张盒的尺寸精确度。糊盒机预折部分主要由皮带和压轮导轨根据纸盒的压痕线进行调节，使盒片弯曲150° 左右，再返回到原来的形状。对于一个简单的折叠纸盒，通常能看到在距离粘贴襟片的第一条和第三条压痕线处完成预折，这种预折是非常必要的，折叠纸盒糊盒压折以后能容易打开，实现自动张盒，这种预折可以在原形的设备上自动完成。一般的条盒，例如摇盖式、锁底式、粘贴锁底式管式折叠纸盒，预折都较为简单，由预折部分直接完成，对于一些特殊的折痕还是要借助不同的角度和折杆一起来完成，例如需三点糊盒的自动锁底式折叠纸盒，则需借助不同的角度和折杆一起来完成。

如图6-7，预折功能就是将盒片在对应压痕线的位置将其折叠再展开，折叠和展开都在1和3压痕线处进行。

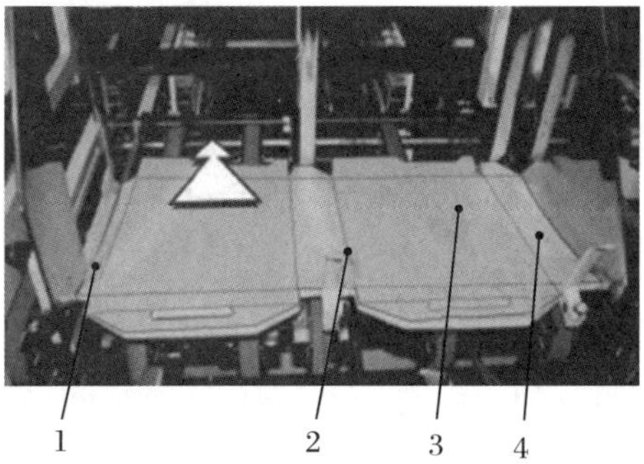

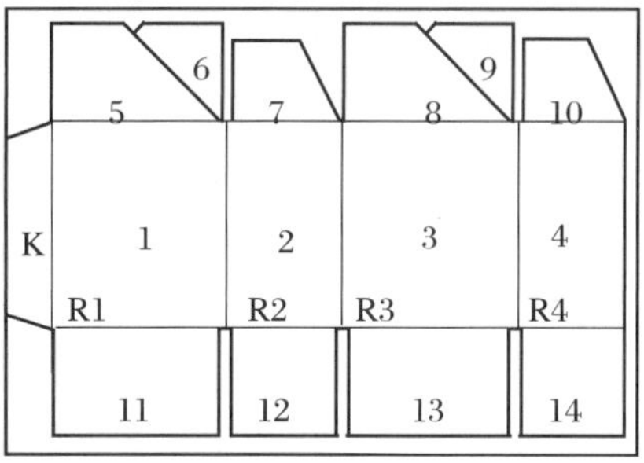

图 6-7　预折压痕线

折叠纸盒糊盒机的预折除了在1、3压痕线处预折外，还有150模式预折。

1. 第1压痕线就是粘合襟片的预折

粘合襟片将在预折部的运行上方向完成180° 的折叠。它是通过导板来完成折叠并展开（图6-8）。

操作：调节操作面的传输带移动到对应的位置，让上下皮带压在对应的位置再调节折叠板到合理的位置产生折叠。展开板的位置要合理，让其能张开。

注意：边线不能直接压在对应的位置，要求适当的放宽。

2. 第3压痕线的折叠

如图6-9，调节操作面的传输带移动到对应的位置，让上下皮带压在对应的位置再调节折叠板到合理的位置产生折叠。展开板的位置要合理，让其能张开。注意边线不能直接压在对应的位置，要求适当的放宽。

图 6-8　第1压痕线就是粘合襟片的预折

图 6-9　第3压痕线的折叠

注意：高速和低速状态下各条轨迹的运行要求圆滑。

3. 150模式预折

这种模式主要是用于非直线盒的折叠：例如三点盒、四点盒和六点盒的折叠。添加部分附件完成特殊的盒型折叠，如图6-10。

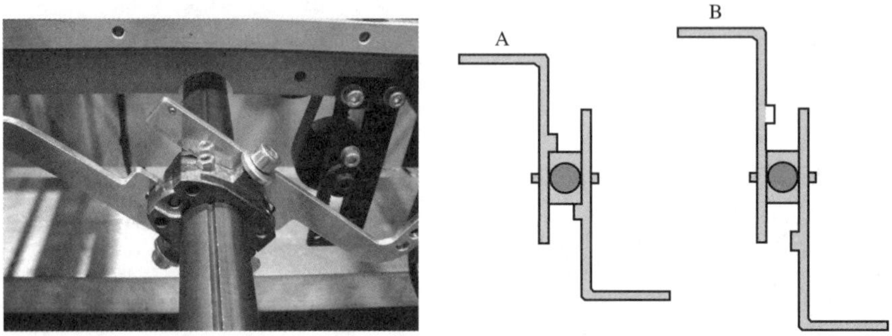

图 6-10　角铁

A—角铁　B—黏贴襟片

如图6-11，150模式预折的操作顺序为：调节翻钩位置→调节压辊位置→调节角铁位置→调节运输带位置。

4. 四点盒型的折叠

因为盒片设计是一种折叠类的盒型，展开时能成立体，非展开时折叠。完成这种折叠主要是后稍的折叠比较难，要配合运动规律逆向运行。其动力是一数字控制类的电机，当产生信号后实现翻转。

图 6–11　150模式预折操作与调节

安装时定位孔要对应，安装完要进行清零让部件回到对应的位置。这样产生信号后能根据盒片的频率完成四点或六点后沿的折叠。

5. 三点折叠（图6–12）

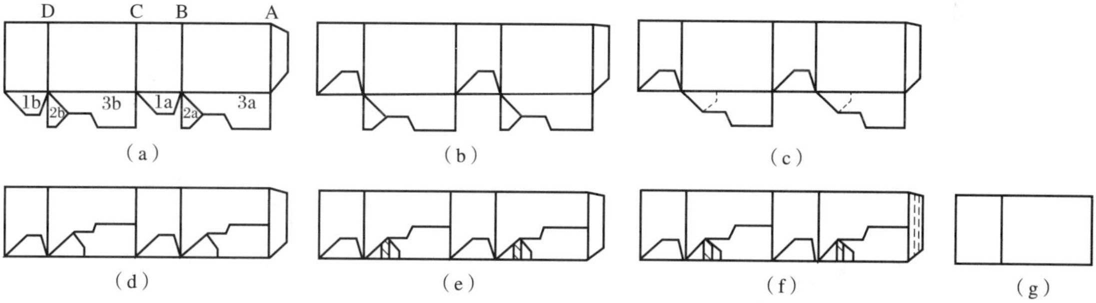

图 6–12　三点糊盒示意图

（a）上料　（b）上翻折1a和1b　（c）上翻折2a和2b　（d）上翻折3a和3b
（e）上面胶辊上胶　（f）下面胶辊上胶　（g）通过压痕线B和D完成压痕粘盒

6. 四点摇盖式折叠纸盒糊盒（图6–13）

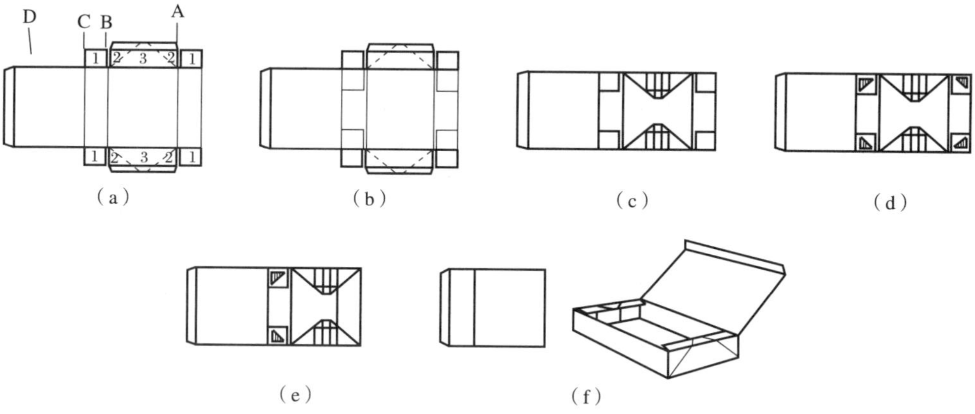

图 6–13　四点摇盖式糊盒示意图

（a）上料　（b）上翻折1　（c）上翻折2和3　（d）通过上喷头完成4点上胶
（e）按压痕线A完成压折　（f）按压痕线B完成压折并完成型的摇盖式盘式折叠纸盒

7. 四点盒（图6–14）

8. 六点盒（图6–15）

调节过程中要注意：

① 钩点的位置不要靠得太前也不要太后。

② 角铁的位置不要太前，负责纸片翻转后会折叠引起故障。

③ 桥型辅助型不要太靠前，应留有折叠的活动空间，轨迹比较圆滑。

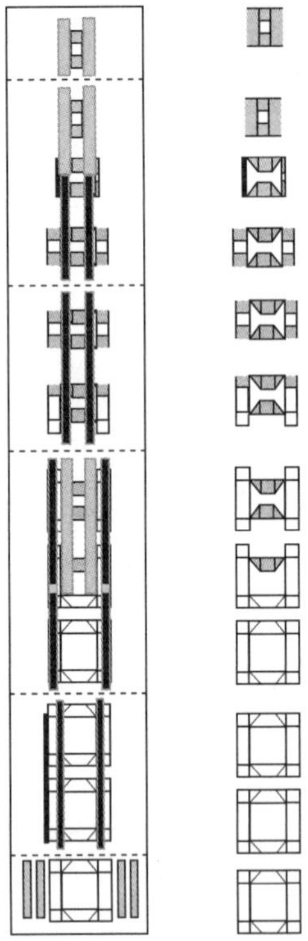

图 6–14　四点糊盒示意图

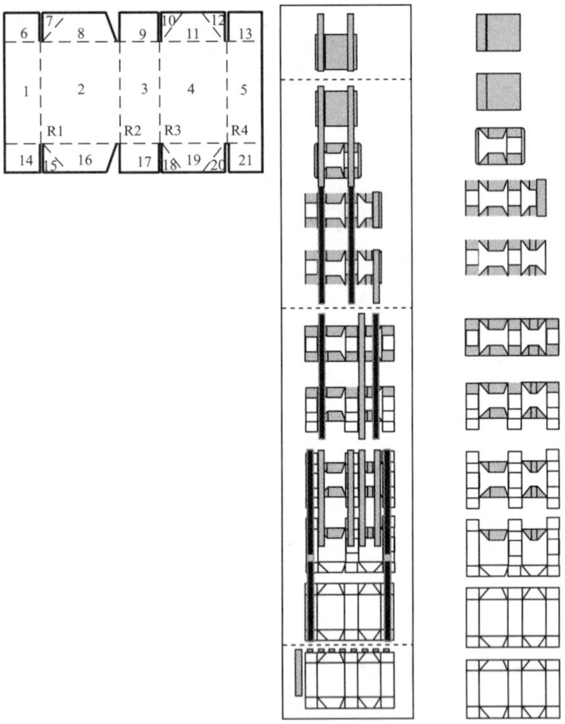

图 6–15　六点盒

三、上胶部分

糊盒机的上胶采用两种上胶原理：一种是胶轮上胶，另一种是胶枪喷胶。

胶轮上胶安装简单，调节方便，对机器的精确度要求不高，所以一般的条盒糊盒机都是采用胶轮上胶，是由胶斗和胶轮组成的，用于粘贴襟片的上胶，所用黏合剂一般为化学乳胶。胶轮由运行中的盒片带动旋转，胶轮从胶斗中带出胶，再将胶轮上的胶涂布到盒片上形成一条胶带，完成涂布。上胶部分一般位于盒片的下方，胶量的多少可以通过胶轮距离盒片间隙调节，胶轮的宽度很小，当粘贴襟片在11 ~ 16mm时，胶轮的宽度一般为3mm。

胶枪喷胶是新出现的一种上胶方式，它采用气动压力和数字控制的技术，广泛应用于自动锁底式折叠纸盒的糊盒机中，也就是多点糊盒中，胶枪被安装在糊盒机的正上方，黏合剂如为化学乳胶，则采用输胶管将黏合剂输送到胶枪内；如黏合剂为热熔胶，则利用胶枪的加热器进行加热，温度可以进行调节。为使黏合剂迅速粘牢，保证盒底的黏合精度，胶枪通常采用热熔胶，胶枪喷胶的开始时间和间隔时间可根据纸盒结构进行调节。

在上胶部分，黏合剂的量要控制好，不能太厚也不能太薄。太多太厚纸盒不容易粘接，而且还容易溢出，形成废品；太薄纸盒又黏不牢。

四、本折部分

本折部分就是对纸盒距离粘贴襟片的第二条和第四条压痕进行压痕，使粘贴襟片与侧板相粘接，同时对盒底进行压痕黏盒，经过本折，盒片才正式成盒。本折过程中，折痕的部分要平行对齐，防止粘斜和露胶。

上了胶的盒片一般要压痕线的2，4线位置完成折叠粘合成型。要调节好2，4线的本折，让粘合襟片按要求贴到第四墙板上，压实成型。

其构成部件有：上下传送带（图6–16）、橡胶压辊（图6–17）、导杆和偏移调节器（图6–18）。

图 6–16　上下传送带

图 6–17　橡胶压辊

图 6–18　导杆和偏移调节器

调节操作

（1）根据盒片上的2，4压痕线调节左右的传送带，让上下带正好压在对应的压痕线的位置。

（2）根据盒片的厚度调节盒片与传送带的压力，能移动但压力不能过大。

（3）调节橡胶压辊的方向和压力大小。

（4）根据盒片的折叠位置，调节左右偏移调节器保证能在对应的位置粘合。向前纸片向外移动，向后纸片向内移动。

本折部分折叠预览如图6 19。

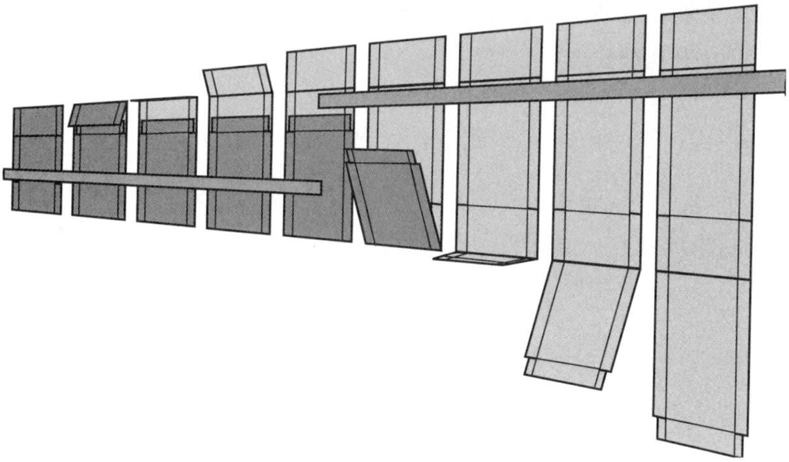

图 6–19　折叠预览

五、压折部分

压折部分（如图6–20）是使粘贴襟片与相应的侧板或襟片在一定的压力辅助下粘牢粘实，然后加速弹射到收料部分。压折部分由侧边位置、调节点、入口压轮、出口压轮、弹射器组成。

（1）加压装置　对面积较小的纸盒进行压折只需一个加压装置即可，而对面积较大的纸盒进行压折需要两个加压装置。

（2）调节点　每个加压装置在入口和出口处都有一只压轮，它的压力和高度可以根据折好的纸盒调节。

（3）入口压轮的调节　入口压轮调节到稍微有一点压力时最有利于纸盒输入。

（4）出口压轮的调节　出口压轮要根据纸盒的设计方案和所希望的结果调节到较大的压力。

（5）弹射器　按照纸盒后部的轮廓来调节下部弹射器的长度，纸盒应同时离开两个下部弹射器。上部弹射器要始终保持长度相等。

为了让折叠的纸盒能很好的粘贴，一般在2，4压痕线处再进行一次挤压，让其克服纸盒自身的反弹力而影响粘合质量，最后安放了一个铜辊。

铜辊是一个楔行的压力辊，通过调节其位置来改变它们的压力使对应的纸盒产生挤压变形减小它的弹力。如图6–21所示，其固定在一个半玄面上，调节时将内固定螺母松开推动铜辊在轴上移动来改变其与盒片的位置，让盒边处于铜辊的中间位置即可。根据纸盒厚度轴间距离可以调节。

图 6–20　压折部分

图 6–21　铜辊

六、收料部分

由长支架或垂直支架与输送带构成。糊好的纸盒在一定的压力夹在上下输送带中间，同输送带一起移动完成收料，导带运动速度要适中，要给让纸盒停在其中一定的时间，让黏合剂粘得更牢。

1. 收集装置

为了将纸盒能一叠一叠的收集，一般在尾端设置了收集装置。如图6–22，这种装置就是将一个个糊好的盒重叠在一起，为相互挤压提供条件以及降低传送带的速度。

图 6-22 收集装置

收料装置由四根传送带构成，各传送带可以根据盒片的大小进行调节，上压辊轮还可以根据要求进行翻转。

操作时收集部分与压送带配合操作，主要是根据糊盒的速度自动将纸盒输送到压送带之中。如果设备配有操作界面，可以在操作界面中输入盒片尺寸自动调节；如果没有，主要根据经验来调节收集器上下传送带的相对位置，确保纸盒的堆积和运动。

2. 压着机构

将没有完全粘合的纸盒在一定的辅助压力作用下将其牢靠的固着。它由上传送宽带、下传送宽带和压力调节机构三个部分组成，如图6-22所示。

根据盒片的大小来改变其对应的位置产生合适的压力，使纸盒顺利地进入宽带输送带中，压着机构调节部位如图6-23所示。

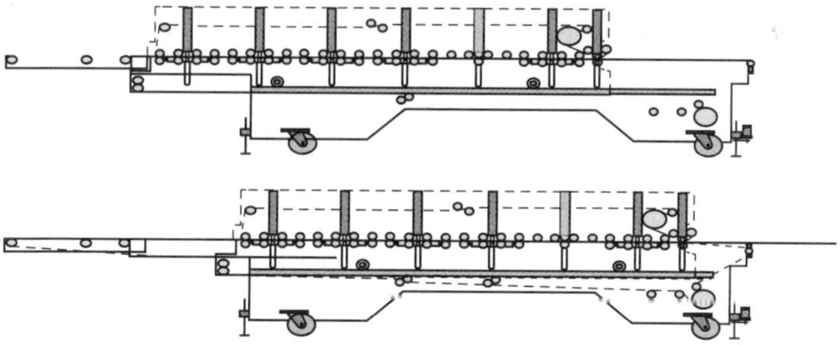

图 6-23 压着机构

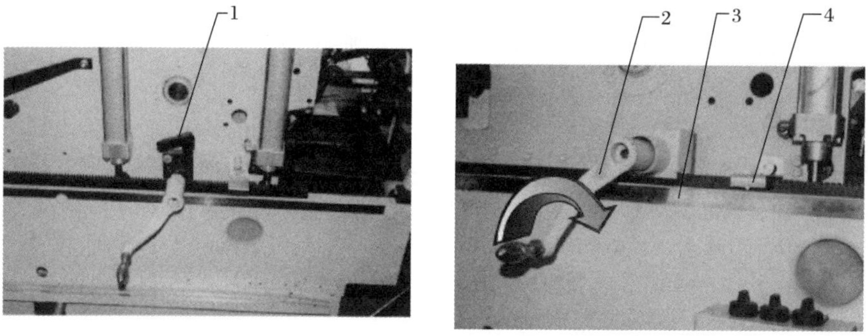

图 6-24 压着机构调节示意图

1—锁紧键 2—移动扳手 3—齿轮齿条机构 4—位置显示器

3. 压力调节

因为不同盒型和纸张厚度不同所要获得的挤压力不同，压力过大会在盒面压出暗线影响美观，压力过小起不到辅助粘合的效果，所以要调节好其间距和压力。

压力调节有多种方法，可以通过调节气压或间距等来实现。如图6–25所示，压力调节由三个气缸来控制，通过控制气缸的压强来实现，调节时看好压力表即可。

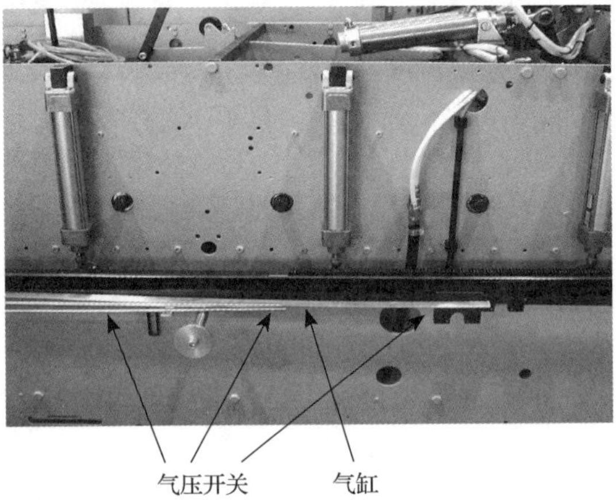

图 6–25　压力调节装置

糊盒机的调节要根据不同的尺寸准确地调节设备尺寸。在糊盒前首先是要求看模切的纸盒是否合格，边缘要光滑无毛边，压痕清晰，压痕不合格的纸盒会在糊盒时引起故障，影响糊盒速度，甚至导致糊盒尺寸不准确。在调节设备时机器的速度要开得尽量慢一些，这样可以比较清楚地看到纸盒在皮带间运行的情况，尺寸是否正确，也可同步进行调节，达到准确折叠的效果。在调节预折和压折时，各个压痕线应平行精确，防止在糊盒时出现歪斜。

第二节　糊盒机的上胶方式

一、两种上胶方式

根据盒型的设计特点，应该在对应的位置涂布黏合剂，让其黏结到一起形成对应的整体。因为位置的不同所以上胶的方式和胶的类型有差异。

全自动糊盒机的上胶方式包括胶轮涂布和胶枪喷胶两种。胶轮上胶是指通过胶轮的运动将胶从胶锅里的带出，再通过胶轮与盒片的接触完成胶的转移。它对盒片上的连续上胶部分，如粘贴襟片进行上胶，多采用化学乳胶和淀粉胶。其中，化学乳胶一般采用水型，多用于卡纸折叠纸盒。淀粉胶黏结效果不显著，多用于瓦楞纸箱。

胶枪喷胶指胶体通过供胶系统产生压力后从胶枪口喷到盒片上，形成胶体粘连。多采用热熔胶，也可使用冷胶，是对盒片非连续的间接上胶。胶量的调节主要是通过调节其堵塞孔的位置来完成，就相当于一个楔型孔，通过调节孔的大小来控制，喷胶的开始和结束由电子控制器控制电子阀门来完成。胶压力一般为3.5MPa，温度控制在180°左右。

胶轮［图6–26（a）］可单独使用，也可以和喷枪［图6–26（b）］结合。若单独使用，则用于直线盒，结合使用则用于三点及更复杂的盒型。

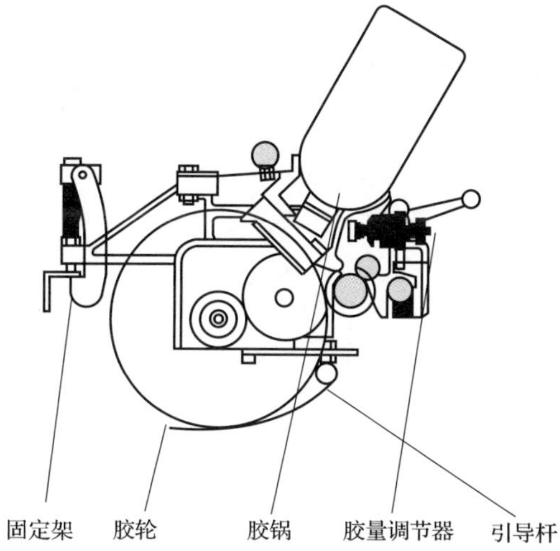

（a）

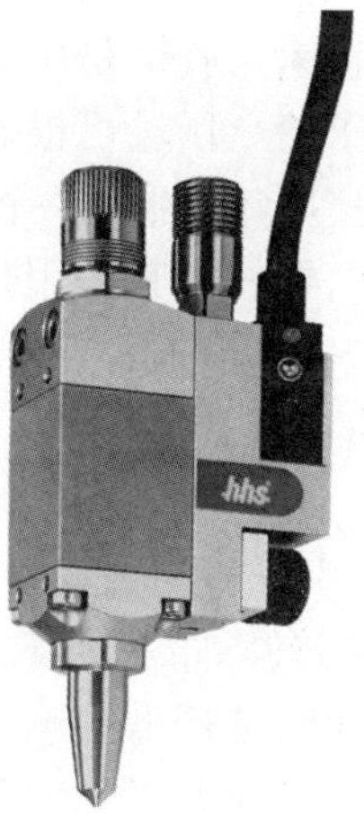

（b）

图 6-26　胶轮和喷枪
（a）胶轮　（b）喷枪

胶轮涂布是指通过胶轮的运动将黏合剂从胶锅里带出，再通过胶轮与盒片的接触完成黏合剂的转移。

胶枪喷胶指胶体通过供胶系统产生压力后从胶枪口喷到盒片上，形成胶体粘连。根据使用的要求可以考虑使用热熔胶或冷胶。

直线盒、三点、四点和六点盒型的折叠原理和操作都有所不同，但最终形成产品都应该进行上胶粘连，上胶的方式和设备的结构类型对产品将产生影响。

1. 胶轮涂布

根据其转移的位置不同，胶轮上胶分为上胶锅上胶和下胶锅上胶两种。

下胶锅上胶装置的基本构成如图6-27，其上胶装置主要由胶轮、胶锅、压轮、胶量调节器、引导杆和气刀切割器组成。

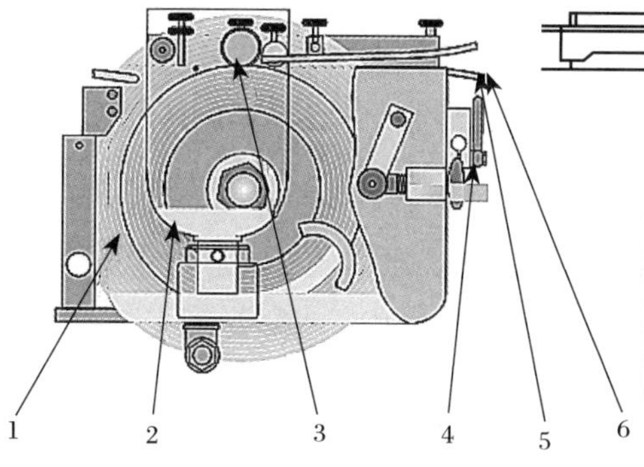

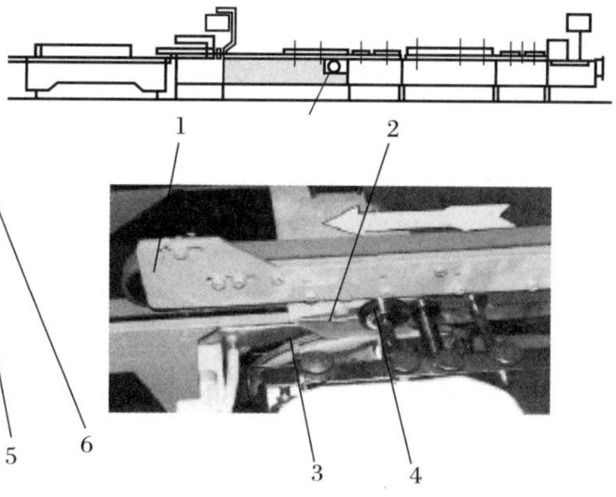

图 6-27　下胶锅上胶
1—胶轮　2—胶锅　3—压轮　4—胶量调节器　5—引导杆　6—气刀切割器

（1）胶轮　胶轮为3mm或5mm厚的金属叶轮，根据不同上胶要求选择不同厚度的胶轮。3mm厚用于常见的盒型，5mm用于需求胶量多的粘合盒片。

（2）胶锅　胶锅是用于储存和补给胶量，通常是由锅和胶瓶构成。

（3）压轮　压轮可根据盒片的厚度调节，保证上胶量。

（4）胶量调节器　一个刮刀刮去胶轮上多余的胶量，可以调节其与轮片的距离和间隙。

（5）引导杆　其作用是引导盒片与胶轮接触，高度可以根据盒片的厚薄来调节。

（6）气刀切割器　调节气量大小来切割胶的连接，让胶粘合时不出现粘连和拖尾，提高糊盒的质量。

上胶锅上胶装置的基本构成如图6–28。其上胶装置由胶轮、压辊、固定架、胶锅、胶量调节器和引导杆组成。上胶锅上胶装置各部件的功能与下胶锅上胶装置的原理相同。

在使用胶轮涂布的上胶方式时应注意：

（1）通常使用低浓度的胶体。

（2）较长时间不用时胶体要清除，防止干燥。

（3）清洗时用温水，为防止生锈清洗后应多用黄油涂抹。

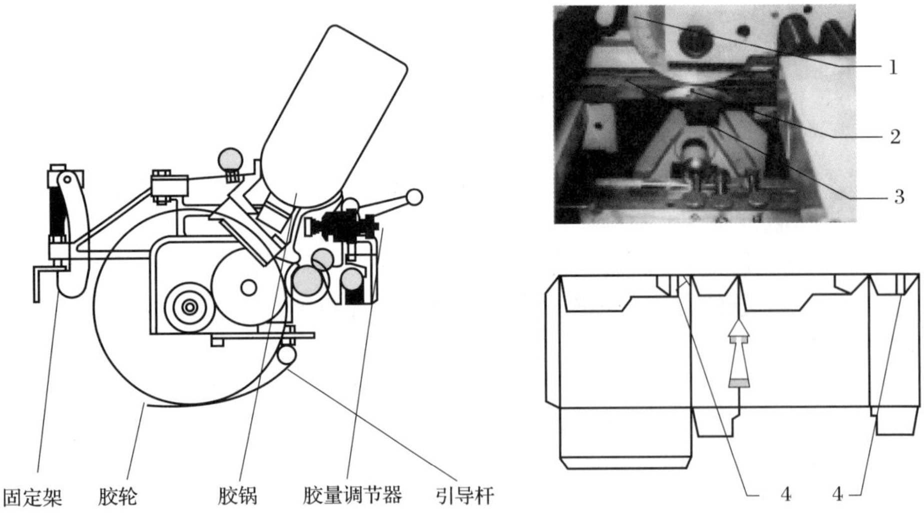

图 6–28　上胶锅上胶

1—胶轮　2—压辊　3—盒片　4—上胶位置

2. 胶枪喷胶

胶枪喷胶是黏合剂通过供胶系统产生压力后从胶枪口喷到盒片上，形成胶体粘连。如图6–29所示，胶枪喷胶设备由控制器、喷胶喷枪和胶液分布器构成。

（1）胶液分布器（图6–30）　根据使用的胶的类型分为热熔胶和冷胶两种。

冷胶：主要形成一定的胶压力，完成胶的喷射转移。

热熔胶：设备加热产生一定的温度让热熔胶熔化，成为液体后再通过胶压力完成胶的喷射转移。根据糊盒速度来调节胶的压力，胶压力为3.5MPa左右，温度为180° 左右。喷胶的方式有喷线和喷点。

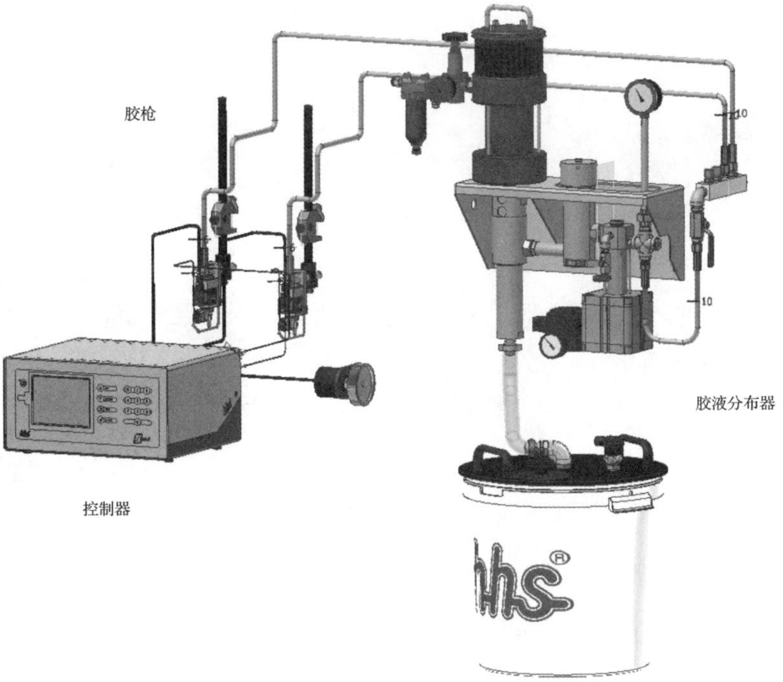

图 6-29 胶枪喷胶设备

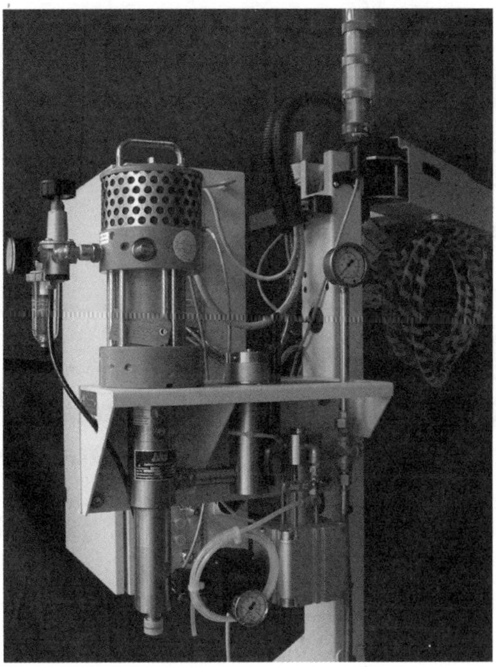

图 6-30 胶液分布器

（2）胶枪 如图6-31所示，胶枪上有喷枪头、精准度调节键、清洗键。喷胶设备通过喷枪来控制胶的大小和胶的长短。胶量的调节主要是通过调节其堵塞孔的位置来完成，就相当于一个楔型孔，来调节孔的大小来控制；喷胶的开始和结束由电子控制器控制电子阀门来完成。

（3）控制器（图6–32）　控制器是一个集成控制块，将获得的信号改变成控制信号来控制电子阀门的运动。

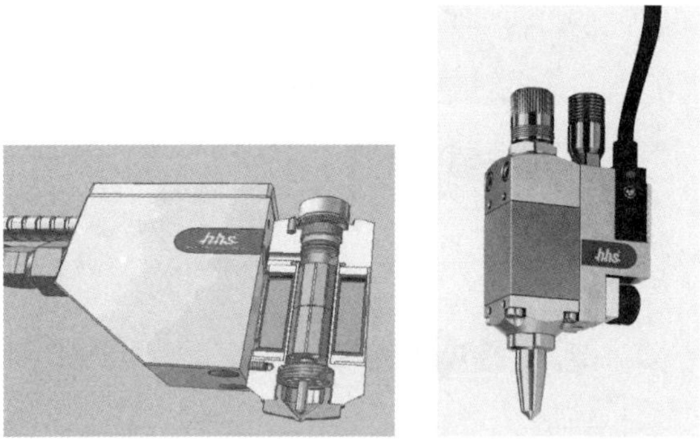

图 6–31　胶枪结构

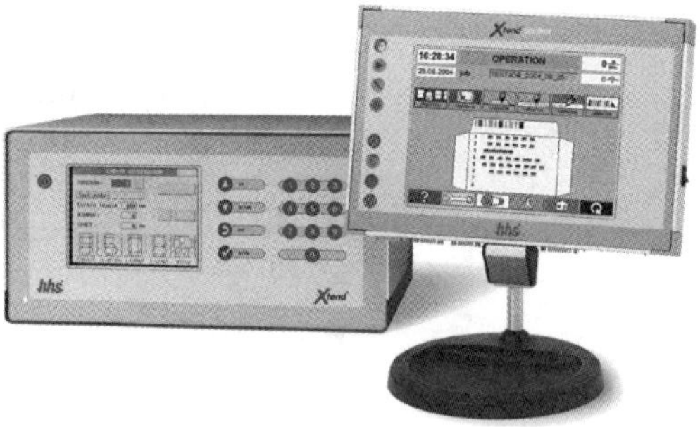

图 6–32　控制器

如图6–33所示，根据要求在操作屏幕中输入对应的数据即可。根据所糊的盒型按照要求来填写对应的胶的位置、长短和频率。

如图6–34，在折叠纸盒的粘贴襟片上都印刷有专用条码，喷胶信号是通过条码识别来获取的。

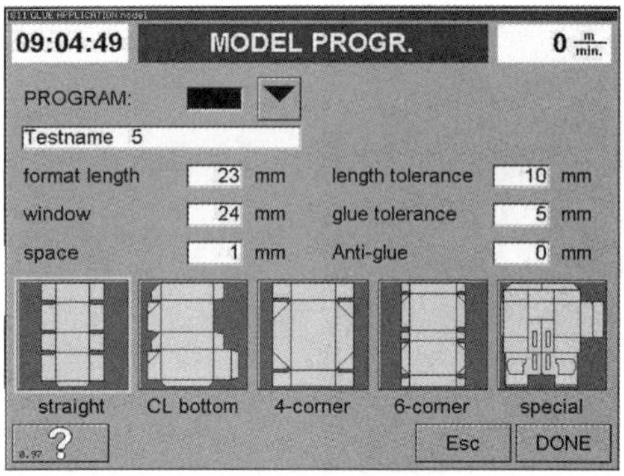

图 6–33　操作屏幕

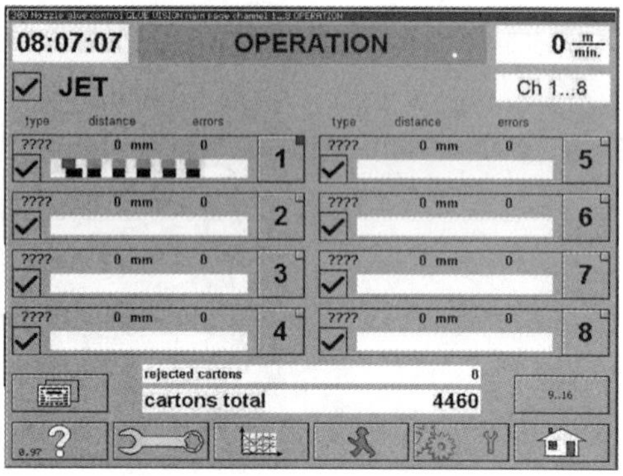

图 6–34　喷胶喷枪菜单

条码识别根据不同需要有不同的运用，有色彩识别电眼、RFID标签电眼、识别塑料窗电眼、检测空白处和长短是否吻合、彩色条码电眼将识别颜色的差异、在条码后方的三角形可用来检测条码的正确位置。

例如在医药用折叠纸盒糊盒时，采用的条码是医药专用彩色条码，如图6–35（a）。这种医药条码在速度大于600m/min时还可稳定可靠地识别，专用于纸盒加工业。

如图6–35（b），光束不移动，条码随纸盒移动，电眼检测空白处和长短与样盒条码是否吻合，颜色是否与样盒条码吻合，在条码后方的黑色三角形用来检测条码在纸盒粘贴襟片上的位置是否准确。通过以上这些信号的获取和检测，判断其是否与样盒一致。

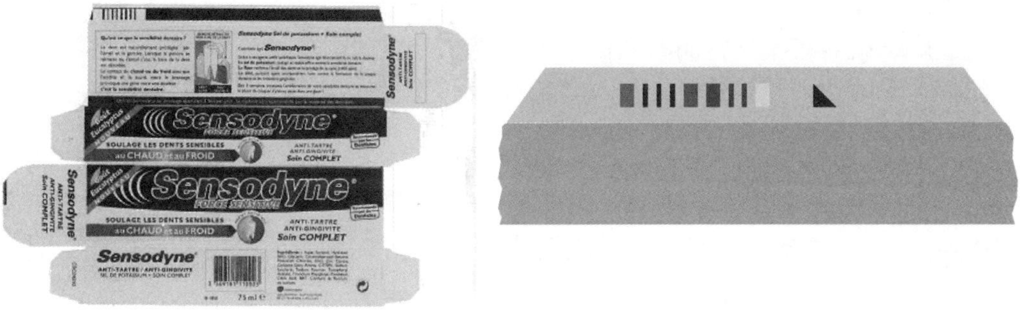

（a）　　　　　　　　（b）

图 6–35　条码

（a）医药条码　（b）条码识别

二、黏合剂材料选用

在糊盒中，使用到的糊盒材料主要包含有盒片材料和黏合剂。为保证正常的糊盒进行，达到客户的要求，在盒片材料和黏合剂的选用上都要慎重。

黏合剂选用时，第一不能错误地认为黏合剂的黏度越高，糊盒效果越好。黏度高，黏合剂强度也变高，起皱率也会随之升高。在全自动糊盒机的涂胶辊以112r/min的高速运转的情况下，黏合剂的推荐黏度是0.5~1Pa·s。

其次，黏合剂的黏结力要强。因为自动糊盒机成型部的瞬间压力不是很大，而且在每分钟生产30~40个纸盒的高速作业过程中，受压时间也不长，本身黏结力强的黏合剂，即使轻轻施压，也可以将纸盒黏结牢固。

另外，糊盒车间的环境温度也会对黏合剂产生一定的影响。如果糊盒车间温度太低，黏合剂会马上凝固，影响黏结牢度，即使涂胶量再多也不起作用。当然，涂胶量越少，对室温越敏感，所以到冬天，糊盒车间的温度应保持在20℃以上，有条件的可以装上空调进行调节。在糊盒车间里，还要安装大型易见的温度计，以便随时检查、控制作业环境。对于糊好的产品，应在常温下干燥后再出厂，冬季切忌未干燥就急着送货。

在糊盒的胶枪上胶部分，通常采用的EVA乙烯醋酸乙烯共聚物胶热熔胶是一种不需溶剂、不含水分100%的固体可熔性聚合物。它在常温下为固体，加热熔融到一定温度变为能流动，且有一定粘性的液体。熔融后的EVA热熔胶，呈浅棕色或白色。EVA热熔胶由基本树脂、增粘剂、黏度调节剂和抗氧剂等成分组成。

1. 基本树脂

热熔胶的基本树脂是乙烯和醋酸乙烯在高温高压下共聚而成的，即EVA树脂。这种树脂是热熔胶的主要成分，占其配料数量的50%以上。基本树脂的比例、质量决定了热溶胶的基本性能，如胶的黏结能力、熔融温度及其助剂的选择。因此装订所用黏结纸张的EVA热熔胶，应选择乙烯与醋酸乙烯比例恰当的，具有一定柔软性、弹性、粘着力、变形小的品种使用。

2. 增粘剂

增粘剂是EVA热熔胶的主要助剂之一。如果仅用基本树脂熔融时具有的黏结力，当温度下降后，就难以对纸张进行润湿和渗透，失去黏结能力，无法达到黏结效果；加入增粘剂就可以提高胶体的流动性和对被粘物的润湿性，改善黏结性能，达到所需的黏结强度。

3. 黏度调节剂

黏度调节剂也是热熔胶的主要助剂之一。其作用是增加胶体的流动性、调节凝固速度，以达到快速黏结牢固的目的，否则热熔胶黏度过大、无法或不易流动，难以渗透到书帖中去，就不能将其黏结牢固。加入软化点低的黏度调节剂，就可以达到黏结时渗透好、粘得牢的目的。

4. 抗氧剂

加入适量的抗氧剂是为了防止EVA热熔胶的过早老化。因为胶体在熔融时温度偏高会氧化分解，加入抗氧剂可以保证在高温条件下，黏结性能不发生变化。

除以上几种原料外还可根据气温、地区的差别配上一些适合冷带气温的抗寒剂或适合热带气温的抗热剂。

在胶轮上胶部分采用的化学乳胶常为白乳胶，原名聚醋酸乙烯胶粘剂，是由醋酸与乙烯合成醋酸乙烯，添加钛白粉（低档的就加轻钙，滑石粉等粉料），再经乳液聚合而成的乳白色稠状液体。白乳胶可常温固化、固化较快、黏接强度较高，黏接层具有较好的韧性和耐久性且不易老化。

而盒片的选择往往要满足内装产品的性质需要，如内装物质量、形状、体积等，其次再来考虑其在印刷、模切、糊盒中的质量要求。

三、糊盒上胶工艺

作为全自动糊盒机，只要配件齐全，便几乎可完成所有折叠纸盒的糊盒。以常见的三点盒、四点盒例，介绍其糊盒步骤与过程。

1. 三点盒糊盒工艺（图6-36）

2. 四点盒糊盒过程（图6-37）

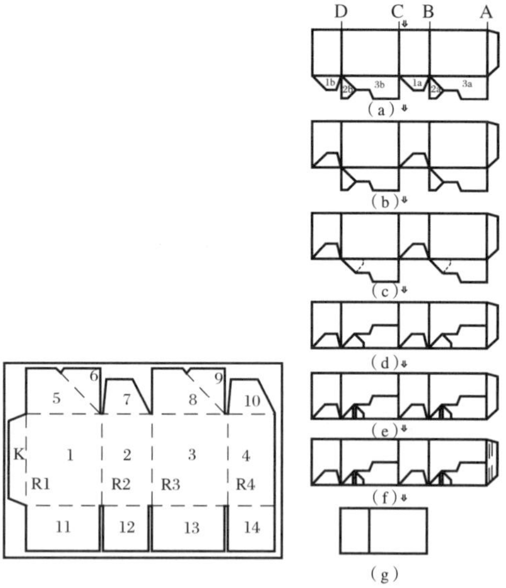

图 6-36　三点盒糊盒工艺

（a）上料　（b）上翻折1a和1b　（c）上翻折2a和2b　（d）上翻折3a和3b　（e）上面胶辊上胶　（f）下面胶辊上胶　（g）通过压痕线B和D完成压痕粘盒

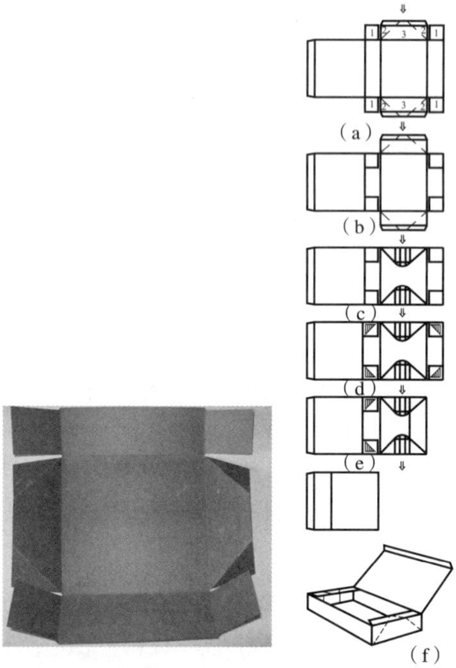

图 6-37　四点盒糊盒工艺

（a）上料　（b）上翻折1　（c）上翻折2和3　（d）通过上喷头完成4点上胶　（e）按压痕线A完成压折　（f）按压痕线B完成压折并完成型的摇盖式盘式折叠纸盒

3. 六点盒糊盒工艺

对于六点盒，它的操作较为复杂，调节过程中要注意。

（1）钩点的位置不要靠的太前也不要太后。

（2）角铁的位置不要太前，否则纸片翻转后会折叠引起故障。

（3）桥型辅助型不要太靠前，应留有折叠的活动空间，轨迹比较圆滑。

第三节 糊盒质量与故障分析

糊盒质量与模切质量是紧密相连的，模切不好，压痕不深，再好的糊盒机也未必能糊出好的产品，而模切工艺中的刀模制作又与盒型设计有着密不可分的关系。同样规格的纸板，由于盒型设计不同，做出的盒子往往是不一样的，所以盒型设计直接影响最终产品的质量。

在糊盒过程中各种因素的变化的结果都会反映在纸盒上，所以检查纸盒十分重要。

一、糊盒机的控制

1. 输纸部分的控制

① 橡胶传送带老化，表面过于光滑，使摩擦系数降低。此时，应更换橡胶传送带；② 纸板不平整，前端上翘。对于这样的纸板，应手工弯一下，尽可能使之恢复平整，再放入输纸部分；③ 纸堆高度太低，下面的纸板受到的压力不够，摩擦力不足，应及时续纸，使纸堆保持一定的高度；④ 盒片上的纸粉和印刷时的喷粉粘在橡胶传送带上，越积越多，使输纸时摩擦系数降低，导致输纸困难。对此，应经常用湿抹布擦洗传送带，及时去除纸毛，纸粉和喷粉等。

此外，对于输纸部分，还应该注意以下事项：

（1）双张控制机构的高度调节要保证恰好能通过一张纸板，而不能通过两张或多张纸板；双张控制机构的位置调节要保证当纸板的前端各点靠紧双张控制机构时，纸板的粘口边折痕线刚好和橡胶带平行。

（2）橡胶传送带要尽可能密集地排列，使纸板能平整地放置在其上，不至于局部下垂。此外，较多的橡胶传送带也有利于依靠摩擦力输纸。

（3）侧挡纸板的位置要求和输纸橡胶传送带平行，纸板粘口一侧的轴向位置要和磨边位置以及涂胶位置相对应，而当纸堆靠紧粘口一侧的挡纸板时，另一侧的挡纸板要和纸堆有1mm左右的间隙。

2. 涂胶和折叠部分

涂胶部和折叠部分应注意的问题有如下几点：① 涂胶前要确保纸盒粘口边的输送路线与输送带平行；② 上、下胶轮的间隙及涂胶量要合适，以保证涂胶层薄而均匀；③ 纸盒粘口与胶轮宽度要匹配。在自动糊盒过程中，纸盒的粘口宽度应满足糊盒机的要求，过宽过窄都会影响糊盒质量。过窄会发生溢胶；过宽则会使预折受到一定的影响，此外，上胶轮的同心度要保证精确，边缘的滚花要无磨损，以保证上胶均匀；④ 涂胶位置要恰当，离折痕线太远，成盒不美观，太近则可能使不该涂胶的位置涂上了胶，导致成盒困难；⑤ 已涂有黏合剂的粘口绝不能再碰到机器的其他部位，否则胶液会在这个部分越积越多，最终蹭到不该涂胶的部位；⑥ 折叠部分配有折叠变速器，必要时需通过调节折叠变速器，确保粘口对位准确。

3. 磨边部分

磨边适用于经过UV上光和覆膜的纸盒，将黏合部位的光油和薄膜打磨干净，使用普通黏合剂就可以黏合，可为企业节约大量成本。在磨边过程中应注意以下事项。

（1）磨边的位置要恰好是涂胶的位置，这个位置应在粘口上离折痕线1 ~ 2mm处。

（2）磨边时应将纸板表面的涂层稍稍磨破，但不能磨得太深，以免痕迹过于粗糙，不利于涂胶。

（3）在磨边部分应加装纸粉、纸毛的收集装置，因为磨边产生的纸粉、纸毛会导致纸盒表面不平整，影响糊盒质量。

二、故障分析

在自动糊盒机的输纸过程中可能会出现以下问题。

1. 黏结牢度不高，纸盒脱胶

脱胶是指粘口由于黏结牢度不够而开裂，而其中主要的原因在于：

（1）黏合剂的黏度不够或涂胶量不足。

（2）黏合剂和纸盒材料不匹配。

（3）纸盒的粘口部分经过覆膜、上光等表面加工，黏合剂难以透过表层，渗入纸张，纸盒难以粘牢。

（4）折叠涂胶后压力不足，加压时间不够长，不利于粘贴结实。

对于经过覆膜、上光处理的纸盒，解决糊盒不牢的方法有4种。

第一，模切时在粘口处放置针线刀，将粘口的表层扎破，以利于黏合剂的渗入。

第二，用自动糊盒机附带的磨边装置将粘口的表层磨破，以利于黏合剂的渗入。

第三，将热熔胶喷射到粘口部分，利用高温熔化粘口表面的物质，提高糊盒牢度。

第四，在印前进行盒型设计时，可预先在要覆膜和上光的盒片边缘留出涂胶部位。

对于由于压力不足产生的糊盒不牢现象，可以增加糊盒机压着部的压力，延长压着时间，或者更换黏结力强的黏合剂。

2. 纸盒变形

产生纸盒变形的原因主要有以下3种。

（1）有些刀模是手工制作的，常常因为精度不高导致纸盒尺寸不一致，糊盒时造成纸盒变形。

（2）黏合剂的浓度低，含水量大，导致纸板吸湿变形，纸盒成型后不平整。

（3）糊盒机自身没有调节好。对此问题，只要保证模切质量稳定，选择浓度合适的黏合剂，调节糊盒机即可解决。

3. 纸盒粘口歪斜

产生纸盒粘口歪斜的原因主要有以下3种。

（1）压痕线的压槽太宽，压痕压力不够，使得压出的痕线不饱满，折粘时没能精确地按照压痕线折叠。

（2）折叠变速器调节不当，盒片的左右两边输送速度不一致，造成粘口歪斜。

（3）折叠杆安装不恰当。

4. 粘口对位不准

粘口对位不准是指粘口错位，错位的纸盒无法良好成型。该现象通常是由调机精度不准引起的，进一步讲，主要是由于操作人员对盒型及糊盒机的认识不够影响了其操作水平。因而加强对操作人员的培训，提升其操作技能及其对复杂盒型的认识可有效避免粘口对位不准的问题。

5. 粘口溢胶

溢胶是指过量的黏合剂流出粘口。该现象主要是由粘口错位及黏合剂用量过多引起的。通过打磨粘口及减少上胶量可有效减少溢胶现象的发生。

由此可以看出，进行盒型设计时，必须对后续的生产工艺进行综合考虑。盒型设计必须注意折合位置、折合角度、黏合点大小及位置等关键要素，保证这些要素符合糊盒机的设计精度及加工要求。只有这样，才能做到印前设计与自动糊盒工艺的匹配。

三、自动糊盒机的发展趋势

随着包装印刷厂业务量的增加，尤其是食品、化妆品、药品包装等大批量业务的增长，包装印刷厂对自动糊盒机有了更高的要求。

（1）对异型盒的适应性　现在大多数国产自动糊盒机是用来生产直线盒的，对于异型盒的适应性不强。在遇到这种活件时，大部分包装印刷厂都采用手工糊盒，但手工糊盒效率低、质量差，且随着国内社会经济的发展，人工的费用也越来越高，对于包装印刷厂来说就会增加生产成本。

（2）增加废品识别与剔除装置，把不合格的产品及时剔除，或者可识别纸盒种类，把其他产品剔除，以减少药品行业机包产品的错装、错用现象。

（3）增加可定量控制的打包功能　这样既可节省打包工作量，同时还可使纸盒继续干燥不变形，进一步改善糊盒的质量。

第四节 纸箱的接合

纸箱接合成型，主要有钉接、粘接和贴接三种方法，如图6–38。

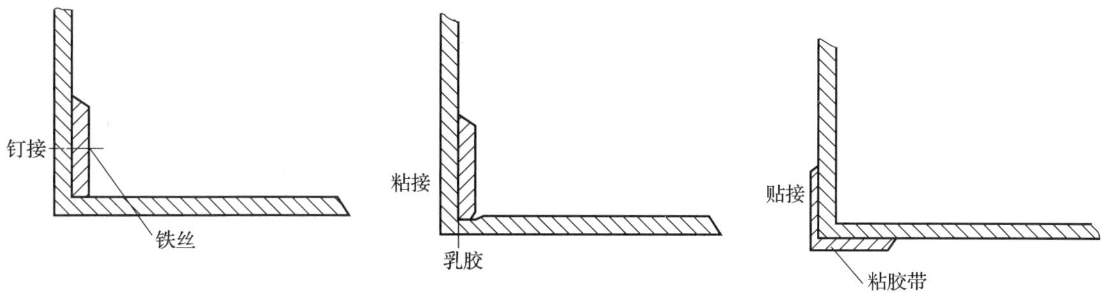

图 6 – 38　纸箱的接合

一、钉箱接合

根据箱钉排列的开头钉箱设备机头的构造分为单斜钉、双斜钉、单直钉、双直钉、单横钉、双横钉。目前使用双斜钉的较为普遍，因其排列结构增强了瓦楞纸结合强度。钉箱使用的箱钉为带有镀层的低碳钢扁丝，规格分为16#、18#、20#。20#扁丝钉主要用于厚的瓦楞纸箱的结合。

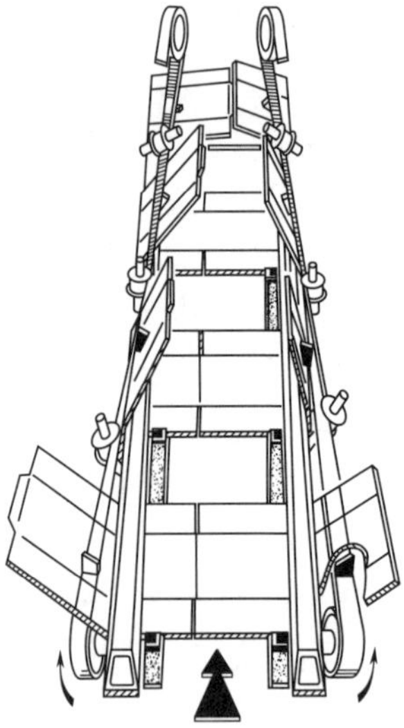
图 6－39　糊箱机

二、粘接糊箱

糊箱可以借助糊箱机完成。糊箱机（图6－39）是用黏合剂把纸箱片接合成纸箱的机器。糊箱机有单独安装使用的，也有与印刷开槽机组合成生产线的，有的还在机器末端配有捆扎机，使整个工序联机机械化。

纸板被左右两侧表面有颗粒状凸轮的摩擦带送进，并由涂胶轮将胶涂在接舌上，利用折叠棒或导轮的作用，使纸板弯折、合拢和搭接。有的机型还附有真空抽吸系统，使纸板在连续运行时，不致打滑或歪斜。

糊箱机上还装有对接舌加压的压轮，以增强粘结牢度，有的还装有鼓风机对搭接粘合处吹风，以加速干燥风化。最后纸箱通过计数推出装置，经捆扎、打包即可入库。

三、胶带粘接成箱

胶带粘接成型广泛应用于箱底和箱盖，如应用于箱体，则不需要设计粘贴接舌，将箱体对接后，用强度较高的增强胶带粘接即可。胶带粘接成型，保证箱内、箱外表面平整，密封性较好。胶带粘接成型批量不大时可用手工操作，批量较大时可采用粘接设备，在贴压部位设备将胶带送进、切断、粘贴即可完成胶带粘接。

糊盒实训指导书

（一）实习目的

1. 了解糊盒机机构的基本组成部分
2. 掌握糊盒机的调节及控制
3. 掌握糊盒机的操作
4. 完成简单盒型的糊盒

（二）设备、工具和材料

（1）设备　海德堡94糊盒机（如图6–40）

（2）工具　常用工具、扳手

（3）材料　胶、直线盒、三点盒

（三）实训内容

图 6–40　海德堡94 糊盒机

1. 根据实训要求准备所需的盒型
2. 糊盒机的调节及控制
3. 直线盒糊盒
4. 三点盒糊盒

（四）实训步骤

1. 检查机器性能是否良好
2. 了解糊盒机的基本构成
3. 输料部的输料调节

输送带提供吸力，将纸片快速分离。根据不同的盒型尺寸进行调节输料的各部分：左右侧墙板、挡舌、后支撑架和传送带。

（1）调节侧墙板　根据盒片的尺寸调节左右侧墙板，墙板的移动可以通过移动丝杠（如图6-41）来完成。操作时要求整个机构要与传送带分开，不同的设备操作不同，海德堡是通过气阀（如图6-42）来完成。

图 6-41　侧挡板调节丝杠

图 6-42　旋动气阀，使机构与传送带分开或者接触

（2）移动挡舌　挡舌是保证盒片单个分离的控制机构，其安排在两侧墙板之间，移动时首先要将固定机构松开，再根据盒片的摇盖来固定（如图6-43）。操作时将内六角扳手松开，手工移动其相对位置来完成。

（3）移动传送带　传送带是将盒片从纸堆里分离的主要工具，根据盒片的大小来选择所要的位置，其也是在固定杆上移动。移动时首先要将加紧机构松开，再推动至所固定的位置，使用时要注意两边皮带传送的平稳性，皮带可以通过张紧机构来张紧（如图6-44）。

（4）调节后支撑架　因为盒片的大小不同为了能将盒片顺利地散开，一般要配有一个支撑杆，其固定在一个轴上，轴可以前后移动调节。调节时将固定螺母松开，摇动转盘到对应位置再锁紧（如图6-45）。

图 6-43　挡舌调节

图 6–44　将传送带与机构分离，移动传送带

图 6–45　调节后支撑架

4. 预折部分的调节

预折功能就是将盒片在对应压痕线的位置将其折叠再展开。折叠和展开一般都在1和3压痕线处（如图6–46、图6–47）第1压痕线就是粘合襟片的预折。粘合襟片将在预折部的运行方向通过导板完成180° 的折叠（如图6–48）。

图 6–46　第一压痕线的折叠1

图 6–47　第一压痕线的折叠3

调节操作面的传输带移动到对应的位置，让上下皮带压在对应的位置再调节折叠板到合理的位置产生折叠。展开板的位置要合理，让其能张开。注意边线不能直接就压在对应的位置，要求适当的放宽。

第3压痕线的折叠

调节操作面的传输带移动到对应的位置，让上下皮带压在对应的位置再调节折叠板到合理的位置产生折叠（如图6–49）。展开板的位置要合理，让其能张开（如图6–50）。注意边线不能直接就压在对应的位置，要求适当的放宽。

图 6–48　第一压痕线的展开

图 6-49　第三压痕线的折叠

图 6-50　第三压痕线的展开

150模式

这种模式主要是用于非直线盒的折叠：例如三点盒、四点盒和六点盒的折叠（如图6-51~图6-53）。

图 6-51　三点盒的折叠1

图 6-52　三点盒的折叠2

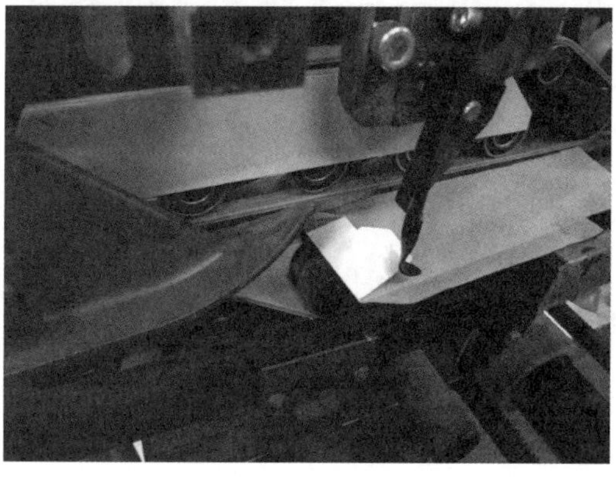

图 6-53　三点盒的折叠3

5. 上胶部分的调节

根据盒型的设计特点，根据位置的不同选择上胶类型。

胶轮上胶是指通过胶轮的运动将胶从胶锅里的带出胶，再通过胶轮与盒片的接触完成胶的转移（如图6–54）。

胶枪喷胶是指胶体通过供胶系统产生压力后从胶枪口喷到盒片上，形成胶体粘连（如图6–55）。根据使用的要求可以考虑到使用不同的胶类型：热熔胶和冷胶。

图 6–54　胶轮上胶

图 6–55　胶枪上胶

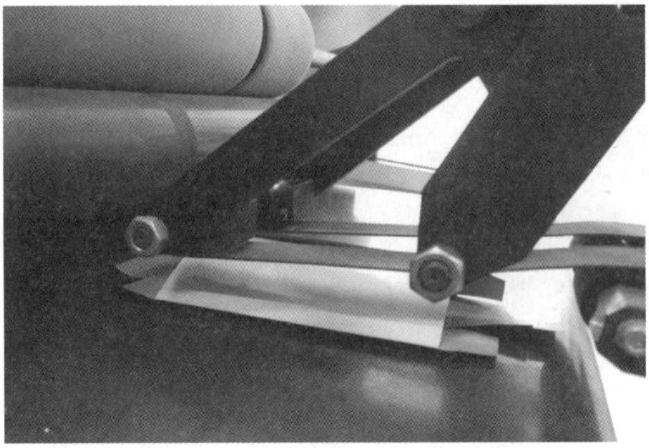

图 6–56　收压部分调节

6. 收压部分的调节

有两种收集方式：一种上插式，另一种下插式。两种方法的使用都是为保证纸盒顺利走纸，但四角盒建议使用下插式。压纸带的压力控制有个边4个共8个气阀控制。压力约为0.2~0.3MPa。在纸盒粘合不牢时，纸张吸收性较差的情况下，需加大压力，在纸盒出现压痕时则要减小压力（如图6–56）。

（五）实践操作

1. 操作步骤

（1）先在操作面板上输入纸张尺寸，并选择所用规矩和需不需要进行预折，然后按下计算机键，看哪些地方需要拆除后安装。接着在机器运作界面里，点亮自动键。最后依次按下下面三个键，即对飞达的位置、预折位置、本折位置、上胶位置、压折位置和收纸位置作自动的调节（注意：在机器自动调节时，应该先把机器所有阻碍运动的零件全部拆除，否则会使机器零件损坏）（如图6–57~图6–59）。

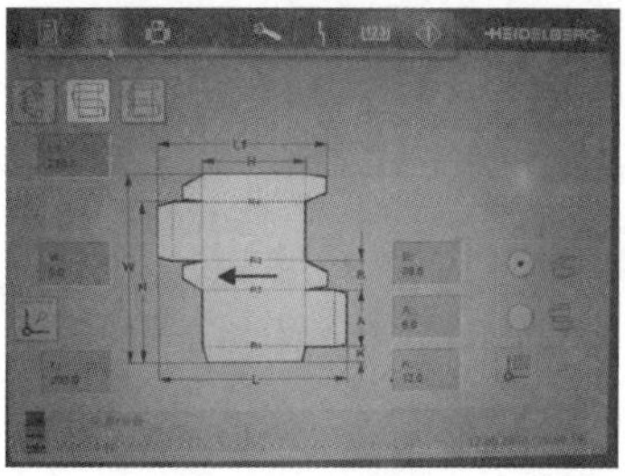

图 6–57 确定盒型

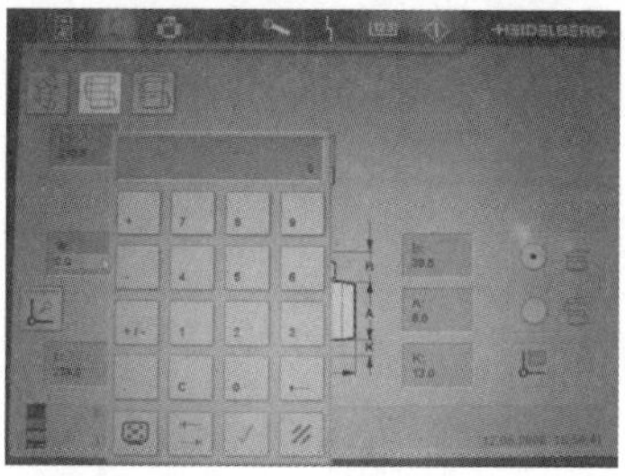

图 6–58 输入盒型的各个尺寸

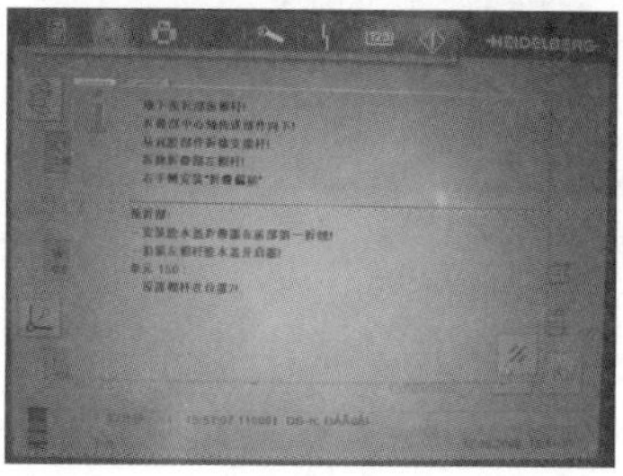

图 6–59 设备的自动检测

（2）调节输纸 把输纸的刀架抬起（通过旁边气阀），移动皮带位置（如图6–60），使刀架的刀口正对着皮带。放下刀架，以一张过两张不过的原则调节刀口的压力（如图6–61）。调好后，纸堆放在飞达上，用飞达后面的杆子撑起纸张尾部，使它略倾斜于刀口（如图6–62）。

图 6–60 刀架抬起，移动皮带位置

图 6–61 用一张纸调节刀口的压力

图 6–62 调节挡杆

（3）点动机器，把纸张点到预折部，查看纸张边缘与铁块之间的距离，它一般为5mm左右。到了铁块尾部，再查看它们的距离，这时它们应平齐。

（4）点动机器到收纸部分，它是由两排导轮和两个压杆所组成，两排导轮是控制纸张前后方向，两压杆是控制纸张高低方向，只要两导轮略微压住纸张，两压杆与纸张有一定的间隙即可。

2. 直线盒操作

只用1、3两条线，同时把上胶部分上胶即可。机器调节好后，点动机器到预折部分，查看纸张侧边缘于所选规矩的铁块距离是否为5mm，然后点动机器，到折1、3两条线时停下，这时两边有两个机构，把这两个机构对准1、3两条线并锁紧，纸张会慢慢地折起来，然后再慢慢地展开。这时需看清楚是否有阻碍它展开的零件或碰到什么东西使纸张弯曲，前者需把零件拆除，后者需要零件旋转一个角度或前后位置移动一下。然后点动机器到上胶部分，将胶轮的位置正对着纸张上胶处，调节好导轮及压杆即可。

3. 三点盒

俗称钩底盒，就是指盒子下面有底支撑着物品。当纸张进入本折部分时，先用两个挂钩把最短的两个折角钩起来，并压住，使它不至于反弹，同时在用两个挂钩把长的折角钩起，并用两个特制度铁块把两个长折角边上的小折角翻过来，压住。（注意：铁块不能靠得太近，否则小折角翻不过来或翻过来时折线弯曲，应留1mm的间隙）使用挂钩时不能离折角太近或太远，否则折角会产生折线弯曲或翻不过来，一般离折角1/3处即可。当纸张运动到上胶部分时，胶轮的位置对准纸张上胶处，同时调整胶轮枪手位置，使其对准小折角喷胶，最后调节收纸位置。

4. 四点盒

这种盒型与前面的两种有所不同——不需要进行预折。当纸张运转到本折部分时，在前面安装两个对称且平行的特殊长木条，用一个挂勾勾起带有小折角的折角，小折角也被勾起，碰到长木条时，小折角自动折起来并压住。然后点动一段距离，在长木条下面有一根管子，是专门安装反勾，即勾起纸张尾端折角。当纸张尾端被勾起，小折角碰到长木条也自动折起来，并压住。在点动一段距离，用两个挂钩把纸张前面两个折角勾起，用两个反勾把纸张尾端两个热折角折起来，并用两个一左一右的长杆把折角压住，不让其反弹。将胶枪对准小折角进行喷胶。最后到收纸部分，调节好导轮压杆就好。

（六）具体生产操作任务

1. 完成直线盒的调节与操作

2. 能进行钩底盒的调节

（七）考核方法

考试由现场操作及现场问答两部分组成。

1. 现场操作要求在规定时间内完成直线盒的调节并走完一定数量的盒片折叠、收集成型，要求操作规范、熟练，能灵活解决传递过程中出现的各种问题，并能保持现场整洁。

2. 现场问答主要考查操作者的分析问题、解决问题的能力，并能考查操作者的现场应变能力。

第五节 制袋封合

1. 卧式三面封袋工艺

三面封袋工艺由袋成型充填封口机完成。袋成型充填封口机分为卧式和立式两种，图6-63为卧式三面封袋包装工艺过程示意图。其工艺过程为，卷筒包装材料1，经过张力辊2和成型三角板3向水平方向移动，同时由折叠辊4折成V形；由纵封器5封侧边，经料斗6充填，再由横封器7封顶边，最后经裁切刀8切断，送出包装件9。这种方法简单，封合质量可靠，但间歇运动生产效率不高。

2. 四面封袋工艺

图6-64所示为立式四面封袋包装工艺过程示意图。料斗1由供料栓3控制，进行周期下

料，前后卷筒包装材料2经一对成型封合滚筒4成为四面封合包装件，并由导向辊5送至裁切工位6切断，包装件7由传送带8输出。这种方法适于包装砂糖、食盐等小颗粒状物品，生产速度可达80～120包/min。

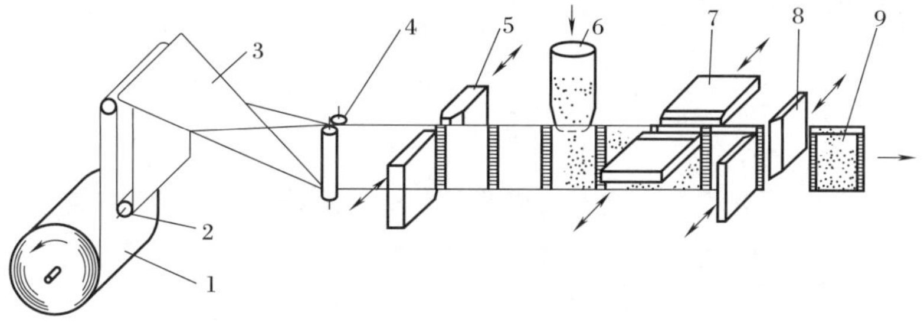

图 6-63　卧式三面封袋工艺

1—卷筒包装材料　2—张力辊　3—成型三角板　4—折叠辊
5—纵封器　6—料斗　7—横封器　8—裁切刀　9—包装件

3. 立式枕形袋成型工艺

图6-65为立式枕型袋成型充填封口工艺过程示意图。卷筒包装材料3经成型器2和纵封器4裹成圆筒状，由充填器1装料并由皮带5向下送进，用横封器6两端封口，裁切刀7分切，送出包装件8。这种方法适于包装定量要求精确的调味品、茶叶、咖啡、药品等流动性物品，其生产率随物品性质、包装材料的不同，在20～120包/min之间变化。若使用旋转或同步横封器，生产率可提高到150～200包/min。

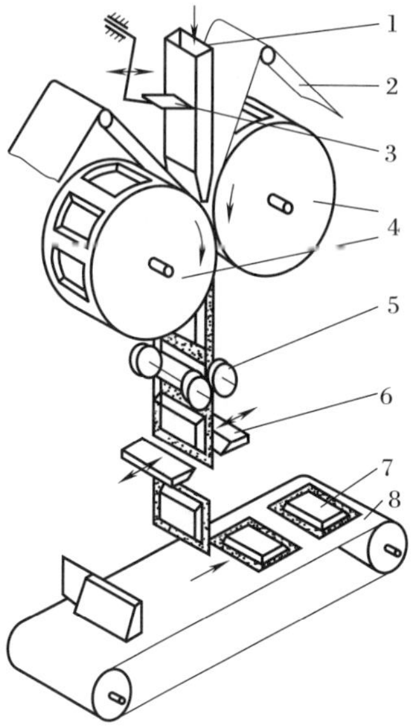

图 6-64　立式四面封袋工艺

1—料斗　2—卷筒包装材料，前后两卷　3—供料栓　4—成型封合滚筒　5—送进辊　6—裁切刀　7—包装件　8—传送带

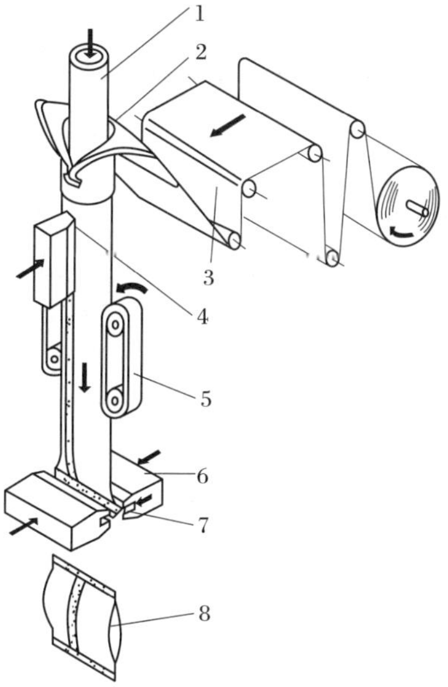

图 6-65　立式枕形袋成型充填封口工艺

1—充填器　2—成型器　3—卷筒包装材料
4—纵封器　5—送进皮带　6—横封器
7—裁切刀　8—包装件

4. 卧式枕形袋成型工艺

卧式枕形袋成型充填封口工艺适于形状较规则的物品，如图6-66所示。采用间歇运动及人工供料，生产速度为25~40包/min。自动供料时生产速度为50 ~ 80包/min；在连续运动、同步横封及自动供料时生产速度可达200包/min。

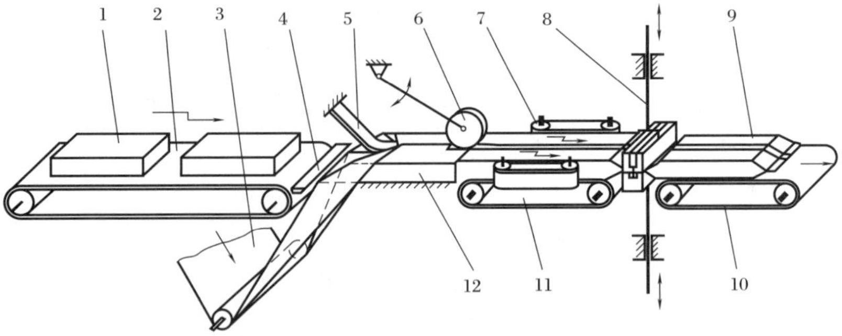

图 6-66　卧式枕形袋成型充填封口工艺

1—被包装物品　2—传送带　3—卷筒包装材料　4—过桥　5—纵封推板　6—纵封辊
7—送料皮带　8—横封切断器　9—包装件　10—输出传送带　11—进给传送带　12—成型器

习题

一、填空题

1. 模切后的折叠纸盒要成型，有的要进行粘贴糊盒。有两种方式：一是______；另一种方式是____________。

2. 摩擦式输料部分的类型包括____________、____________。

3. 糊盒设备的定位机构的构成包括____________和____________。

4. 糊盒机预折部分的功能是________________________________。

5. 喷胶设备使用的胶的类型分为__________和____________两种。

二、选择题

1. 糊盒机输料部分作用是将纸堆上的料一张一张分开，传递到预折部分去，利用的传动方式是（　）

A. 气动传动　B. 摩擦传动　C. 真空传动　D. 链条传动

2. 喷胶设备由（　）构成。

A. 控制器　B. 喷胶喷枪　C. 胶液分布器　D. 电子阀门

3. 下列关于糊盒机各部分的作用表述正确的是（　）

A. 本折部：将2和4的压痕完成压痕，同是粘上胶的粘接舌完成糊盒功能。

B. 输料部分：将纸堆上的料一张一张的分开，传递到预折部分去。

C. 预折部分：根据压痕线将纸盒弯曲150°左右，再返回到原来的形状，目的是在张盒时不会出错。

D. 上胶部分：通过胶轮或喷胶装置给纸盒粘合部上胶完成粘合。

4. 以下说法正确的是（　）

A. 利用传送带的夹紧机构，当需要增大距离时直接参与改变压力部分的偏心位置即可。

B. 为了确保传送带传递的速度平稳一致，要求两边的传送带张力要一致。

C. 在压折部分，粘接舌和对应的部分在一定短暂的压力辅助下完成粘合过程。

D. 热熔胶的胶压力为35×10^5Pa，温度在150℃左右。

三、判断题

1. 上下传送带的夹紧机构主要通过偏心轴和弹簧片构成。 ( )
2. 定位机构在使用时可以选择通过上辊轮和运输带的移动速度不同而让纸张产生偏移达到定位。 ( )
3. 150模式主要用于直线盒的折叠。 ( )
4. 下上胶装置的压轮可以根据盒片的厚度调节其压力，保证上胶量。 ( )
5. 上胶装置使用热熔胶时，需要形成一定的胶压力，完成胶的喷射转移。 ( )

四、简答题

1. 折叠糊盒机的基本构成包括哪些？工艺流程包括什么？

2. 进行摩擦式输料部分的调节时要根据不同的盒型尺寸进行调节，请写出右图中以下各部分的名称：

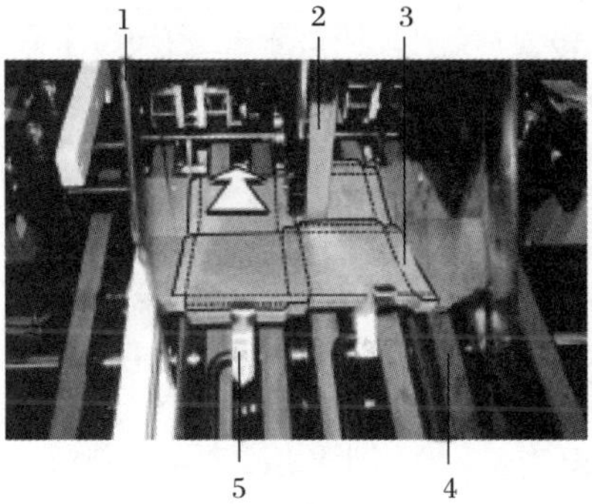

1______2______3______4______5______

3. 进行糊盒机调节时要进行哪些调节？

4. 糊盒机上胶的方式有哪两种？并请分别解释工作原理。

5. 请写出下图胶轮上胶设备的各部分名称，并说明在上胶中应该注意什么？

下上胶轮的构成

上上胶轮的构成

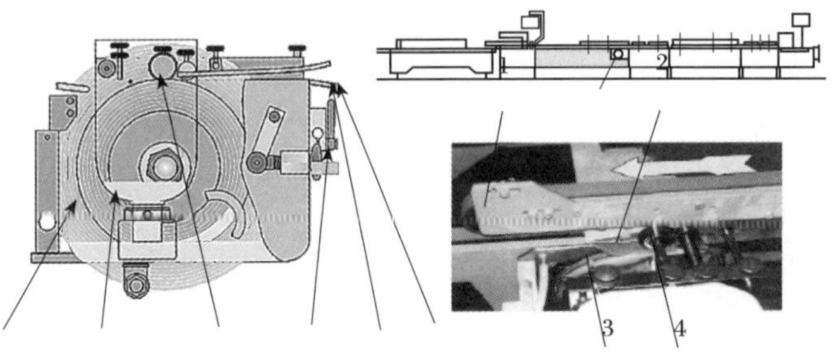

1______2______3______4______5______

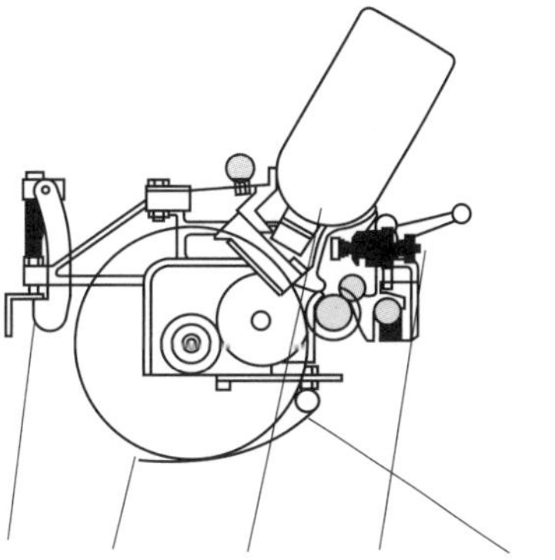

1______2______3______4______5______

注意的问题：

参 考 文 献

1. 吴艳芬. 印后加工工艺. 上海：上海交通大学出版社，2008
2. 霍李江编. 纸盒生产实用技术，北京：化学工业出版社，2005
3. 曹华，曹园编著. 最新印刷品表面整饰技术，北京：化学工业出版社，2004
4. 潘松年. 包装工艺学. 北京：印刷工业出版社，2004
5. 钱军浩主编. 印后加工技术. 北京：化学工业出版社，2003
6. 梁剑春. 覆面机的定位机构. 印刷杂志，2002（7）
7. 吴艳芬、吴鹏、余成发. 折叠纸盒糊盒机上胶方式的比较. 包装工程，2009，1（30）
8. 车茂丰等. 现代实用印刷技术. 北京：上海科学普及出版社，2001
9. 唐万有、蔡圣燕等. 印后加工技术. 北京：中国轻工业出版社，2001
10. 金银河编. 印后加工. 北京：化学工业出版社，2001
11. 王淮珠. 精、平装工艺及材料. 北京：印刷工业出版社，2000
12. 魏瑞玲. 印后原理与工艺. 北京：印刷工业出版社，1999
13. 陕机院印后教研室. 装订机械概论. 北京：印刷工业出版社，1986
14. 书刊印刷标准CY1－CY/T. 7. 9-1991. 新闻出版署发布，1991
15. 中国印刷年鉴1987～1988，1989～1990，1991～1992. 北京：印刷工业出版社
16. 印刷技术术语GB9851·1-9851·9-1988. 国家技术监督局发布，1988
17. 苗海龙、赵春晖. 书刊装订设备，北京：印刷工业出版社，1996
18. 书刊装订（上、下册）. 印刷工业公司七·二一工人大学，1979
19. 张树声. 印刷设备手册，北京：科学出版社，1985
20. 沈晓辉、张秋实、杨义. 覆膜、上光、烫金、模压. 北京：印刷工业出版社，1993
21. M. 贝克主编、孙容芳等译. 包装技术大全，北京：科学出版社，1992
22. 林学翰等编. 包装技术与方法. 长沙：湖南大学出版社，1988
23. 窦祥、程冠清. 塑料包装印刷. 北京：印刷工业出版社，1993
24. 张荫余等. 包装印刷概论. 北京：印刷工业出版社，1990

印刷包装专业　新书/重点书

本科教材

1. 印后加工技术（第二版）——“十三五”普通高等教育印刷专业规划教材 唐万有主编 16开 48.00元 ISBN 978-7-5184-0890-0
2. 印刷工程导论——“十三五”普通高等教育印刷工程专业规划教材 曹从军主编 16开 39.80元 ISBN 978-7-5184-2282-1
3. 颜色科学与技术——“十三五”普通高等教育印刷工程专业规划教材 林茂海等编著 16开 45.00元 ISBN 978-7-5184-2281-4
4. 印刷设备——“十三五”普通高等教育印刷工程专业规划教材 武秋敏 武吉梅主编 16开 59.80元 ISBN 978-7-5184-2006-3
5. 印刷原理与工艺——普通高等教育“十一五”国家级规划教材 魏先福主编 16开 36.00元 ISBN 978-7-5019-8164-9
6. 印刷材料学——普通高等教育“十一五”国家级规划教材 陈蕴智主编 16开 47.00元 ISBN 978-7-5019-8253-0
7. 印刷质量检测与控制——普通高等教育“十一五”国家级规划教材 何晓辉主编 16开 26.00元 ISBN 978-7-5019-8187-8
8. 包装印刷技术（第二版）——“十二五”普通高等教育本科国家级规划教材 许文才编著 16开 59.00元 ISBN 978-7-5184-0054-6
9. 运输包装——教育部高等学校轻工类专业教学指导委员会“十三五/十四五”规划教材 王志伟编著 16开 58.00元 ISBN 978-7-5184-3229-5
10. 金属包装设计与制造——中国轻工业“十三五”规划教材 吴若梅主编 16开 59.80元 ISBN 978-7-5184-3362-9
11. 包装机械设计——浙江省普通高校“十三五”新形态教材 张炜主编 16开 69.80元 ISBN 978-7-5184-2904-2
12. 包装机械概论——普通高等教育“十一五”国家级规划教材 卢立新主编 16开 43.00元 ISBN 978-7-5019-8133-5
13. 数字印前原理与技术（第二版）——“十二五”普通高等教育本科国家级规划教材 刘真等著 16开 44.00元 ISBN 978-7-5184-1954-8
14. 包装机械（第二版）——“十二五”普通高等教育本科国家级规划教材 孙智慧 高德主编 16开 59.00元 ISBN 978-7-5184-1163-4
15. 数字印刷——普通高等教育“十一五”国家级规划教材 姚海根主编 16开 28.00元 ISBN 978-7-5019-7093-3
16. 包装工艺技术与设备——普通高等教育“十一五”国家级规划教材 金国斌主编 16开 44.00元 ISBN 978-7-5019-6638-7
17. 包装材料学（第二版）（带课件）——“十二五”普通高等教育本科国家级规划教材 国家精品课程主讲教材 王建清主编 16开 58.00元 ISBN 978-7-5019-9752-7
18. 印刷色彩学（带课件）——普通高等教育“十一五”国家级规划教材 刘浩学主编 16开 40.00元 ISBN 978-7-5019-6434-7
19. 包装结构设计（第四版）（带课件）——“十二五”普通高等教育本科国家级规划教材国家精品课程主讲教材 孙诚主编 16开 69.00元 ISBN 978-7-5019-9031-3
20. 包装应用力学——普通高等教育包装工程专业规划教材 高德主编 16开 30.00元 ISBN 978-7-5019-9223-2
21. 包装装潢与造型设计——普通高等教育包装工程专业规划教材 王家民主编 16开 56.00元 ISBN 978-7-5019-9378-9
22. 特种印刷技术——普通高等教育“十一五”国家级规划教材 智文广主编 16开 45.00元 ISBN 978-7-

5019-6270-9
23. 包装英语教程（第三版）（带课件）——普通高等教育包装工程专业“十二五”规划材料 金国斌 李蓓蓓编著 16开 48.00元 ISBN 978-7-5019-8863-1
24. 数字出版（第二版）——中国轻工业“十三五”规划教材 司占军 顾翀主编 16开 49.80元 ISBN 978-7-5184-2927-1
25. 数字媒体技术——中国轻工业“十三五”规划教材 司占军主编 16开 49.80元 ISBN 978-7-5184-2775-8
26. 柔性版印刷技术（第二版）——“十二五”普通高等教育印刷工程专业规划教材 赵秀萍主编 16开 36.00元 ISBN 978-7-5019-9638-0
27. 印刷色彩管理（带课件）——普通高等教育印刷工程专业“十二五”规划材料 张霞编著 16开 35.00元 ISBN 978-7-5019-8062-8
28. 印后加工技术——“十二五”普通高等教育印刷工程专业规划教材 高波编著 16开 34.00元 ISBN 978-7-5019-9220-1
29. 包装CAD——普通高等教育包装工程专业“十二五”规划教材 王冬梅主编 16开 28.00元 ISBN 978-7-5019-7860-1
30. 包装概论（第二版）——“十三五”普通高等教育包装专业规划教材 蔡惠平主编 16开 38.00元 ISBN 978-7-5184-1398-0
31. 印刷工艺学——普通高等教育印刷工程专业“十一五”规划教材 齐晓堃主编 16开 38.00元 ISBN 978-7-5019-5799-6
32. 印刷设备概论——北京市高等教育精品教材立项项目 陈虹主编 16开 52.00元 ISBN 978-7-5019-7376-7
33. 包装动力学（带课件）——普通高等教育包装工程专业“十一五”规划教材 高德 计宏伟主编 16开 28.00元 ISBN 978-7-5019-7447-4
34. 包装工程专业实验指导书——普通高等教育包装工程专业“十一五”规划教材 鲁建东主编 16开22.00元 ISBN 978-7-5019-7419-1
35. 包装自动控制技术及应用——普通高等教育包装工程专业“十一五”规划教材 杨仲林主编 16开34.00元 ISBN 978-7-5019-6125-2
36. 现代印刷机械原理与设计——普通高等教育印刷工程专业“十一五”规划教材 陈虹主编 16开 50.00元 ISBN 978-7-5019-5800-9
37. 方正书版／飞腾排版教程——普通高等教育印刷工程专业“十一五”规划教材 王金玲等编著 16开 40.00元 ISBN 978-7-5019-5901-3
38. 印刷设计——普通高等教育“十二五”规划教材 李慧媛主编 大16开 38.00元 ISBN 978-7-5019-8065-9
39. 包装印刷与印后加工——“十二五”普通高等教育本科国家级规划教材 许文才主编 16开 45.00元 ISBN 7-5019-3260-3
40. 药品包装学——高等学校专业教材 孙智慧主编 16开 40.00元 ISBN 7-5019-5262-0
41. 新编包装科技英语——高等学校专业教材 金国斌主编 大32开 28.00元 ISBN 978-7-5019-4641-8
42. 物流与包装技术——高等学校专业教材 彭彦平主编 大32开 23.00元 ISBN 7-5019-4292-7
43. 绿色包装（第二版）——高等学校专业教材 武军等编著 16开 26.00元 ISBN 978-7-5019-5816-0
44. 丝网印刷原理与工艺——高等学校专业教材 武军主编 32开 20.00元 ISBN 7-5019-4023-1
45. 柔性版印刷技术——普通高等教育专业教材 赵秀萍等编 大32开 20.00元 ISBN 7-5019-3892-X

高等职业教育教材

46. 印刷材料（第二版）（带课件）——教育部高职高专印刷与包装专业教学指导委员会双元制示范教材 艾海荣主编 16开 48.00元 ISBN 978-7-5184-0974-7
47. 印前图文信息处理（带课件）——教育部高职高专印刷与包装专业教学指导委员会双元制示范教材 诸应照主编 16开 42.00元 ISBN 978-7-5019-7440-5

48. 包装印刷设备（带课件）——教育部高职高专印刷与包装专业教学指导委员会双元制示范教材 国家精品课程主讲教材 余成发主编 16开 42.00元 ISBN 978-7-5019-7461-0
49. 包装工艺（带课件）——教育部高职高专印刷与包装专业教学指导委员会双元制示范教材 吴艳芬 等编著 16开 39.00元 ISBN 978-7-5019-7048-3
50. 包装材料质量检测与评价——教育部高职高专印刷与包装专业教学指导委员会双元制示范教材 郑美琴主编 16开 28.00元 ISBN 978-7-5019-9338-3
51. 现代胶印机的使用与调节（带课件）——教育部高职高专印刷与包装专业教学指导委员会双元制示范教材 周玉松主编 16开 39.00元 ISBN 978-7-5019-6840-4
52. 印刷包装专业实训指导书——教育部高职高专印刷与包装专业教学指导委员会双元制示范教材 周玉松主编 16开 29.00元 ISBN 978-7-5019-6335-5
53. 包装生产线设备安装与维护——"十三五"职业教育国家规划教材 刘安静编著 16开 49.80元 ISBN 978-7-5184-2731-4
54. 印刷概论——"十二五"职业教育国家规划教材 国家精品课程"印刷概论"主讲教材 顾萍编著 16开 34.00元 ISBN 978-7-5019-9379-6
55. 印刷工艺——"十二五"职业教育国家规划教材 国家级精品课程、国家精品资源共享课程建设教材 王利婕主编 16开 79.00元 ISBN 978-7-5184-0598-5
56. 印刷设备（第二版）——"十二五"职业教育国家级规划教材 潘光华主编 16开 39.00元 ISBN 978-7-5019-9995-8
57. 印前图文信息处理实务——高等教育高职高专"十三五"规划教材 魏华主编 16开 39.80元 ISBN 978-7-5184-1930-2
58. 印前处理与制版——高等教育高职高专"十三五"规划教材 李大红主编 16开 49.80元 ISBN 978-7-5184-2125-1
59. 印品整饰与成型——高等教育高职高专"十三五"规划教材 钟祯主编 16开 32.00元 ISBN 978-7-5184-2039-1
60. 印刷色彩——高等教育高职高专"十三五"规划教材 李娜主编 16开 49.80元 ISBN 978-7-5184-2021-6
61. 丝网印刷操作实务——高等教育高职高专"十三五"规划教材 李伟主编 16开 49.80元 ISBN 978-7-5184-2283-8
62. Aquafadas数字出版实战教程——全国高等院校"十三五"规划教材 牟笑竹编著 16开 33.00元 ISBN 978-7-5184-2561-7
63. 3D打印技术——全国高等院校"十三五"规划教材 李博主编 16开 38.00元 ISBN 978-7-5184-1519-9
64. 印刷色彩控制技术（印刷色彩管理）——全国高职高专印刷与包装专业教学指导委员会规划统编教材 国家精品课程主讲教材 魏庆葆主编 16开 35.00元 ISBN 978-7-5019-8874-7
65. 运输包装设计——全国高职高专印刷与包装专业教学指导委员会规划统编教材 曹国荣编著 16开 28.00元 ISBN 978-7-5019-8514-2
66. 印刷质量检测与控制——全国高职高专印刷与包装专业教学指导委员会规划统编教材 李荣编著 16开 42.00元 ISBN 978-7-5019-9374-1
67. 食品包装技术——高等教育高职高专"十三五"规划教材 文周主编 16开 38.00元 ISBN 978-7-5184-1488-8
68. 3D打印技术——全国高等院校"十三五"规划教材 李博编著 16开 38.00元 ISBN 978-7-5184-1519-9
69. 包装工艺与设备——"十三五"职业教育规划教材 刘安静主编 16开 43.00元 ISBN 978-7-5184-1375-1
70. 印刷色彩——全国高职高专印刷与包装类专业"十二五"规划教材 朱元泓等编著 16开 49.00元 ISBN 978-7-5019-9104-4
71. 现代印刷企业管理——全国高职高专印刷与包装类专业"十二五"规划教材 熊伟斌等主编 16开40.00元 ISBN 978-7-5019-8841-9
72. 包装材料性能检测及选用（带课件）——全国高职高专印刷与包装专业教学指导委员会规划统编教材 国家精品课程主讲教材 郝晓秀主编 16开 22.00元 ISBN 978-7-5019-7449-8

73. 包装结构与模切版设计（第二版）（带课件）——“十二五”职业教育国家级规划教材 国家精品课程主讲教材 孙诚主编 16开 58.00元 ISBN 978-7-5019-9698-8
74. 印刷色彩与色彩管理·色彩管理——全国职业教育印刷包装专业教改示范教材 吴欣主编 16开 38.00元 ISBN 978-7-5019-9771-9
75. 印刷色彩与色彩管理·色彩基础——全国职业教育印刷包装专业教改示范教材 吴欣主编 16开 59.00元 ISBN 978-7-5019-9770-1
76. 纸包装设计与制作实训教程——全国高职高专印刷与包装类专业教学指导委员会规划统编教材 曹国荣编著 16开 22.00元 ISBN 978-7-5019-7838-0
77. 数字化印前技术——全国高职高专印刷与包装专业教学指导委员会规划统编教材 赵海生等编 16开 26.00元 ISBN 978-7-5019-6248-6
78. 设计应用软件系列教程IllustratorCS——全国高职高专印刷与包装专业教学指导委员会规划统编教材 向锦朋编著 16开 45.00元 ISBN 978-7-5019-6780-3
79. 包装材料测试技术——全国高职高专印刷与包装专业教学指导委员会规划统编教材 林润惠主编 16开 30.00元 ISBN 978-7-5019-6313-3
80. 书籍设计——全国高职高专印刷与包装专业教学指导委员会规划统编教材 曹武亦编著 16开 30.00 元 ISBN 7-5019-5563-8
81. 包装概论——全国高职高专印刷与包装专业教学指导委员会规划统编教材 郝晓秀主编 16开 18.00 元 ISBN 978-7-5019-5989-1
82. 印刷色彩——高等职业教育教材 武兵编著 大32开 15.00元 ISBN 7-5019-3611-0
83. 印后加工技术——高等职业教育教材 唐万有 蔡圣燕主编 16开 25.00元 ISBN 7-5019-3353-7
84. 印前图文处理——高等职业教育教材 王强主编 16开 30.00元 ISBN 7-5019-3259-7
85. 网版印刷技术——高等职业教育教材 郑德海编著 大32开 25.00元 ISBN 7-5019-3243-3
86. 印刷工艺——高等职业教育教材 金银河编 16开 27.00元 ISBN 978-7-5019-3309-X
87. 包装印刷材料——高等职业教育教材 武军主编 16开 24.00元 ISBN 7-5019-3260-3
88. 印刷机电气自动控制——高等职业教育教材 孙玉秋主编 大32开 15.00元 ISBN 7-5019-3617-X
89. 印刷设计概论——高等职业教育教材/职业教育与成人教育教材 徐建军主编 大32开 15.00元 ISBN 7-5019-4457-1

中等职业教育教材

90. 印刷色彩基础与实务——全国中等职业教育印刷包装专业教改示范教材 吴欣等编著 16开 59.80元 ISBN 978-7-5184-2403-0
91. 印前制版工艺——全国中等职业教育印刷包装专业教改示范教材 王连军主编 16开 54.00元 ISBN 978-7-5019-8880-8
92. 平版印刷机使用与调节——全国中等职业教育印刷包装专业教改示范教材 孙星主编 16开 39.00元 ISBN 978-7-5019-9063-4
93. 印刷概论（带课件）——全国中等职业教育印刷包装专业教改示范教材 唐宇平主编 16开 25.00元 ISBN 978-7-5019-7951-6
94. 印后加工（带课件）——全国中等职业教育印刷包装专业教改示范教材 刘舜雄主编 16开 24.00元 ISBN 978-7-5019-7444-3
95. 印刷电工基础（带课件）——全国中等职业教育印刷包装专业教改示范教材 林俊欢等编著 16开 28.00元 ISBN 978-7-5019-7429-0
96. 印刷英语（带课件）——全国中等职业教育印刷包装专业教改示范教材 许向宏编著 16开 18.00元 ISBN 978-7-5019-7441-2
97. 印前图像处理实训教程——职业教育“十三五”规划教材 张民 张秀娟主编 16开 39.00元 ISBN 978-7-5184-1381-2
98. 方正飞腾排版实训教程——职业教育“十三五”规划教材 张民 于卉主编 16开 38.00元

ISBN 978-7-5184-0838-2

99. 最新实用印刷色彩(附光盘)——印刷专业中等职业教育教材 吴欣编著 16开 38.00元 ISBN 7-5019-5415-5
100. 包装印刷工艺·特种装潢印刷——中等职业教育教材 管德福主编 大32开 23.00元 ISBN 7-5019-4406-7
101. 包装印刷工艺·平版胶印——中等职业教育教材 蔡文平主编 大32开 23.00元 ISBN 7-5019-2896-7
102. 印版制作工艺——中等职业教育教材 李荣主编 大32开 15.00元 ISBN 7-5019-2932-7
103. 文字图像处理技术·文字处理——中等职业教育教材 吴欣主编 16开 38.00元 ISBN 7-5019-4425-3
104. 印刷概论——中等职业教育教材 王野光主编 大32开 20.00元 ISBN 7-5019-3199-2
105. 包装印刷色彩——中等职业教育教材 李炳芳主编 大32开 12.00元 ISBN 7-5019-3201-8
106. 包装印刷材料——中等职业教育教材 孟刚主编 大32开 15.00元 ISBN 7-5019-3347-2
107. 印刷机械电路——中等职业教育教材 徐宏飞主编 16开 23.00元 ISBN 7-5019-3200-X

研究生

108. 印刷包装功能材料——普通高等教育“十二五”精品规划研究生系列教材 李路海编著 16开 46.00元 ISBN 978-7-5019-8971-3
109. 塑料软包装材料结构与性能——普通高等教育“十二五”精品规划研究生系列教材 李东立编著 16开 34.00元 ISBN 978-7-5019-9929-3

科技书

110. 中国包装行业品牌发展研究 谭益民等著 异16开 88.00元 ISBN 978-7-5184-3419-0
111. 运输包装（国外包装专业经典教材）陈满儒译 异16开 88.00元 ISBN 978-7-5184-2695-9
112. 纸包装结构设计（第三版） 孙诚主编 16开 58.00元 ISBN 978-7-5184-0449-0
113. 科技查新工作与创新体系 江南大学编著 异16开 29.00元 ISBN 978-7-5019-6837-4
114. 数字图书馆 江南大学著 异16开 36.00元 ISBN 978-7-5019-6286-0
115. 现代实用胶印技术——印刷技术精品丛书 张逸新主编 16开 40.00元 ISBN 978-7-5019-7100-8
116. 计算机互联网在印刷出版的应用与数字化原理——印刷技术精品丛书 俞向东编著 16开 38.00元 ISBN 978-7-5019-6285-3
117. 印前图像复制技术——印刷技术精品丛书 孙中华等编著 16开 24.00元 ISBN 7-5019-5438-0
118. 复合软包装材料的制作与印刷——印刷技术精品丛书 陈永常编 16开 45.00元 ISBN 7-5019-5582-4
119. 现代胶印原理与工艺控制——印刷技术精品丛书 孙中华编著 16开 28.00元 ISBN 7-5019-5616-2
120. 现代印刷防伪技术——印刷技术精品丛书 张逸新编著 16开 30.00元 ISBN 7-5019-5657-X
121. 胶印设备与工艺——印刷技术精品丛书 唐万有等编 16开 34.00元 ISBN 7-5019-5710-X
122. 数字印刷原理与工艺——印刷技术精品丛书 张逸新编著 16开 30.00元 ISBN 978-7-5019-5921-1
123. 图文处理与印刷设计——印刷技术精品丛书 陈永常主编 16开 39.00元 ISBN 978-7-5019-6068-2
124. 印后加工技术与设备——印刷工程专业职业技能培训教材 李文育等编 16开 32.00元 ISBN 978-7-5019-6948-7
125. 平版胶印机使用与调节——印刷工程专业职业技能培训教材 冷彩凤等编 16开 40.00元 ISBN 978-7-5019-5990-7
126. 印前制作工艺及设备——印刷工程专业职业技能培训教材 李文育主编 16开 40.00元 ISBN 978-7-5019-6137-5
127. 包装印刷设备——印刷工程专业职业技能培训教材 郭凌华主编 16开 49.00元 ISBN 978-7-5019-6466-6
128. 特种印刷新技术 钱军浩编著 16开 36.00元 ISBN 7-5019-3222-054
129. 现代印刷机与质量控制技术（上） 钱军浩编著 16开 34.00元 ISBN 7-5019-3053-8